AutoCAD工程制图及案例分析

主　编　宋伟伟　辛春红　吕　健
副主编　太淑玲　刘春玲　乔　珊　王丽娜　鞠　娜
主　审　唐彦儒

HEUP 哈尔滨工程大学出版社
Harbin Engineering University Press

内容简介

本书为 AutoCAD 基础教材,包括 AutoCAD 基本概念和命令的介绍和说明,为了适应大、专院校的教学特点,突出工学结合的办学特色,书中特别精选了实例放在每章基础理论之后,用于教学过程中练习和实践。书稿共分十个项目,内容包括 AutoCAD 2008 入门、二维绘图命令、二维编辑命令、图块及属性、文本标注与表格、尺寸标注、AutoCAD 工程制图规则、绘制工程图、三维建模、图纸布局和输出打印。

本书适合本科及高职高专机电类专业用于 CAD 制图的教学和参考,也可供从事相关工作的工程技术人员参考之用。

图书在版编目(CIP)数据

AutoCAD 工程制图及案例分析／宋伟伟,辛春红,吕健主编. —哈尔滨：哈尔滨工程大学出版社,2011.7
ISBN 978 – 7 – 81133 – 969 – 7

Ⅰ. ①A… Ⅱ. ①宋… ②辛… ③吕… Ⅲ. ①工程制图 – AutoCAD 软件 – 高等职业教育 – 教材 Ⅳ. ①TB237

中国版本图书馆 CIP 数据核字(2011)第 150833 号

出版发行　哈尔滨工程大学出版社
社　　址　哈尔滨市南岗区东大直街 124 号
邮政编码　150001
发行电话　0451 – 82519328
传　　真　0451 – 82519699
经　　销　新华书店
印　　刷　哈尔滨市石桥印务有限公司
开　　本　787mm×1 092mm　1/16
印　　张　18.75
字　　数　452 千字
版　　次　2011 年 7 月第 1 版
印　　次　2011 年 7 月第 1 次印刷
定　　价　33.00 元
http://press. hrbeu. edu. cn
E-mail：heupress@ hrbeu. edu. cn

AutoCAD 是由美国 Autodesk 公司开发的专门用于计算机绘图设计的软件,由于该软件具有简单易学、精确等优点,因此自从 20 世纪 80 年代推出以来一直受到广大工程设计人员的青睐。现在 AutoCAD 已经广泛应用于机械、建筑、电子、航天和水利等工程领域。目前,世界上有数千万人正在使用 AutoCAD 软件,在各个不同的国家、不同的领域存在很多不同的行业标准、技术规范和企业规程。

《AutoCAD 工程制图与案例分析》采用的软件为 AutoCAD 2008 中文版。全书共分为十章,主要内容包括 AutoCAD 2008 入门、基本二维绘图命令、二维编辑命令、图块及属性、文本标注、创建表格、创建标注、工程制图规则、工程制图案例分析、三维建模和打印输出。

本书以项目为主线,以实训为主导,便于读者快速掌握各种命令和绘图技巧,深入浅出、循序渐进,较好地把握了入门与提高之间的关系。同时配以大量的实训和图解,特别适合初学者学习,也能够让有一定水平的读者对 AutoCAD 2008 有更深刻的认识,并在具体工程设计工作中加以应用。

本书由唐彦儒教授主审,宋伟伟、辛春红、吕健主编,太淑玲、乔珊和刘春玲、王丽娜,鞠娜参与编写。其中宋伟伟负责全书统稿和项目八及附录部分的编写工作,辛春红编写项目一和项目二,吕健编写项目三和项目七,太淑玲编写项目五和项目六,刘春玲编写项目九,乔珊编写项目四,王丽娜编写项目十,鞠娜编写项目八的任务七。

本书的顺利出版,得到了黑龙江国脉通信工程有限公司刘德峰等朋友的大力支持,在此表示真诚的感谢。在本书的编写过程中,也得到了很多来自同事们和朋友们的宝贵建议和帮助,在此一并表示感谢。

在本书的编写过程中,虽然作者力求准确无误,但限于学识和经验的不足,书中难免出现错误和疏漏之处,恳请广大读者批评指正。

编　者
2011 年 5 月

CONTENTS 目录

项目一　AutoCAD 2008 入门 ……………………………………… 1
　　任务一　AutoCAD 简介 ………………………………………… 1
　　任务二　了解绘图环境 ………………………………………… 2
　　任务三　在 AutoCAD 中使用命令 …………………………… 7
　　任务四　设置绘图环境 ………………………………………… 11
　　任务五　辅助绘图工具 ………………………………………… 21
　　实战演练 ………………………………………………………… 25

项目二　二维绘图命令 …………………………………………… 27
　　任务一　绘制点 ………………………………………………… 27
　　任务二　绘制直线、射线和构造线 …………………………… 30
　　任务三　绘制圆、圆弧及椭圆 ………………………………… 32
　　任务四　绘制多段线、多线和样条曲线 ……………………… 40
　　任务五　绘制矩形、正多边形 ………………………………… 43
　　任务六　图案填充 ……………………………………………… 48
　　实战演练 ………………………………………………………… 52

项目三　二维编辑命令 …………………………………………… 54
　　任务一　选择及删除对象 ……………………………………… 54
　　任务二　复制及偏移对象 ……………………………………… 56
　　任务三　镜像及阵列对象 ……………………………………… 58
　　任务四　移动及旋转对象 ……………………………………… 62
　　任务五　延伸及拉伸对象 ……………………………………… 64
　　任务六　修剪及打断对象 ……………………………………… 68
　　任务七　拉长及比例缩放对象 ………………………………… 73
　　任务八　圆角及倒角 …………………………………………… 76
　　任务九　分解及合并 …………………………………………… 81
　　实战演练 ………………………………………………………… 82

项目四　图块及属性 ……………………………………………… 85
　　任务一　图块 …………………………………………………… 85
　　任务二　块属性 ………………………………………………… 91
　　任务三　动态块 ………………………………………………… 97
　　实战演练 ………………………………………………………… 104

项目五　文本标注与表格 ………………………………………… 105
　　任务一　创建文本标注 ………………………………………… 105
　　任务二　创建表格对象 ………………………………………… 113
　　实战演练 ………………………………………………………… 127

CONTENTS

项目六　尺寸标注 ······················· 128
　　任务一　尺寸标注的组成与规则 ··········· 128
　　任务二　创建尺寸标注 ··················· 129
　　任务三　编辑尺寸标注 ··················· 149
　　实战演练 ······························· 152
项目七　AutoCAD 工程制图规则 ·········· 154
　　任务一　AutoCAD 工程制图基本知识 ······ 154
　　任务二　通信工程制图基本知识 ··········· 161
　　实战演练 ······························· 170
项目八　绘制工程图 ····················· 171
　　任务一　通信机房平面图 ················· 171
　　任务二　通信线路施工图 ················· 176
　　任务三　架空光缆线路安装示意图 ········· 181
　　任务四　综合布线系统图 ················· 184
　　任务五　电杆安装三视图 ················· 189
　　任务六　汽车信号灯电路图 ··············· 198
　　任务七　台式电脑外观设计图 ············· 205
　　实战演练 ······························· 212
项目九　三维建模 ······················· 216
　　任务一　三维建模设计基础 ··············· 216
　　任务二　二维辅助建模 ··················· 229
　　任务三　三维实体建模 ··················· 239
　　实战演练 ······························· 244
项目十　图纸布局和输出打印 ············· 247
　　任务一　布局空间 ······················· 247
　　任务二　打印输出 ······················· 250
　　实战演练 ······························· 261
附录 ································· 263
　　附表 1　光缆 ··························· 263
　　附表 2　通信线路 ······················· 264
　　附表 3　线路设施与分线设备 ············· 265
　　附表 4　通信杆路 ······················· 268
　　附表 5　通信管道 ······················· 271
　　附表 6　机房建筑及设施 ················· 272
　　附表 7　地形图常用符号 ················· 276
参考文献 ······························· 291

项目一　AutoCAD 2008 入门

任务一　AutoCAD 简介

AutoCAD 是由 Autodesk 公司开发,目前已广泛应用于技术绘图领域的绘图程序软件包。它的出现在很大程度上解决了以往手工绘图耗时长、精确率低等问题,给用户带来了很大方便。CAD 可以理解为计算机辅助制图(Computer-aided Drafting)或者计算机辅助绘图(Computer-aided Drawing)。目前,该软件已广泛应用于机械、通信、建筑、电子、造船、土木、商业、纺织等领域。

为了满足人们对更先进更高级的软件的迫切需求,Autodesk 公司的研发人员不断地致力于对 AutoCAD 程序的改进,使它更易于掌握、操作起来更方便快捷,从而提高用户绘图的速度和精度,并由此进行了若干次的升级。AutoCAD 2008 是目前 AutoCAD 软件中比较先进的版本,与以往的 AutoCAD 软件版本相比,用户使用起来更得心应手。

(一)AutoCAD 的发展

AutoCAD 的发展可分为初级阶段、发展阶段、高级发展阶段、完善阶段和进一步完善阶段五个阶段。

1. 初级阶段

AutoCAD 1.0——1982 年 11 月

AutoCAD 1.2——1983 年 4 月

AutoCAD 1.3——1983 年 8 月

AutoCAD 1.4——1983 年 10 月

AutoCAD 2.0——1984 年 10 月

2. 发展阶段

AutoCAD 2.17——1985 年 5 月

AutoCAD 2.18——1985 年 5 月

AutoCAD 2.5——1986 年 6 月

AutoCAD 9.0——1987 年 9 月

AutoCAD 9.03

3. 高级发展阶段

AutoCAD 10.0——1988 年 8 月

AutoCAD 11.0——1990 年

AutoCAD 12.0——1992 年

4. 完善阶段

AutoCAD R13——1996 年 6 月

AutoCAD R14——1998 年 1 月

AutoCAD 2000——1999 年 1 月

5. 进一步完善阶段

AutoCAD 2002（R15.6）——2001 年 6 月

AutoCAD 2004（R16.0）——2003 年 3 月

AutoCAD 2005（R16.1）——2004 年 3 月

AutoCAD 2006（R16.2）——2005 年 3 月

AutoCAD 2007（R17.0）——2006 年 3 月

AutoCAD 2008（R17.1）——2007 年 3 月

AutoCAD 2009（R17.2）——2008 年 3 月

AutoCAD 2010（R18.0）——2009 年 3 月

（二）AutoCAD 的主要功能

AutoCAD 2008 具有强大的平面和三维图形绘制功能，用户可以通过它创建、浏览、管理、打印、输出、共享及准确设计图形。使用灵活多变的图形编辑修改功能与强大的文件管理系统，用户可以轻松、便捷地进行精确绘图。该版本软件具有如下特点：

（1）完善的图形绘制与编辑、修改功能；

（2）提供图形的标注样式与文字输入功能；

（3）方便的控制图形显示功能，用户可以任意角度观察图形；

（4）可以进行二次开发或自定义成专用的设计工具；

（5）支持大量的图形格式，在数据转换方面能力较强；

（6）支持多种外部硬件设备，例如专业的打印机或绘图仪；

（7）简单易用，适用于不同领域的各类用户。

任务二　了解绘图环境

（一）用户界面的组成

启动 AutoCAD 2008 后，其用户界面如图 1 - 1 所示，主要由标题栏、菜单栏、工具栏、绘图区、面板、命令行窗口、状态栏等部分组成。

1. 标题栏

标题栏位于 AutoCAD 2008 界面的最上方，其左侧显示当前正在运行的程序名及当前绘图文件名 AutoCAD 2008 - [Drawing n. dwg]（n 是阿拉伯数字），而位于标题栏右面的各按钮可分别实现窗口的最小化（或最大化）和关闭等操作。

2. 菜单栏

菜单栏位于标题栏的下方，AutoCAD 2008 包含有 11 个菜单：文件、编辑、视图、插入、格式、工具、绘图、修改、标注、窗口以及帮助。用户通过这些菜单几乎可以使用软件中的所有功能。菜单由菜单文件定义，用户还可以修改或设计自己的菜单文件。

AutoCAD 2008 的下拉菜单包括三种：

（1）级联菜单

一级菜单项右侧有黑色小三角符号的菜单项为级联菜单项，将光标放在该菜单项上会弹出下一级子菜单,如图1-2所示。

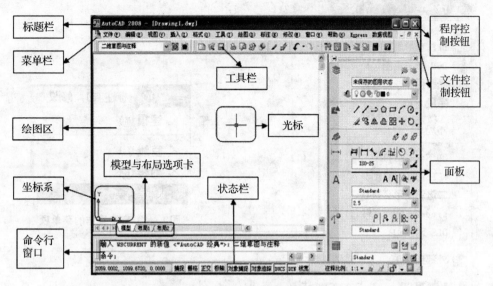

图1-1 AutoCAD 2008 用户界面

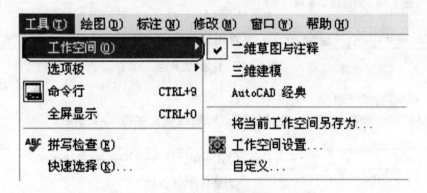

图1-2 级联菜单

(2)对话框菜单项

菜单项右侧带有符号的菜单项为对话框菜单项,单击此对话框菜单项可能弹出相应的对话框,如图1-3所示。

(3)直接操作的菜单项

单击这种菜单项,可直接进行相应的命令操作,如图1-4所示。

3. 工具栏

(1)"标准"工具栏

工具栏在绘制图形时起着不可替代的作用,在 AutoCAD 2008 刚启动的界面中,工具栏并没有完全显示,通常只会显示"标准注释"和"工作空间"工具栏,如图1-5所示。工具栏中右下角带有小黑三角的工具按钮是成组按钮,成组按钮包含了若干工具,利用这些工具可以调用与第一个按钮有关的命令。

图1-3 对话框菜单项

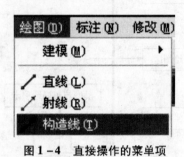

图1-4 直接操作的菜单项

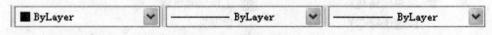

图1-5 "标准"工具栏

(2)"对象特性"工具栏

该工具栏用于设置对象特性(例如颜色、线型、线宽),如图1-6所示。

■ ByLayer	—— ByLayer	—— ByLayer

图1-6 "对象特性"工具栏

(3)"绘图"和"修改"工具栏

该工具栏包括了常用的绘制和修改命令。通常,"绘图"和"修改"工具栏在启动 AutoCAD 时就显示出来。这些工具栏默认位置分别位于窗口左边和右边,用户可以方便地 移动、打开和关闭它们,如图1-7和1-8所示。

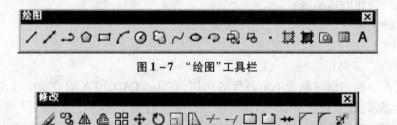

图1-7 "绘图"工具栏

图1-8 "修改"工具栏

(4)工具栏的打开与关闭

在工具栏的任意空白处单击鼠标右键,将会弹出工具栏快捷菜单,如图1-9所示,该菜单中包含了几乎所有工具栏的名称,若名称前带有"√"标记,则表示该工具栏已打开,否则表示该工具栏已关闭。需要哪个工具栏只需在快捷菜单中单击相应的工具栏名称即可。

4. 绘图区域

绘图区也叫工作区,是 AutoCAD 绘制、编辑图形的区域。根据窗口大小和显示的其他组件(例如工具栏和对话框)数目,绘图区域的大小将有所不同。

5. 十字光标

在绘图区中有两条相交的线,且在它们的交点上有一个小方框。这个小方框叫拾取框,用它来进行选择或拾取对象。而那两条线称为十字线,用来显示鼠标指针相对于图形中其他对象的位置。

移动鼠标时,绘图区将会出现一个随鼠标移动的十字光标。在屏幕的下方,状态栏(稍后介绍)左端,可以看到 x 轴和 y 轴的坐标也随鼠标的移动而改变。

6. UCS(用户坐标系)图标

用于显示图形方向,坐标系以 x、y 和 z 坐标(对于三维图形)为基础。AutoCAD 2008 有一个固定的世界坐标系(WCS)和一个活动的用户坐标系(UCS)。查看显示在绘图区域左下角的 UCS 图标,可以了解 UCS 的位置和方向。

7. "模型/布局"视图标签

"模型"标签和"布局"标签在绘图区的下边,主要是方便用户对模型空间与布局即图纸空间的切换及新建和删除布局的操作。一般情况下,先在模型空间进行设计,然后创建布局对图形进行排列和打印输出。

```
CAD 标准
UCS
UCS II
Web
标注
标准
√ 标准注释
布局
参照
参照编辑
插入点
查询
动态观察
对象捕捉
多重引线
√ 工作空间
光源
√ 绘图
绘图次序
建模
漫游和飞行
三维导航
实体编辑
视觉样式
视口
视图
缩放
√ 特性
贴图
```

图 1-9　工具栏快捷菜单

8. 命令窗口

命令窗口是显示用户输入命令和数据及 AutoCAD 2008 信息提示的地方,它是人机交互式对话的必经之地。它分为历史命令区和命令行。命令行实际是 AutoCAD 文本窗口中特殊的一行,它只能随文本窗口的改变而改变。文本窗口的内容大都是已执行过的命令记录,即历史命令。

9. 状态栏

状态栏位于界面最底端,包括坐标值、功能开关按钮、注释比例按钮和显示与锁定按钮,如图 1-10 所示。

(1)坐标值　状态栏的左下角用于显示光标的坐标,从左到右依次为 x、y 和 z 轴的坐标。

(2)功能开关按钮　这些按钮包括捕捉、栅格、正交、极轴、对象捕捉、对象追踪、DUCS(允许/禁止动态 UCS)、DYN(动态数据输入)、线宽和模型。这些辅助绘图工具按钮将在本章后续内容中进行具体介绍。

（3）注释比例按钮　单击 注释比例：1:1 ▼ 按钮可从展开的列表中选择合适的注释比例；单击 按钮可以设置仅显示当前比例的注释对象；单击 按钮可以在注释比例更改时自动将比例添加至注释性对象。

（4）显示与锁定按钮　按钮 可以控制工具栏与窗口的锁定与解锁，单击按钮 ▼ 在展开的下拉菜单中，可以查看或设置当前状态栏属性；按钮 可以将操作界面最大化显示。

图1-10　状态栏

（二）切换工作空间

AutoCAD 2008 中有三个工作空间，分别是二维草图与注释、AutoCAD 经典和三维建模，三个工作空间的工作界面各不相同。绘制二维图形时，主要使用的是前两者。切换工作空间可以采用以下两种方法：

（1）在"工作空间"工具栏的下拉列表（如图1-11）中进行切换。

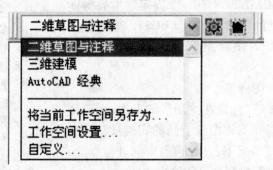

图1-11　"工作空间"工具栏下拉列表

（2）在菜单栏"工具"|"工作空间"选项下面对应的子菜单（如图1-12）中进行切换。

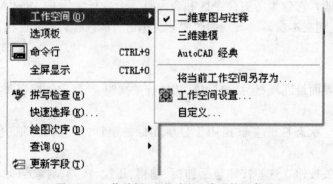

图1-12　菜单栏"工作空间"选项的子菜单

（三）多文档设计环境

AutoCAD 是一个多文档设计环境，用户可同时打开多个图形文件（如图 1-13）。此设计环境具有 Windows 窗口的剪切、复制、粘贴等功能，因而可以快捷地在各个图形文件之间剪切、复制对象。

虽然可同时打开多个图形文件，但当前激活的文件只有一个。打开"窗口"主菜单（如图 1-13），该菜单列出了所有已打开的图形文件，文件名前带"√"的文件即是被激活文件。利用"窗口"主菜单中的"层叠"、"水平平铺"、"竖直平铺"命令可控制多个图形文件在主窗口中的显示方式。

图 1-13　多文档设计环境及"窗口"主菜单

<h2 style="text-align:center">任务三　在 AutoCAD 中使用命令</h2>

（一）坐标系与坐标

1. 坐标系

AutoCAD 2008 采用两种坐标系：世界坐标系（WCS）和用户坐标系（UCS）。新建立一个图形时这两个坐标系默认是重合的，也可认为当前坐标系为世界坐标系 WCS，是固定的坐标系统。世界坐标系也是坐标系统中的基准，绘图时多数情况下都是在这个坐标系统下进行的。

世界坐标系即 WCS，包括 x 轴和 y 轴（如果在三维空间工作，还有一个 z 轴）。其 x 轴和 y 轴的交汇处有一个"□"形标记，但坐标原点并不在此交汇点，而是在图形窗口的左下角，所有的位移都是相对于原点计算的，并且规定沿 x 轴和 y 轴正向的位移为正方向。

用户坐标系是用户为了更好地辅助绘图，通过改变坐标系的原点和方向而创建的坐标系。此时世界坐标系变为用户坐标系即 UCS。该坐标系的原点以及 x 轴、y 轴、z 轴方向都可以移动及旋转，甚至可以依赖于图形中某个特定的对象。要设置 UCS，可选择菜单"工具"|"新建 UCS"或"命名 UCS"及其子命令，或者在命令行输入 UCS 命令。例如图 1-14 中将世界坐标系变为用户坐标系，并将点 O 设置成新坐标系的原点。

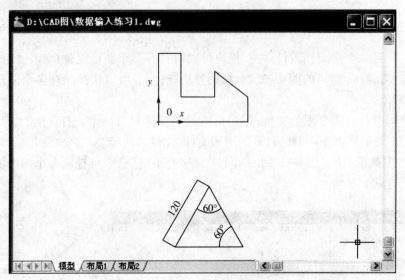

图1-14　用户坐标系 UCS 的原点

2. 坐标

在 AutoCAD 2008 中,点的坐标可以使用绝对直角坐标、绝对极坐标、相对直角坐标、相对极坐标4种表示方法。下面具体介绍一下它们的特点和输入。

(1) 绝对坐标

绝对坐标是以原点的交点为基点,主要用于已知点精确坐标时的情况。包括绝对直角坐标和绝对极坐标两种类型。

① 绝对直角坐标

绝对直角坐标的输入格式为(x,y)。如在命令行中输入点坐标的前提下,输入"80,100",则表示输入了一个 x、y 的坐标值分别为10、10的点,即该点的坐标是相对于当前坐标原点的坐标值,如图1-15(a)所示。

② 绝对极坐标

绝对极坐标是在知道目标点到原点的距离以及目标点与原点的连线与 x 轴正方向的夹角的角度值的情况下使用的。其输入格式为"$R < \alpha$",R 表示目标点到原点的距离,α 表示目标点与原点的连线与 x 轴正方向的夹角的角度值。如图1-15(b)所示。

(2) 相对坐标

相对坐标是以一个已知点为基准来确定另一个点的坐标位置,包括相对直角坐标和相对极坐标两种类型。它的表示方法是在绝对坐标的表达方式前加上"@"号,表示某个值的增量值。

① 相对直角坐标

相对直角坐标是指目标点相对于前一点的 x 轴和 y 轴的位移增量值。其表示形式是"$@x,y$",如图1-15(c)所示。

② 相对极坐标

相对极坐标是指目标点与前一点的连线的距离及与 x 轴正方向的夹角的角度值。其输入格式为"$@ R < \alpha$",R 表示目标点到前一点的距离,α 表示目标点与前一点的连线与 x 轴正方向的夹角的角度值,如图1-15(d)所示。

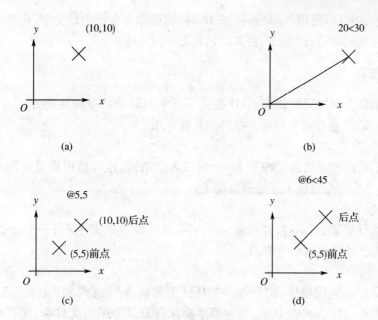

图1-15　坐标输入方法

（a）绝对直角坐标；（b）绝对极坐标；（c）相对直角坐标；（d）相对极坐标；

（二）执行命令的方式

在AutoCAD中，菜单命令、工具按钮、命令和系统变量都是相互对应的。可以选择某一菜单命令，或单击某个工具按钮，或在命令行中输入命令和系统变量来执行相应命令。可以说，命令是AutoCAD绘制与编辑的核心。

1. 使用鼠标操作执行命令

在绘图区，光标通常显示为"十"字线形式。当光标移动至菜单选项、工具或对话框内时，它会变成一个箭头。无论光标是"十"字线形式还是箭头形式，当单击或者按动鼠标键时，都会执行相应的命令或动作。在AutoCAD中，鼠标键是按照下述规则定义的。

拾取键：通常指鼠标左键，用于指定屏幕上的点，也可以用来选择Windows对象、AutoCAD对象、工具栏按钮和菜单命令等。

回车键：指鼠标右键，用于确认并结束当前使用的命令，相当于Enter键。此时系统将根据当前绘图状态而弹出不同的快捷菜单。

弹出菜单：当使用Shift键和鼠标右键的组合时，系统将弹出一个快捷菜单，用于设置捕捉点的方法。对于3键鼠标，弹出按钮通常是鼠标的中间按钮。

2. 使用键盘输入命令

在AutoCAD 2008中，大部分的绘图、编辑功能都需要通过键盘输入来完成。通过键盘可以输入命令、系统变量。此外，键盘还是输入文本对象、数值参数、点的坐标或进行参数选择的唯一方法。

3. 使用"命令行"

在AutoCAD 2008中，通过命令行输入命令或命令缩写，也是常用的命令执行方式。对于大多数命令，"命令行"可以显示执行完的两条命令提示（也叫命令历史），而对于一些输出命令，如LIST命令，需要在放大的"命令行"或"AutoCAD文本窗口"中显示。

在命令行中,还可以使用 BackSpace 或 Delete 键删除命令行中的文字;也可以选中命令历史,并执行"粘贴到命令行"命令,将其粘贴到命令行。

(三)命令技巧

为了让使用命令更加简单,AutoCAD 提供了重复和取消命令的快捷方式,以及"放弃"和"重做"选项。以下是对这几种命令技巧的具体介绍。

1. 重复命令

重复命令最常用的方法就是按下 Enter 键或者空格键,这样就可重复调用刚刚使用的命令,不管上一个命令是完成了还是被取消了。

2. 取消命令

当错误地执行了某个并不需要的命令时,可以将其取消并执行另外一个命令。此时,按下 Esc 键即可将已经开始的命令取消。

3. 放弃命令

大多数 Windows 应用程序在"标准"工具栏上都包含"放弃"和"重做"这两个命令,AutoCAD 也不例外。在 AutoCAD 中,应用程序会从打开这个图形文件起,保存每一步的操作,这样一来,就可以通过放弃之前进行的每一个操作,使图形文件回到其刚刚打开时的状态。

可以通过选择"标准"工具栏中的 图标按钮,或者在命令行中输入 UNDO 命令,来执行该操作。执行放弃命令后,可以看到下列提示:

输入要放弃的操作数目或

[自动(A)/控制(C)/开始(BE)/结束(E)/标记(M)/后退(B)] <1 >:

这里默认的提示是"输入要放弃的操作数目",如果此时键入一个值,例如 3,就意味着放弃最近执行的 3 个命令。其效果与在"放弃"按钮下拉菜单中选择第 3 个命令是一样的。

4. 重做命令

在放弃或取消某个命令后,可能又不想放弃或取消,则称之为重做命令。可以通过选择"标准"工具栏中的 图标按钮,或者在命令行中输入 REDO 命令,来执行该操作。如果要重做前面放弃的多个命令时,可以输入 MREDO 命令。

注意:重做命令与重复命令是有区别的。重做命令可以认为是放弃命令的逆命令,它可以重做刚才 UNDO 命令放弃的效果;而重复命令只能够重复执行上一个刚刚执行过的命令。

(四)透明命令

透明命令是可以在不中断其他命令的情况下被执行的命令。例如缩放命令(zoom)就是一个典型的透明命令,可以在执行其他命令的过程中调用 zoom 命令。透明命令一般多为更改图形设置或打开辅助绘图工具的命令。

透明命令除了可以在命令行中输入以外,还可以通过菜单命令或者工具栏按钮来实现。

任务四 设置绘图环境

（一）配置绘图系统

一般来讲，使用 AutoCAD 2008 默认配置就可以绘图，但是由于每台计算机的显示器、输入设备和输出设备的类型不同，用户喜好的风格也不同，所以用户在开始绘制图形之前可以首先对系统进行必要的配置。选择菜单"工具"|"选项"，或者输入命令 preferences，将会打开"选项"对话框。用户可以在该对话框中选择有关选项，对系统进行配置。下面仅就其中几个主要选项卡作一下说明，其他配置选项，在后面用到时再作具体说明。

1. 显示配置

在"选项"对话框中的第二个选项卡为"显示"，该选项卡控制 AutoCAD 窗口的外观，如图 1-16 所示。该选项卡用于设置屏幕菜单、屏幕颜色、光标大小、滚动条显示与否、固定命令行窗口中的文字行数、各实体的显示分辨率、版面布局设置及其他各项性能参数等。

在默认情况下，AutoCAD 2008 的绘图窗口是白色背景、黑色线条，如果需要更改绘图窗口背景的颜色，可以按照以下步骤进行设置：

（1）按照上面所描述的操作打开"选项"对话框，并且选择"显示"选项卡，如图 1-16 所示。单击"窗口元素"选项组中的"颜色"按钮，将打开"图形窗口颜色"对话框，如图 1-17 所示。

（2）单击"图形窗口颜色"对话框中"颜色"下拉列表框右侧的下拉箭头，在打开的下拉列表中，选择需要的窗口颜色，然后单击"应用并关闭"按钮，即可完成绘图区窗口背景颜色的更换。

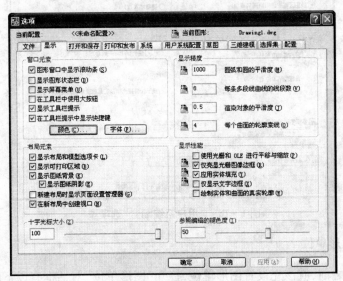

图 1-16 "显示"选项卡

注意：在设置实体显示分辨率时，值不要太高，因为分辨率越高，显示质量越高，计算机计算的时间就越长，所以显示质量设定合理很重要。

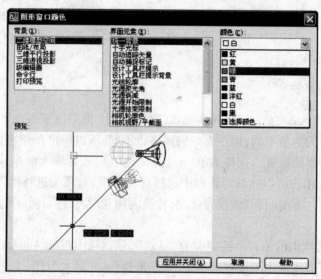

图1-17 "图形窗口颜色"对话框

2. 用户系统配置

在"选项"对话框中的第六个选项卡为"用户系统配置",该选项卡可控制优化软件系统工作方式的各个选项,包括鼠标右键操作、在图形中插入块和图形时使用的默认比例、程序响应坐标数据的输入方式等参数的设置,如图1-18所示。

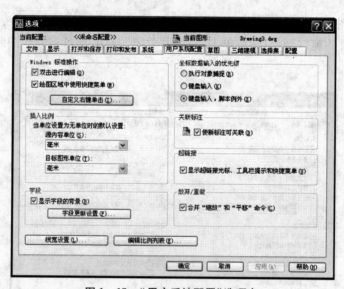

图1-18 "用户系统配置"选项卡

(二)设置图形单位

在绘制图形之前,应该先设置图形单位,打开"图形单位"对话框有以下两种方法:

(1)选择菜单"格式"|"单位"命令;

(2)在命令行中输入"UNITS"或"UN"命令。

执行上述两种操作都将打开如图1-19所示"图形单位"对话框。

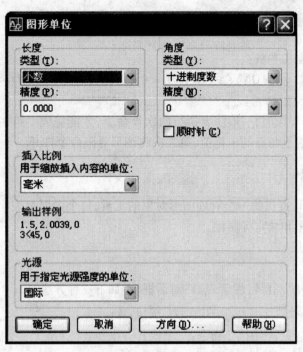

图1-19 "图形单位"对话框

该对话框中各选项(组)的含义如下:

①"长度"选项组。其中"类型"下拉列表框用于设置单位的格式类型,该值包括"建筑"、"小数"、"工程"、"分数"和"科学";"精度"下拉列表框用于设置线性测量值显示的小数位数或分数的大小。

②"角度"选项组。其中"类型"下拉列表框用于设置角度的格式,"角度"下拉列表框用于设置角度显示的精度。

③"插入比例"选项组。用于控制插入到当前图形中的块和图形的测量单位。

④"光源"选项组。用于设置当前图形中光源强度的测量单位,该值包括"国际"、"美国"和"常规"。

(三)设定绘图区域大小

AutoCAD的绘图区域相当于一张无限大的图纸,通常,为了绘图方便,需要设置图形的界限,激活图形"界限命令"有以下两种方法:

(1)选择菜单"格式"|"图形界限"命令;

(2)在命令行中输入"LIMITS"或"LIM"命令。

下面以设定一个420×297大小的绘图区域为例,来进一步说明。激活"图形界限"命令后,命令行提示如下:

命令:´LIMITS

重新设置模型空间界限:

指定左下角点或[开(ON)/关(OFF)] <0.0000,0.0000>://指定左下角点为当前坐标原点

指定右上角点 <420.0000,297.0000>://指定右上角点的坐标

重复执行一次该命令,命令行提示如下:

命令: LIMITS

重新设置模型空间界限:

指定左下角点或 [开(ON)/关(OFF)] <0.0000,0.0000>: ON //输入ON选项,打开该命令

注意:设置图形界限时,一般需要执行两次该命令,才能完成。第一次可以指定矩形绘图区域的左下角和右上角点的坐标值,第二次将图形界限命令打开。

(四)图层管理

图层是AutoCAD提供的一个管理图形对象的工具,每个图层都表明了一种图形对象的特性,包括颜色、线型和线宽等属性。

1. 设置绘图图层

(1)创建图层

创建图层需打开"图层特性管理器"对话框,有如下三种方法:

① 单击"对象特性"工具栏中的"图层"按钮 ;

② 选择菜单"格式"|"图层"命令;

③ 在命令行中输入"LAYER"命令。

执行上述三种操作都将打开"图层特性管理器"对话框,单击"新建图层"按钮 ,在图层列表中会出现一个名称为"图层1"的新图层,如图1-20所示。默认情况下,新建图层与当前图层的状态、颜色、线性及线宽等设置均相同,当然图层的名称可以修改,然后按"确定"按钮即可。

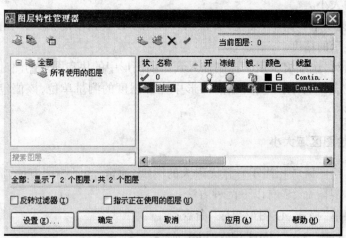

图1-20 "图层特性管理器"对话框

(2)设置图层颜色

激活设置图层颜色命令有如下两种方法:

① 选择菜单"格式"|"颜色"命令;

② 在命令行中输入"COLOR"命令。

执行上述两种操作都将打开如图1-21所示的"选择颜色"对话框,可以选择"索引颜色"、"真彩色"和"配色系统"选项卡来设置图层颜色。

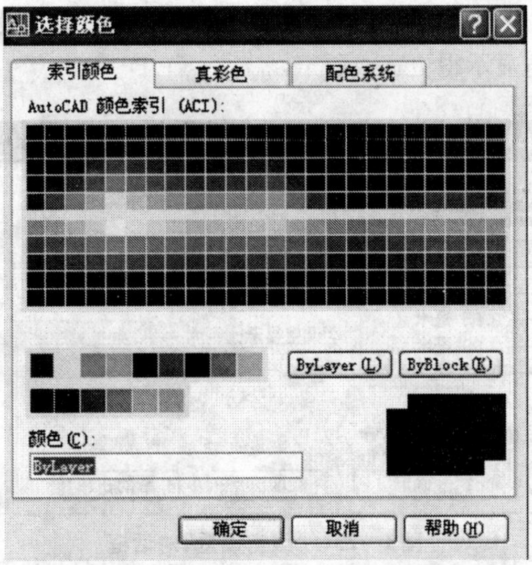

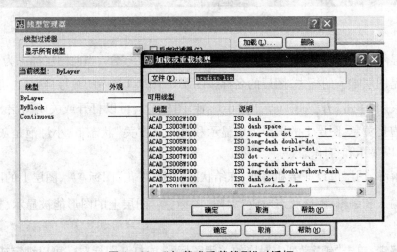

图 1 – 21　"图层特性管理器"对话框

"索引颜色"选项卡：每一种颜色用一个 ACI 编号（1～255 之间的整数）标志，实际上是一张包含 256 种颜色的颜色表。

"真彩色"选项卡：包括 RGB 或 HSL 颜色模式，RGB 是通过对红（R）、绿（G）和蓝（B）3 个颜色通道的变化以及它们相互之间的叠加来得到各式各样的颜色；HSL 色彩模式是通过对色调（H）、饱和度（S）、亮度（L）三个颜色通道的变化以及它们相互之间的叠加来得到各式各样的颜色的，HSL 即是代表色调、饱和度、亮度三个通道的颜色。

"配色系统"选项卡：使用标准 Pantone 配色系统设置图层的颜色。

（3）设置图层线型

选择菜单"格式"|"线型"命令，打开"线型管理器"对话框，点击"加载"按钮，将弹出如图 1 – 22 所示的"加载或重载线型"对话框，选中需要加载的线型，然后单击"确定"按钮，则将线型加载到当前图形中。

图 1 – 22　"加载或重载线型"对话框

（4）设置图层线宽

选择菜单"格式"|"线宽"命令,打开如图1-23所示的"线宽设置"对话框,通过调整显示比例,使图形中的线宽显示得更宽或更窄。

图1-23　"线宽设置"对话框

"线宽"列表框:用于选择线条的宽度。

"列出单位"选项组:列出线宽的单位,"毫米"或"英寸"。

"显示线宽"复选框:设置是否按照实际线宽来显示图形。

"调整显示比例"选项区域:移动滑块,设置线宽的显示比例。

2. 管理图层

（1）设置图层特性

使用图层绘制图形时,对象的各种特性将默认为图层,即由当前图层的默认设置决定,用户可单独设置对象的特性来替换原来图层的特性。在"图层特性管理器"对话框中,可以看到每个图层都包含状态、名称、打开/关闭、冻结/解冻、锁定/解锁、线型、颜色、线宽和打印样式等特性,如图1-24所示,各种特性含义如下:

图1-24　"图层特性管理器"对话框

状态:显示图层和过滤器的状态,被删除的图层标志为 ✖ ,当前图层标志为 ✔ 。

名称:是图层唯一的标志,图层的名称按图层0、图层1……的编号排列,也可以修改。

打开/关闭:单击"开"列中对应的"小灯泡"图标 💡 ,可以打开或关闭图层。在"开"状态下,小灯泡是黄色,图层上的图形可以显示和打印;在"关"状态下,小灯泡是灰色,图层上的图形不可以显示和打印。

冻结/解冻:图层可以冻结和解冻,冻结状态对应"雪花"图标 ❄ ,图层上的图形不能被显示、打印输入和编辑;解冻状态对应"太阳"图标 ☀ ,图层上的图形能被显示、打印输入和编辑。

锁定/解锁:单击"锁定"列中对应的关闭图标 🔒 或打开图标 🔓 ,可以锁定或解锁图层。锁定状态并不影响该图层上图形对象的显示,不过用户不能编辑锁定图层上的对象,但可以在锁定的图层中绘制新图层对象。

颜色:单击"颜色"列对应的图标,可以打开"选择颜色"对话框来选择所需要的颜色。

线型:单击"线型"列对应的图标,可以打开"选择颜色"对话框来选择所需要的线型。

线宽:单击"线宽"列对应的图标,可以打开"选择颜色"对话框来选择所需要的线宽。

打印样式:可确定图层的打印样式,如果是彩色绘图仪,则不能改变这些样式。

打印:单击"打印"对应的打印机按钮 🖨 ,可以设置图层是否能够被打印。

说明:单击"说明"列两次,可以为图层组过滤器添加必要的说明信息。

(2)切换插入当前层

在"图层特性管理器"对话框的图层列表中,选择某一图层后,单击对话框上方的"置为当前"按钮 ✔ ,即可将该层设置为当前层,这时就可以在该层上绘制和编辑图形。

(3)过滤图层

在"图层特性管理器"对话框中,单击"新特性过滤器"按钮 🗊 ,打开如图1-25所示的"图层过滤器特性"对话框,在该对话框里,可以在"过滤器定义"列表框中设置图层的名称、状态、颜色、线型及线宽等过滤条件。

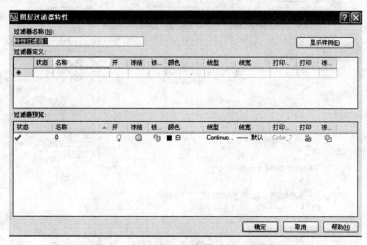

图1-25 "图层过滤器特性"对话框

(4)保存与恢复图层状态

选择菜单"格式"|"图层状态和管理器"命令,打开"图层状态管理器"对话框,然后单击"新建"按钮,打开"要保存的新图层状态"对话框,如图1-26所示,从中可以保存图层状态。

要恢复已保存的图层状态,在"图层状态"列表框中选择某一个图层状态后单击"恢复"按扭即可,如图1-27所示。

(5)转换图层

通过"图层转换器"转换图层,打开"图层转换器"对话框(如图1-28所示)有如下两种方法:

① 单击"CAD标准"工具栏当中的"图层转换器"按钮 🗊 ;

② 选择菜单"工具"|"CAD标准"|"图层转换器"命令。

图1-26 "要保存的新图层状态"对话框

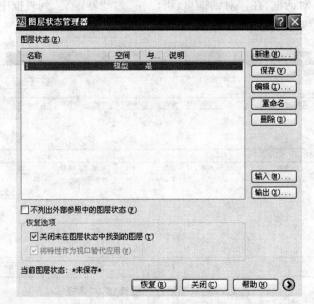

图1-27 "图层状态管理器"对话框

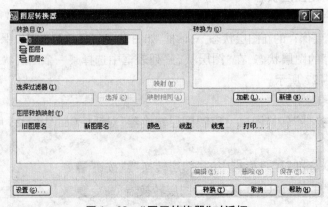

图1-28 "图层转换器"对话框

下面介绍"图层转换器"对话框中各选项的含义：

（a）"转换自"列表框。显示当前图形中将要被转换的图层结构，可以通过"选择过滤器"选择。

（b）"转换为"列表框。显示可以将当前图形的图层转换成的图层名称。

（c）"映射"按钮。单击该按钮，可以将在"转换自"列表框中选中的图层映射到"转换为"列表框中，并且当图层被映射后，将从"转换自"列表框中删除。

（d）"映射相同"按钮。单击该按钮，可以将"转换自"列表框和"转换为"列表框中名称相同的图层进行转换。

（e）"图层转换映射"选项区域。显示已经映射的图层名称及图层的相关特性值。

（f）"设置"按钮。单击该按钮，打开如图 1 – 29 所示的"设置"对话框，用于设置转换规则。

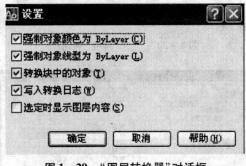

图 1 – 29　"图层转换器"对话框

（五）文件管理

在开始绘图之前，必须了解 AutoCAD 中一些与文件相关的基本命令，如新文件的创建、文件的打开和文件的保存等命令。

1. 新文件的创建

激活"新文件的创建"命令有如下三种方法：

（1）单击"标准"工具栏当中的"新建"按钮 ；

（2）选择菜单"文件"|"新建"命令；

（3）直接按快捷键 CTRL + N。

以上三种操作均能打开"选择样板"对话框，可以在样板列表框中选择某一个样板文件，这时右边的"预览"框中将显示该样板的预览图像，如图 1 – 30 所示，然后单击"打开"按钮，可以打开所选中的样板绘制图形。

2. 文件的打开

激活"文件的打开"命令有如下三种方法：

（1）单击"标准"工具栏当中的"打开"按钮 ；

（2）选择菜单"文件"|"打开"命令；

（3）直接按快捷键 CTRL + O。

以上三种操作均能打开"选择文件"对话框，选择需要打开的图形文件，在"打开"下拉列表框中可以选择"打开"、"以只读方式打开"、"局部打开"和"以只读方式局部打开"等四种打开方式。其中"打开"和"局部打开"可以打开并编辑图形，而"以只读方式打开"和"以只读方式局部打开"可以打开但不能编辑图形,如图 1 – 31 所示。

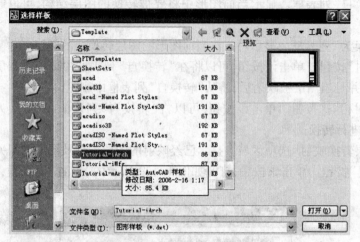

图 1 – 30   "选择样板"对话框

图 1 – 31   "选择文件"对话框

3. 文件的保存

激活"文件的保存"命令有如下三种方法:

(1) 单击"标准"工具栏中的"打开"按钮 ;

(2) 选择菜单"文件" | "保存"命令;

(3) 直接按快捷键 CTRL + N。

当第一次保存图形时,以上三种操作均能打开如图 1 – 32 所示的"图形另存为"对话框,默认的文件类型是" * . dwg",也可以在"文件类型"下拉列表框中选择其他格式。

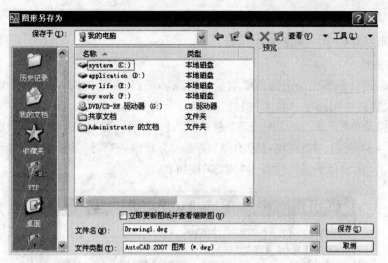

图1-32　"图形另存为"对话框

任务五　辅助绘图工具

使用辅助绘图工具可以有效提高绘图的速度和精度,在AutoCAD中常用的辅助绘图命令有捕捉和栅格、极轴追踪、对象捕捉、动态输入和正交等。

1. 捕捉和栅格

栅格是为了满足视觉参考而做的显示设置,捕捉一般是和栅格一起用,捕捉的功能是让光标只能在栅格的点上移动,先设置栅格,比如设置栅格间距为15,则光标每次移动都是15的倍数。激活"捕捉和栅格"命令有如下三种方法:

(1) 选择菜单"工具"|"草图设置"命令,打开"草图设置"对话框,选择"捕捉和栅格"选项卡,如图1-33所示,在"启用捕捉"和"启用栅格"前面的方框画对号,并可以在下面设置捕捉间距和栅格间距后点击"确定"按钮;

图1-33　"捕捉和栅格"选项卡

（2）直接按快捷键 F9 和 F7；

（3）点击状态栏中的 捕捉 栅格 按钮。

2. 极轴追踪

极轴追踪是沿着事先设定的角度增量来追踪特征点,在绘图时要求线与线间有规定角度时,能有效提高绘图速度。激活"极轴追踪"命令有如下三种方法：

（1）选择菜单"工具"|"草图设置"命令,打开"草图设置"对话框,选择"极轴追踪"选项卡,如图 1－34 所示,在"启用极轴追踪"前面的方框内画对号,并设置"增量角"、"对象捕捉追踪设置"、"极轴角测量"后点击"确定"按钮；

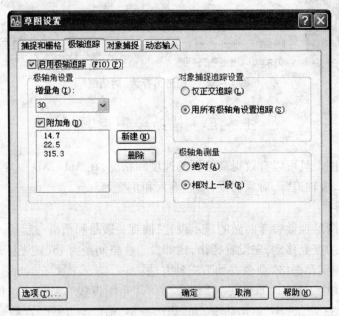

图 1－34　"极轴追踪"选项卡

（2）直接按快捷键 F10 可以在开、关之间切换；

（3）点击状态栏中的 极轴 按钮。

使用极轴追踪功能可以按照事先设置的角度增量显示一条无限延伸的辅助线,然后沿辅助线追踪得到光标点,图 1－35 中的虚线即为极轴追踪线。可以在图 1－34 所示的"极轴追踪"选项卡中设置极轴追踪参数。

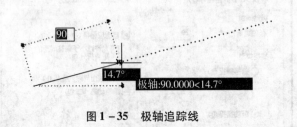

图 1－35　极轴追踪线

3. 对象捕捉

对象捕捉是用于辅助用户精确定位在图形对象上的某些特殊点,比如中点、端点、圆点、交点、切点、象限点等。激活"对象捕捉"命令有如下三种方法：

（1）选择菜单"工具"｜"草图设置"命令，打开"草图设置"对话框，选择"对象捕捉"选项卡，如图1－36所示，在"启用对象捕捉"和"启用对象捕捉追踪"前面的方框内画对号，并设置"对象捕捉模式"后点击"确定"按钮；

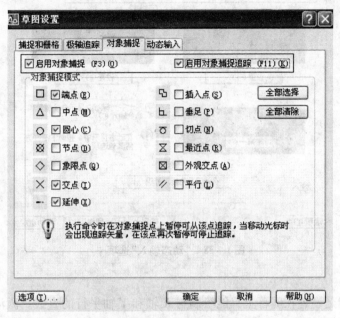

图1－36 "对象捕捉"选项卡

（2）直接按快捷键F3；

（3）点击状态栏中的**对象捕捉**按钮。

图1－37所示的图形是"对象捕捉"功能所捕捉到的端点、中点、交点和垂足等特殊点。

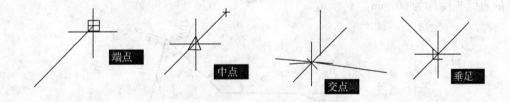

图1－37 "对象捕捉"功能捕捉到的特殊点

4. 动态输入

动态输入是在光标附近显示提示值，并可以直接输入规定的数值。激活"动态输入"命令有如下三种方法：

（1）选择菜单"工具"｜"草图设置"命令，打开"草图设置"对话框，选择"动态输入"选项卡，如图1－38所示，在"启用指针输入"和"可能时启用标注输入"前面的方框内画对号，点击"确定"按钮；

（2）直接按快捷键F12；

（3）点击状态栏中的 **DYN** 按钮。

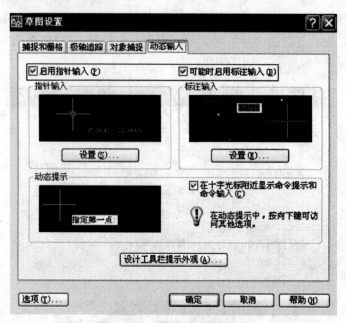

图1-38 "动态输入"选项卡

5. 正交

"正交"功能是设置在屏幕上只能绘制与 X 轴和 Y 轴平行的直线。激活"正交"命令有如下三种方法:

(1) 在命令行中直接输入"ORTHO"命令;

(2) 直接按快捷键 F8;

(3) 点击状态栏中的 **正交** 按钮。

【实训一】使用"极轴追踪"功能和"捕捉"功能绘制如图1-39所示的图形。图中未标注的直线长度均为 60 mm。

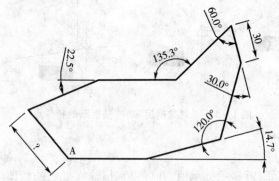

图1-39 使用"极轴跟踪"和"对象捕捉"功能绘制图形

操作步骤:

(1) 选择菜单"工具"|"草图设置"命令,打开"草图设置"对话框,选择"捕捉和栅格"选项卡,具体参数设置如图1-33所示;

(2) 设置"极轴追踪"选项卡,具体参数设置如图1-34所示;

(3) 打开状态栏的"捕捉"和"极轴"功能,调用"直线"命令,从 A 点开始出发,绘制第一段直线,绘图区域中的动态输入提示如图1-40(a)所示;接着绘制第二段直线,绘图区域中的动态输入提示如图 1-40(b)所示;第三、四、五、六、七段直线的数据输入提示依次如图 1-40(c)、1-40(d)、1-40(e)、1-40(f)和 1-40(g)所示。

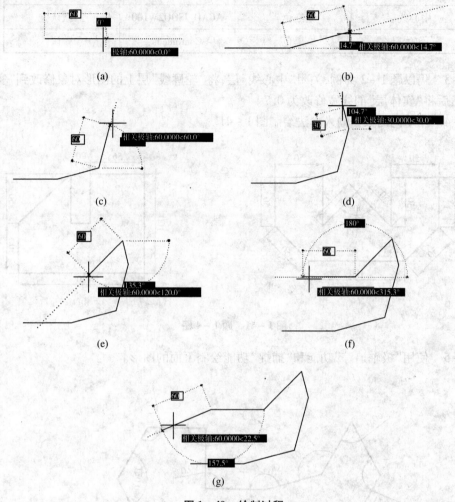

图 1-40 绘制过程

(a) 第一段直线的动态输入提示; (b) 第二段直线的动态输入提示; (c)第三段直线的动态输入提示;

(d) 第四段直线的动态输入提示; (e) 第五段直线的动态输入提示; (f) 第六段直线的动态输入提示;

(g) 第七段直线的动态输入提示

注意:当使用"极轴追踪"功能绘制图形时,在设置对话框参数之前,应先设置"图形单位"对话框,将该对话框中的角度类型设置为"十进制数",精度设置为"0.0"。另外,"极轴追踪"功能一般和"捕捉"功能一起使用,即需要使状态栏中的"捕捉"和"极轴"都处于打开状态。

实 战 演 练

1-1 设定一个 297×210 大小的绘图区域,并且在此区域内打开栅格显示。

1-2 按下列要求创建图层。

图层	颜色	线型	线宽
轮廓线层	蓝色	ACAD_ISOO2W100	默认
中心线层	红色	ACAD_ISOO2W100	默认
实体层	黑色	Continuous	默认

1-3　仍以题1-2为例,关闭"中心线"层,将"轮廓线"层上的图形对象修改到"实体"层上,然后将"实体层"的线宽修改为0.7。

1-4　用不同的数据输入方法绘制图1-41。

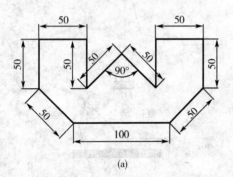

(a)

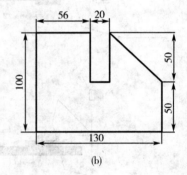

(b)

图1-41　题1-4图

1-5　使用"极轴追踪"功能和"捕捉"功能绘制下面的图形。

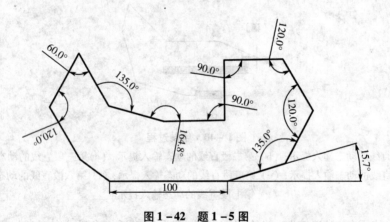

图1-42　题1-5图

项目二 二维绘图命令

任务一 绘 制 点

点是组成图形对象的最基本元素,也是需要掌握的第一个基本图形。在 AutoCAD 中,点有 20 种表示样式,用户可以通过命令 DDPTYPE 或选择菜单"格式"丨"点样式"命令,打开"点样式"对话框来进行设置,如图 2 - 1 所示。用户还可以根据需求变更点对象的样式形状、大小与放大方式等。此对话框中的各个选项的含义如下:

(1)"点大小"文本框 设置点的显示大小;

(2)"相对于屏幕设置大小"单选按钮 按屏幕尺寸的百分比来设置点的显示大小,当进行缩放后,点的大小不变;

(3)"按绝对单位设置大小"单选按钮 按"点大小"文本框中的数值设置点的显示大小,当进行缩放后,点对象的大小将随显示比例变化。

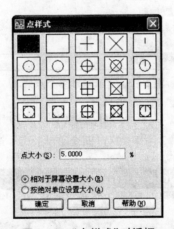

图 2 - 1 "点样式"对话框

点的操作包括创建单点、多点、定数等分和定距等分四种操作。用户可以选择菜单"绘图"丨"点"命令,打开如图 2 - 2 所示的子菜单,然后选择相应的子菜单即可执行各种操作。

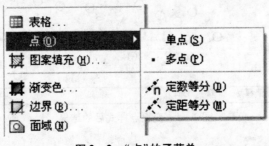

图 2 - 2 "点"的子菜单

（一）绘制单点和多点

1. 在 AutoCAD 中,要绘制单点对象,有以下三种方法:

（1）单击"绘图"工具栏当中的"点"按钮 ▪ ;

（2）选择菜单"绘图"|"点"|"单点"命令;

（3）在命令行中输入"POINT"或者"PO"命令。

2. 若要连续绘制多个点对象时,可以选择菜单"绘图"|"点"|"多点"命令,即可在绘图区连续单击来创建多个点对象,直到按 Esc 键结束该命令,如图 2 – 3 所示。

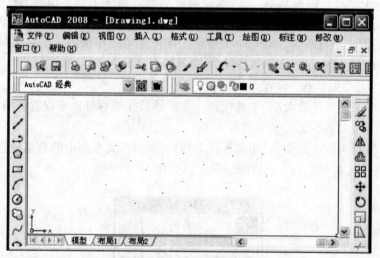

图 2 – 3　连续绘制多个点对象

注意:如果将点样式变更为"点样式"对话框（图 2 – 1）中的第二行第一列的 ⊠ 图标,其他设置保持默认值不变,则图 2 – 3 中的点即会变为图 2 – 4 所示。

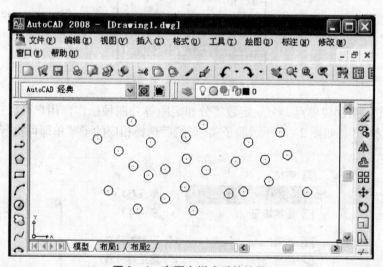

图 2 – 4　变更点样式后的结果

(二)定数等分对象

定数等分命令(DIVIDE)主要用于将某个对象等分成相等的几段,也可以在被等分的对象上等间隔的放置点。能够执行定数等分的对象有直线、圆、圆弧及椭圆弧等。激活定数等分命令有以下两种方法:

(1) 选择菜单"绘图"|"点"|"定数等分"命令;

(2) 在命令行中输入"DIVIDE"或者"DIV"命令。

【实训一】将一段圆弧进行 3 等分,并且在圆弧上添加两个点对象,结果如图 2-5 所示。

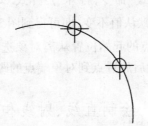

图 2-5 定数等分后的结果

操作步骤:

(1) 利用圆弧命令,绘制任意一段圆弧。然后选择菜单"绘图"|"点"|"定数等分"命令,或者在命令行中输入"DIVIDE"命令,命令行提示如下:

命令: _DIVIDE

选择要定数等分的对象: //此时光标变成一个正方形的拾取框,将其移至圆弧上单击,指定等分的对象

输入线段数目或 [块(B)]: 3 //输入 3,即会将圆弧等分为 3 段

(2) 选择菜单"格式"|"点样式"命令,打开"点样式"对话框(如图 2-1),选择第二行第三列的 ⊕ 图标,其他设置保持默认值不变,即可得到图 2-5 所示的结果。

(三)定距等分对象

定距等分命令(MEASURE)可以在指定的对象上按指定的间距绘制点或者插入块。该命令通常用来测量对象的测量点,因此也叫做测量点命令。能够执行定距等分的对象有直线、圆、圆弧及椭圆弧等。激活定距等分命令有以下两种方法:

(1) 选择菜单"绘图"|"点"|"定距等分"命令;

(2) 在命令行中输入"MEASURE"或者"ME"命令。

【实训二】将一条长度为 100 mm 的直线进行定距等分,等份间距为 19 mm,结果如图 2-6所示。

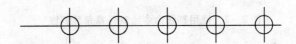

图 2-6 定距等分后的结果

操作步骤：

（1）绘制一条长度为100 mm，角度任意的直线。然后选择菜单"绘图"|"点"|"定距等分"命令，或者在命令行中输入"MEASURE"命令，命令行提示如下：

命令：MEASURE

选择要定距等分的对象：//此时光标变成一个正方形的拾取框，将其移至直线上单击，指定等分的对象

指定线段长度或［块（B）］：19 //输入等分间距19 mm，即会每隔19个单位添加一个点对象

（2）选择菜单"格式"|"点样式"命令，打开"点样式"对话框（如图2-1），选择第二行第三列的 $\oplus$ 图标，其他设置保持默认值不变，即可得到图2-6所示的结果。

注意：定距等分对象时，放置点的起始位置从离对象选取点较近的端点开始；如果对象总长度不能被所选长度整除，则最后放置点到对象端点的距离将不等于所选长度。

任务二　绘制直线、射线和构造线

直线、射线和构造线都属于直线类图形，也是AutoCAD中最基本的图形。

（一）绘制直线

直线是各类绘图中最常用、最简单的一种图形对象，只要指定了起点和端点就可以绘制一条直线。激活直线命令有以下三种方法：

（1）用鼠标左键单击"绘图"工具栏中的"直线"按钮 ／；

（2）在"绘图"菜单里面选择"直线"命令；

（3）在命令行中输入"LINE"或者"L"命令。

执行上述命令后，在绘图区中单击一点作为直线的起始点，再单击另一点作为直线的第二个点，然后按 Enter 键或者单击鼠标右键确认即可。

下面介绍如何用"直线"命令绘制一条任意角度的斜线。

首先在状态栏中单击"极轴"和"DYN"按钮，使其处于按下状态（通常这是默认设置）。其次在命令行中输入 LINE 命令，任意拾取一点作为直线的起点，然后根据"极轴追踪"提示的数据，在动态输入栏里填写指定的长度和角度。例如输入"200<60"，即可绘制一条长度为200 mm，角度为60°的直线，如图2-7所示。

指定下一点或 📥 200 🔒 60

图2-7　使用直线命令绘制任意角度斜线

【实训三】使用直线命令，绘制任意闭合三角形，结果如图2-8所示。

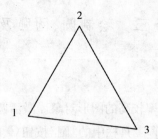

图2-8 使用直线命令绘制闭合三角形

操作步骤：

单击"绘图"工具栏中的"直线"按钮 ∕ ，激活直线命令，命令行提示如下：

命令：_LINE 指定第一点：∥任意指定一点作为第一点，如图2-8中的点1

指定下一点或［放弃(U)］：@350<60 ∥指定点2

指定下一点或［放弃(U)］：@400<-60 ∥指定点3

指定下一点或［闭合(C)/放弃(U)］：C ∥输入C选项，将第三条直线的端点闭合至点1

（二）绘制构造线

构造线是无线延伸的直线，它没有起点和终点，主要用作辅助线，可以放置在三维空间的任何地方。激活构造线命令有以下三种方法：

（1）用鼠标左键单击"绘图"工具栏中的"构造线"按钮 ∕ ；

（2）在"绘图"菜单里面选择"构造线"命令；

（3）在命令行中输入"XLINE"或者"XL"命令。

下面介绍构造线命令中的其他选项的含义：

（1）水平(H) 绘制一组与 x 轴平行的水平构造线。

（2）垂直(V) 绘制一组与 x 轴垂直与 y 轴平行的构造线。

（3）角度(A) 通过指定角度和构造线的通过点来创建与水平轴成指定角度的一组构造线。

（4）二等分(B) 创造一条构造线，使其平分某个角度。

（5）偏移(O) 创建平行于某条已知直线的构造线。

（三）绘制射线

射线是指一端固定，另一端向任意方向无限延伸的直线。射线主要用作辅助线以帮助用户定位。创建射线时，只要指定射线的起点和通过点即可绘制一条射线。指定射线的起点后，可在"指定通过点"提示下指定多个通过点，绘制以起点为端点的多条射线，直到按Esc键或Enter键退出为止。激活射线命令有以下两种方法：

（1）在"绘图"菜单里面选择"射线"命令；

（2）命令行中输入"RAY"命令。

任务三　绘制圆、圆弧及椭圆

（一）绘制圆

圆形也是 AutoCAD 中使用率较高的图形对象。激活圆命令有以下三种方法：

（1）用鼠标左键单击"绘图"工具栏中的"圆"按钮 **◉**；

（2）在"绘图"菜单里面选择"圆"命令，然后选择相应的子菜单即可执行各种操作；

（3）在命令行中输入"CIRCLE"或者"C"命令。

下面具体介绍绘制圆的六种方法：

1. 通过指定圆心和半径绘制圆

选择菜单"绘图" | "圆" | "圆心、半径"命令，任意拾取一点作为圆心，然后输入圆的半径，如 200，如图 2 - 9(a)所示，可以绘制如图 2 - 9(b)所示的圆，命令行提示如下：

命令：_CIRCLE 指定圆的圆心或［三点(3P)/两点(2P)/相切、相切、半径(T)］：//任意拾取一点作为圆心

指定圆的半径或［直径(D)］：200 //输入圆的半径为 200

图 2 - 9　通过指定圆心和半径绘制圆

2. 通过指定圆心和直径绘制圆

选择菜单"绘图" | "圆" | "圆心、直径"命令，任意拾取一点作为圆心，然后输入圆的直径，如 450，如图 2 - 10(a)所示，可以绘制如图 2 - 10(b)所示的圆，命令行提示如下：

命令：_CIRCLE 指定圆的圆心或［三点(3P)/两点(2P)/相切、相切、半径(T)］：//任意拾取一点作为圆心

指定圆的半径或［直径(D)］：_D 指定圆的直径：450 //输入圆的直径为 200

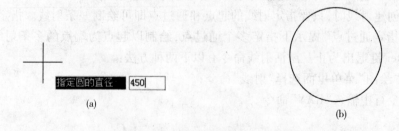

图 2 - 10　通过指定圆心和直径绘制圆

3. 通过两点定义直径绘制圆

选择菜单"绘图"|"圆"|"两点"命令,任意拾取一点作为圆直径的第一个端点,然后指定圆直径的第二个端点,可以用鼠标左键单击来拾取,也可以输入点的坐标,从而绘制圆,如图2－11所示,命令行提示如下:

命令:_CIRCLE 指定圆的圆心或 [三点(3P)/两点(2P)/相切、相切、半径(T)]:_2P
指定圆直径的第一个端点: //任意拾取一点作为圆直径的第一个端点

指定圆直径的第二个端点: //指定直径的第二个端点

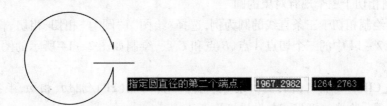

图 2－11　通过两点定义直径绘制圆

4. 通过三点定义圆周画圆

选择菜单"绘图"|"圆"|"三点"命令,任意拾取一点作为圆上第一个端点,然后指定圆上第二个端点,最后指定圆上第三个端点,可以用鼠标左键单击来拾取,也可以输入点的坐标,如图2－12所示,命令行提示如下:

命令:_CIRCLE 指定圆的圆心或 [三点(3P)/两点(2P)/相切、相切、半径(T)]:_3P
指定圆上的第一个点: //任意拾取一点作为圆第一个端点

指定圆上的第二个点: //指定圆上第二个点

指定圆上的第三个点: //指定圆上第三个点

图 2－12　通过三点定义圆周绘制圆

5. 通过相切于两个对象并指定半径来绘制圆

下面以绘制相切于两条直线的圆为例,选择菜单"绘图"|"圆"|"相切、相切、半径"命令,依次捕捉到如图2－13所示的与圆相切的 A 点和 B 点,再输入圆的半径,如200,绘制如图2－13所示的图形,命令行提示如下:

命令:_CIRCLE 指定圆的圆心或 [三点(3P)/两点(2P)/相切、相切、半径(T)]:_TTR
指定对象与圆的第一个切点: //捕捉切点 A
指定对象与圆的第二个切点: //捕捉切点 B
指定圆的半径:200 //指定圆的半径为200

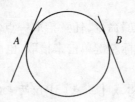

图 2－13　通过相切于两个对象并指定半径绘制圆

6. 绘制相切于三个现有对象的圆

下面以绘制相切于三条直线的圆为例,选择"绘图"|"圆"|"相切、相切、相切"命令,依次捕捉到图 2－14 中的三个切点 *A* 点、*B* 点和 *C* 点,绘制如图 2－14 所示的图形,命令行提示如下:

命令:_CIRCLE 指定圆的圆心或 [三点(3P)/两点(2P)/相切、相切、半径(T)]:_3P
指定圆上的第一个点:_TAN 到 ∥捕捉切点 *A*
　指定圆上的第二个点:_TAN 到 ∥捕捉切点 *B*
　指定圆上的第三个点:_TAN ∥捕捉切点 *C*

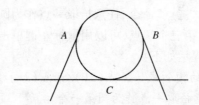

图 2－14　相切于两个对象并指定半径绘制圆

注意:使用"相切、相切、半径"和"相切、相切、相切"的方法绘制圆形时,需要事先将"对象捕捉"对话框中的"切点"复选框勾上,并且将暂不需要的特殊点复选框去掉,以免在绘图的过程中出现特殊点捕捉混乱的现象。

【实训四】绘制如图 2－15 所示的图形,要求大圆半径为 300 mm。

图 2－15　绘制公切圆

操作步骤:

(1) 先利用"圆心、半径"命令绘制一个圆,半径为 300 mm。

命令:_CIRCLE 指定圆的圆心或 [三点(3P)/两点(2P)/相切、相切、半径(T)]:
指定圆的半径或 [直径(D)]:300 ∥输入公切圆的半径为 300

(2) 利用"对象捕捉"在已知圆的内部绘制两条相互垂直的直径。

命令：LINE

LINE 指定第一点：

指定下一点或［放弃(U)］：

指定下一点或［放弃(U)］：600 //画第一条直径,如图 2 – 16 中(a)

命令：LINE

LINE 指定第一点：'_DSETTINGS

正在恢复执行 LINE 命令

指定第一点：//捕捉第一条直径的中点 A,如图 2 – 16 中(b)

指定下一点或［放弃(U)］：//延伸到交点 B,如图 2 – 16 中(b)

指定下一点或［放弃(U)］：//延伸到交点 C,如图 2 – 16 中(b)

(3) 利用"相切、相切、相切"在每个扇形中绘制圆。命令行提示如下(只提示第一个公切圆,其他三个公切圆方法与其相同)：

命令：_CIRCLE 指定圆的圆心或［三点(3P)/两点(2P)/相切、相切、半径(T)］：_3P
指定圆上的第一个点：_TAN 到 //捕捉第一个圆的切点 D,如图 2 – 16 中(c)

指定圆上的第二个点：_TAN 到 //捕捉第二个圆的切点 E,如图 2 – 16 中(c)

指定圆上的第三个点：_TAN 到 //捕捉第三个圆的切点 F,如图 2 – 16 中(c)

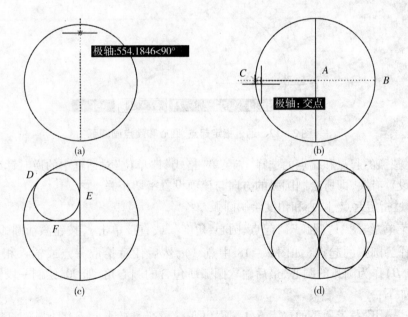

图 2 – 16　实训四绘图大致过程

(二)绘制圆弧

圆弧在绘制过程中具有举足轻重的作用。绘制圆弧的方法有很多种,可以通过圆心、起点、端点、弧长、半径、角度、弦长与方向等参数进行绘制,默认方法是指定圆弧上的任意三个点绘制圆弧。激活画圆弧命令有以下三种方法：

(1) 用鼠标左键单击"绘图"工具栏中的"圆弧"按钮 ；

(2) 在"绘图"菜单里面选择"圆弧"命令,然后选择相应的子菜单即可执行各种操作；

（3）在命令行中输入"ARC"或者"A"命令。

下面选择几种较为常用的绘制圆弧的方法进行介绍：

1．指定三点绘制圆弧

选择菜单"绘图"|"圆弧"|"三点"，或直接点击 按钮激活圆弧命令，任意拾取圆弧上的三个点或输入三个点的坐标，分别作为圆弧的起点、第二个点和端点。在绘制过程中可以沿逆时针方向创建，也可以沿顺时针方向创建。命令行提示如下：

命令：_ARC 指定圆弧的起点或［圆心（C）］：//任意拾取一点作为圆弧的起点

指定圆弧的第二个点或［圆心（C）/端点（E）］：//指定圆弧上一点

指定圆弧的端点：//指定圆弧的端点

2．通过指定起点、圆心和端点绘制圆弧

选择菜单"绘图"|"圆弧"|"起点、圆心、端点"，或直接点击 按钮激活圆弧命令，任意拾取一点（如图2－17中的点A）作为圆弧的起点，然后拾取或输入B点的坐标作为圆心，最后拾取或输入C点的坐标作为圆弧的端点。命令行提示如下：

命令：_ARC 指定圆弧的起点或［圆心（C）］：//任意拾取一点作为圆弧的起点

指定圆弧的第二个点或［圆心（C）/端点（E）］：_c 指定圆弧的圆心：//指定圆弧的圆心

指定圆弧的端点或［角度（A）/弦长（L）］：//指定圆弧的端点

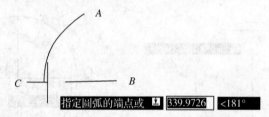

图2－17　通过指定起点、圆心和端点画圆弧

注意：圆弧的起点和端点的选择，与菜单"格式"|"单位"对话框中的逆时针或顺时针方向为正的设置有关，即所绘制圆弧的方向与该项设置密切相关。

3．通过指定起点、圆心和角度绘制圆弧

选择菜单"绘图"|"圆弧"|"起点、圆心、角度"，或直接单击 按钮激活圆弧命令，任意拾取一点作为圆弧的起点（如图2－18中点A），然后任意拾取一点或输入相关值（如图2－18中点B）作为圆弧的圆心，最后输入圆弧所包含的圆心角，如90，绘制一段圆弧。其命令行提示如下：

命令：_ARC 指定圆弧的起点或［圆心（C）］：//任意拾取一点作为圆弧的起点

指定圆弧的第二个点或［圆心（C）/端点（E）］：_c 指定圆弧的圆心：//指定圆弧的圆心

指定圆弧的端点或［角度（A）/弦长（L）］：_a 指定包含角：90　//指定圆弧包含的角度

4．通过指定起点、端点和方向绘制圆弧

选择菜单"绘图"|"圆弧"|"起点、端点、方向"，或直接单击 按钮激活圆弧命令，打开"正交"方式，任意选取一点（如图2－19（a）中A点）作为圆弧起点，B点作为圆弧的端点（AB所在的方向平行于x轴），圆弧起点（A点）的切线方向向下（如图2－19（a）中所示），绘制一段下半圆弧，结果如图2－19（b）所示。命令行提示如下：

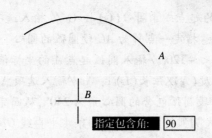

图 2-18 通过指定起点、圆心和角度画圆弧

命令：_ARC 指定圆弧的起点或 [圆心(C)]：//任意拾取一点作为圆弧的起点
指定圆弧的第二个点或 [圆心(C)/端点(E)]：e //输入选项 e
指定圆弧的端点：//指定端点
指定圆弧的圆心或 [角度(A)/方向(D)/半径(R)]：d //输入选项 d
指定圆弧的起点切向：//在正交方式下指定起点切线的方向向下

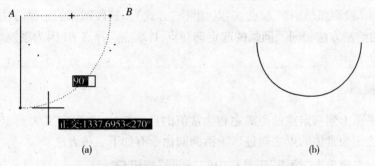

(a)   (b)

图 2-19 圆弧起点切线方向向下绘制圆弧

注意：选择"起点、端点、方向"的方式绘制圆弧时，圆弧的方向与菜单"格式"|"单位"对话框中的逆时针或顺时针方向为正的设置无关，只跟圆弧起点切线的方向有关。

【实训五】使用圆弧命令绘制图 2-20 所示的图形，尺寸如图中标注所示。

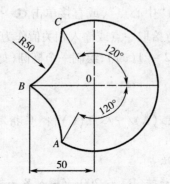

图 2-20 使用圆弧命令绘制图形

操作步骤：

(1) 绘制 AC 段大圆弧(选择"圆心、起点、角度"方式)。单击"绘图"工具栏上的圆弧命令按钮 。激活圆弧命令后，命令行提示如下：

命令：_ARC 指定圆弧的起点或［圆心(C)］：C // 输入选项 C

指定圆弧的圆心：// 任意指定一点作为 AC 段圆弧的圆心

指定圆弧的起点：@50 < −120 // 输入圆弧起点 A 的坐标值

指定圆弧的端点或［角度(A)/弦长(L)］：A // 输入选项 A

指定包含角：240 // AC 段圆弧包含的圆心角为 240°，从而完成 AC 段圆弧的绘制

(2) 调用直线命令，过大圆弧的圆心，绘制一条水平直线 OB。

(3) 绘制 BC 段圆弧(选择"起点、端点、半径"方式)。单击"绘图"工具栏上的圆弧命令按钮 ⌒。激活圆弧命令后，命令行提示如下：

命令：_ARC 指定圆弧的起点或［圆心(C)］：// 指定图 2−20 中的点 B 作为该段圆弧的起点

指定圆弧的第二个点或［圆心(C)/端点(E)］：E // 输入选项 E

指定圆弧的端点：// 指定图 2−20 中的点 C 作为该段圆弧的端点

指定圆弧的圆心或［角度(A)/方向(D)/半径(R)］：R // 输入选项 R

指定圆弧的半径：50 // 指定该段圆弧的半径为 50 mm

(4) 绘制 AB 段圆弧(选择"起点、端点、半径"方式)。该段圆弧的绘制方法与上一步骤中 BC 段圆弧的绘制方法相同。圆弧的起点选择点 A，端点选择点 B(因为系统默认设置中，逆时针方向为正)。

(三)绘制椭圆

椭圆是以平面上到两定点的距离之和为常值的点的轨迹，也可定义为到定点距离与到定直线间距离之比为常值的点之轨迹。激活椭圆命令有如下三种方法：

(1) 用鼠标左键单击"绘图"工具栏中的"椭圆"按钮 ⬭；

(2) 在"绘图"菜单里面选择"椭圆"命令，然后选择相应的子菜单即可执行各种操作；

(3) 在命令行中输入"ELLIPSE"或者"EL"命令。

下面具体介绍绘制椭圆的三种方法：

1. 通过指定中心点绘制椭圆

选择菜单"绘图" | "椭圆" | "中心点"，或直接单击 ⬭ 按钮激活椭圆命令，任意拾取一点作为椭圆的中心点，然后任意拾取一点或输入相关值作为椭圆一条轴的端点，最后输入另一条半轴的长度，如 200(如图 2−21(a))，绘制一个椭圆(如图 2−21(b))。其命令行提示如下：

命令：_ELLIPSE

指定椭圆的轴端点或［圆弧(A)/中心点(C)］：_C 指定椭圆的中心点：// 任意拾取一点作为椭圆的中心点

指定轴的端点：// 指定轴端点

指定另一条半轴长度或［旋转(R)］：200 // 输入另一条半轴长度为 200

2. 通过指定轴和端点绘制椭圆

选择菜单"绘图" | "椭圆" | "轴、端点"，或直接单击 ⬭ 按钮激活椭圆命令，任意拾取一点作为椭圆的轴端点，然后任意拾取一点或输入相关值作为椭圆轴的另一个端点，最后输入另一条半轴的长度，如 170(如图 2−22(a))，绘制一个椭圆(如图 2−22(b))。其命令行提

示如下：

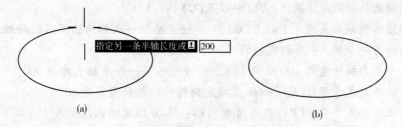

（a）   （b）

图 2 - 21   通过指定中心点绘制椭圆

命令：_ELLIPSE

指定椭圆的轴端点或［圆弧(A)/中心点(C)］：//任意拾取一点作为椭圆的轴端点

指定轴的另一个端点：//指定轴的另一外端点

指定另一条半轴长度或［旋转(R)］：170 //输入另一条半轴长度为170

（a）

（b）

图 2 - 22   通过指定轴和端点绘制椭圆

3. 绘制椭圆弧

选择菜单"绘图"|"椭圆"|"圆弧"，或直接单击 按钮激活椭圆弧命令，任意拾取一点作为椭圆弧的端点，然后任意拾取一点或输入相关值作为椭圆轴的另一个端点，接着输入另一条半轴的长度，再接着指定椭圆弧的起始角度，如60（如图2 - 23（a）），最后指定椭圆弧的终止角度，如45（如图2 - 23（b）），绘制一段椭圆弧（如图2 - 23（c））。其命令行提示如下：

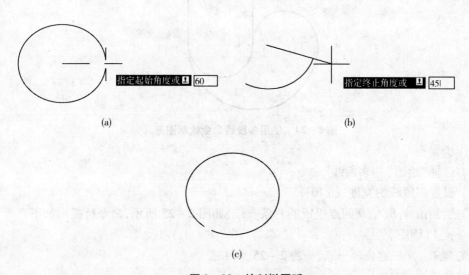

（a）   （b）

（c）

图 2 - 23   绘制椭圆弧

命令：_ELLIPSE

指定椭圆的轴端点或［圆弧(A)/中心点(C)］：_A

指定椭圆弧的轴端点或［中心点(C)］：//任意拾取一点作为椭圆弧的轴端点

指定轴的另一个端点：//指定轴的另一个端点

指定另一条半轴长度或［旋转(R)］：300 //输入另一条半轴长度为300

指定起始角度或［参数(P)］：60 //指定椭圆弧的起始角角为60

指定终止角度或［参数(P)/包含角度(I)］：45 //指定终止角度为45

任务四　绘制多段线、多线和样条曲线

(一)绘制多段线

多段线是由多段直线或圆弧组成的,在 AutoCAD 中多段线是一种非常重要的线段,激活多段线命令有如下三种方法：

(1) 用鼠标左键单击"绘图"工具栏中的"多段线"按钮；

(2) 在"绘图"菜单里面选择"多段线"命令；

(3) 在命令行中输入"PLINE"或者"PL"命令。

下面介绍多段线命令中的其他选项的含义：

(1) 圆弧(A)　表示绘制圆弧；

(2) 半宽(H)　设置多段线的半宽；

(3) 长度(L)　绘制与上一段相切的指定长度的多段线；

(4) 宽度(W)　设置多段线的宽度。

【实训六】绘制如图2-24所示的多段线图形。

图2-24　使用多段线命令绘制图形

操作步骤：

(1) 选择"绘图"|"多段线"命令；

(2) 设置多段线的宽度,如10；

(3) 绘制由A,B,C,D四点组成的三条直线,如图2-25所示,命令行提示如下：

命令：_PLINE

指定起点：//任意拾取一点,如图2-25中A点

当前线宽为0.0000

指定下一个点或［圆弧(A)/半宽(H)/长度(L)/放弃(U)/宽度(W)］：W //输入W

选项,预设置线宽

指定起点宽度 <0.0000>:10

指定端点宽度 <10.0000>:10

指定下一个点或〔圆弧(A)/半宽(H)/长度(L)/放弃(U)/宽度(W)〕:300 //指定如图2-25中B点

指定下一点或〔圆弧(A)/闭合(C)/半宽(H)/长度(L)/放弃(U)/宽度(W)〕:300 //指定图2-25中C点

指定下一点或〔圆弧(A)/闭合(C)/半宽(H)/长度(L)/放弃(U)/宽度(W)〕:300 //指定D点,如图2-26(a)所示

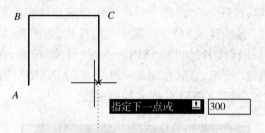

图2-25 使用多段线命令绘制直线

(4)依次绘制由D和A两点组成的圆弧,由A和E两点组成的圆弧,由E和D两点组成的圆弧。如图2-26所示,命令行提示如下:

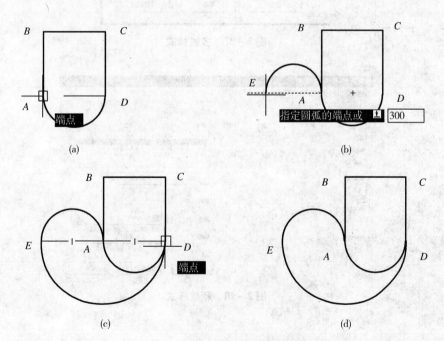

图2-26 使用多段线命令绘制圆弧

指定下一点或〔圆弧(A)/闭合(C)/半宽(H)/长度(L)/放弃(U)/宽度(W)〕:A //画圆弧

指定圆弧的端点或〔角度(A)/圆心(CE)/闭合(CL)/方向(D)/半宽(H)/直线(L)/半径(R)/第二个点(S)/放弃(U)/宽度(W)〕: //捕捉A点,如图2-26(a)所示

指定圆弧的端点或〔角度(A)/圆心(CE)/闭合(CL)/方向(D)/半宽(H)/直线(L)/半

径(R)/第二个点(S)/放弃(U)/宽度(W)]：300 //如图 2 - 26(b)

指定圆弧的端点或[角度(A)/圆心(CE)/闭合(CL)/方向(D)/半宽(H)/直线(L)/半径(R)/第二个点(S)/放弃(U)/宽度(W)]：//如图 2 - 26(c)捕捉 D 点

(二)绘制多线

多线是由多条平行的直线组成的,在 AutoCAD 中多段线是一种非常重要的线段,激活多线命令有如下两种方法：

(1) 在"绘图"菜单里面选择"多线"命令；

(2) 在命令行中输入"MLINE"或者"ML"命令。

多线的操作比较简单,打开"多线"命令行后依次指定连接多线的点即可。需要注意的是可以通过选择"格式"|"多线样式"命令设置多线的样式,如图 2 - 27 所示,点击"新建"按钮,在"新样式名"中输入新样式名,如"XINXIN",点击"继续"按钮,在如图 2 - 28 中进行所需的样式设置并点击"确定"按钮,最后在图 2 - 29 中把"XINXIN"样式设置为当前样式,那么再激活"多线"命令时就会按"XINXIN"样式绘制多线。

图 2 - 27　多线样式

图 2 - 28　新建样式

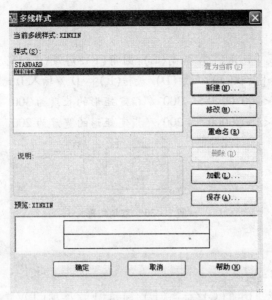

图 2 - 29 把"XINXIN"样式设置为当前样式

（三）绘制样条曲线

样条曲线是指按拟合数据点的方式,在各个控制点之间生成一条光滑的曲线,它主要用于绘制弧状不规则的图形。激活样条曲线命令有如下三种方法：

（1）用鼠标左键单击"绘图"工具栏中的"样条曲线"按钮 ；

（2）在"绘图"菜单里面选择"样条曲线"命令；

（3）在命令行中输入"SPLINE"或者"SPL"命令。

下面介绍样条曲线命令中的其他选项的含义：

（1）闭合（C） 表示封闭样条曲线,使起点和端点重合。

（2）拟合公差（F） 表示样条曲线拟合所指定的拟合点集时的拟合精度,当公差为 0 时,样条曲线将经过该点。

任务五 绘制矩形、正多边形

（一）绘制矩形

矩形是最常见的图形对象之一,激活矩形有如下三种方法：

（1）用鼠标左键单击"绘图"工具栏中的"矩形"按钮 ；

（2）在"绘图"菜单里面选择"矩形"命令；

（3）在命令行中输入"RECTANG"或者"REC"命令。

下面介绍矩形命令中其他选项的含义：

绘制矩形可以根据具体情况选择绘制直角矩形、倒角矩形、标高矩形、圆角矩形、有厚度矩形、有宽度矩形。

1.直角矩形

如图 2 - 30 所示。

命令：_RECTANG

指定第一个角点或［倒角（C）/标高（E）/圆角（F）/厚度（T）/宽度（W）］：

指定另一个角点或［面积（A）/尺寸（D）/旋转（R）］：D //输入 D 选项,预指定矩形的尺寸

指定矩形的长度 <200.0000>：300 //指定矩形的长度为 300

指定矩形的宽度 <150.0000>：200 //指定矩形的宽度为 200

图 2 - 30　直角矩形

2. 倒角矩形

如图 2 - 31 所示。

命令：_RECTANG

指定第一个角点或［倒角（C）/标高（E）/圆角（F）/厚度（T）/宽度（W）］：C //输入 C 选项,预绘制倒角矩形

指定矩形的第一个倒角距离 <0.0000>：20 //指定矩形的第一个倒角距离为 20

指定矩形的第二个倒角距离 <10.0000>：20 //指定矩形的第二个倒角距离为 20

指定第一个角点或［倒角（C）/标高（E）/圆角（F）/厚度（T）/宽度（W）］：//任意拾取一点

指定另一个角点或［面积（A）/尺寸（D）/旋转（R）］：//任意拾取一点

图 2 - 31　倒角矩形

3. 标高矩形

如图 2 - 32 所示。

标高矩形是矩形相对于基准面的竖向高度,这里的基准面是指 xoy 平面,标高即指矩形与 xoy 平面平行的距离。

命令：_RECTANG

指定第一个角点或［倒角（C）/标高（E）/圆角（F）/厚度（T）/宽度（W）］：E //输入 E 选项,预设置标高

指定矩形的标高 <0.0000>：100 //设置与 xoy 平面平行的距离为 100

指定第一个角点或［倒角（C）/标高（E）/圆角（F）/厚度（T）/宽度（W）］：//任意拾取一点

指定另一个角点或［面积（A）/尺寸（D）/旋转（R）］：//任意拾取一点

图 2 - 32　标高矩形

4. 圆角矩形

如图 2 - 33 所示。

命令：_RECTANG

指定第一个角点或 [倒角(C)/标高(E)/圆角(F)/厚度(T)/宽度(W)]：F //绘制圆角矩形

指定矩形的圆角半径 <0.0000>：20 //设置圆角半径为20

指定第一个角点或 [倒角(C)/标高(E)/圆角(F)/厚度(T)/宽度(W)]：//任意拾取一点

指定另一个角点或 [面积(A)/尺寸(D)/旋转(R)]：//任意拾取一点

图 2 - 33　圆角矩形

5. 有厚度矩形

如图 2 - 34 所示。

命令：_RECTANG

指定第一个角点或 [倒角(C)/标高(E)/圆角(F)/厚度(T)/宽度(W)]：T //输入 T 选项，绘制有厚度的矩形

指定矩形的厚度 <0.0000>：15 //设置矩形宽度为15

指定第一个角点或 [倒角(C)/标高(E)/圆角(F)/厚度(T)/宽度(W)]：//任意拾取一点

指定另一个角点或 [面积(A)/尺寸(D)/旋转(R)]：//任意拾取一点

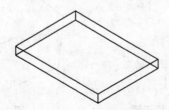

图 2 - 34　有厚度矩形

6. 有宽度矩形

如图 2 - 35 所示。

命令：_RECTANG

指定第一个角点或 [倒角(C)/标高(E)/圆角(F)/厚度(T)/宽度(W)]：W //绘制有宽度的矩形

指定矩形的线宽 <0.0000>：20 //设置矩形宽度为20

指定第一个角点或 [倒角(C)/标高(E)/圆角(F)/厚度(T)/宽度(W)]：//任意拾取一点

指定另一个角点或 [面积(A)/尺寸(D)/旋转(R)]：//任意拾取一点

图 2 - 35　有宽度矩形

(二)绘制正多边形

绘制正多边形既可以绘制内接于圆的正多边形,又可以绘制外切于圆的正多边形,这要根据命令提示进行选择。激活正多边形有如下三种方法:

(1) 用鼠标左键单击"绘图"工具栏中的"正多边形"按钮⬠;

(2) 在"绘图"菜单里面选择"正多边形"命令;

(3) 在命令行中输入"POLYGON"或者"POL"命令。

下面介绍多段线命令中的其他选项的含义:

(1) 内接于圆(I)　表示绘制内接于圆的正多边形;

(2) 外切于圆(C)　表示绘制外切于圆的正多边形。

下面以绘制一个内接于圆的正六边形为例介绍绘制正多边形的方法。

激活"正多边形"命令,输入边的数目,如6,接着指定正多形的中心点,再接着输入I或C选项,如I(如图2-36所示),最后指定圆的半径,如220(如图2-37所示)。命令行提示如下:

命令:_POLYGON 输入边的数目 <4>:6 //要绘制正六边形

指定正多边形的中心点或[边(E)]://任意拾取一点作为正六边形的中心点

输入选项[内接于圆(I)/外切于圆(C)]<I>:I //绘制内接于圆的正六边形,见图2-36

指定圆的半径:220 //内接圆的半径为220,见图2-37

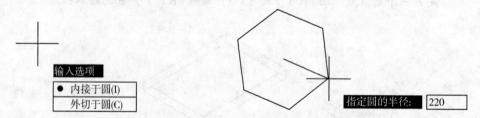

图 2 - 36　选择内接于圆或外切于圆　　　　图 2 - 37　输入指定圆的半径

【实训七】绘制由三个外切于圆的正多边形组成的如图2-38所示的图形。

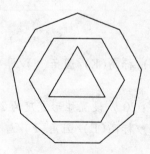

图 2 - 38　使用正多边形命令绘制图形

操作步骤:

(1) 选择"绘图"|"正多边形"命令;

(2) 确定一个中心点,依次绘制外切圆的正九边形,外切圆的正六边形和外切圆的正三角形。命令行提示如下:

命令: _POLYGON 输入边的数目 <4>: 9 //指定绘制正九边形

指定正多边形的中心点或 [边(E)]: 1000,1000 //指定中心点坐标

输入选项 [内接于圆(I)/外切于圆(C)] <I>: C //指定绘制外切于圆的正九边形

指定圆的半径: 300 //指定圆的半径为300,见图2-39

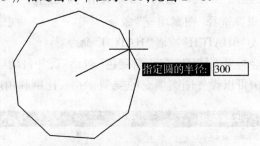

图2-39 输入正九边形的半径为300

命令: _POLYGON 输入边的数目 <9>: 6 //指定绘制正六边形

指定正多边形的中心点或 [边(E)]: 1000,1000 //指定中心点坐标

输入选项 [内接于圆(I)/外切于圆(C)] <C>: c //指定绘制外切于圆的正九边形

指定圆的半径: 200 //指定圆的半径为200,见图2-40

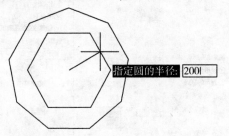

图2-40 输入正六边形的半径为200

命令: _POLYGON 输入边的数目 <6>: 3 //指定绘制正三角形

指定正多边形的中心点或 [边(E)]: 1000,1000 //指定中心点坐标,见图2-41

输入选项 [内接于圆(I)/外切于圆(C)] <C>: C //指定绘制外切于圆的正三角形

指定圆的半径: 80 //指定圆的半径为80

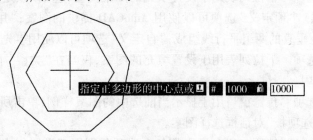

图2-41 输入正三角形的中心点坐标

任务六　图案填充

图案填充是一种用指定的线条图案来充满指定区域的图形对象,常常用于表达剖切面和不同纹理对象的外观纹理。在机械制图中,常常为了标志某一个区域的意义或者用途而使用图案填充。而且为了满足用户的不同需求,提供的图案填充样式包括:简单线图案、复杂填充图案、实体填充和渐变色填充等。激活图案填充命令有以下三种方法:

(1)鼠标左键单击"绘图"工具栏上的"图案填充"按钮![icon];

(2)在"绘图"菜单里面选择"图案填充"命令;

(3)在命令行中输入"BHATCH"或者"HATCH"命令。

激活图案填充命令会打开"图案填充和渐变色"对话框,并自动切换到"图案填充"选项卡,如图2-42所示,从中可以设置图案填充的类型、图案、比例和角度等特性。

图2-42　"图案填充和渐变色"对话框

图2-42所示对话框中各选项的含义如下:

(1)"类型"选项　下拉列表用于设置填充的图案类型,包括"预定义""用户定义"和"自定义"3个选项。"预定义"选项可以使用 AutoCAD 提供的图案;"用户定义"选项由一组平行线或者相互垂直的两组平行线组成;"自定义"选项可以使用事先定义好的图案。

(2)"图案"选项　下拉列表用于设置填充的图案,仅当在"类型"下拉列表中选择"预定义"时该选项可用。

(3)"样例"选项　预览窗口用于显示当前选中的图案样例,单击所选的样例图案也可以打开"填充图案选项板"对话框选择图案。

(4)"角度和比例"选项　组合框中的各个选项分别用于设置用户定义类型的图案填充的角度和比例等参数。"角度"下拉列表用于设置填充图案的旋转角度,每一种图案的默认旋转角度为零。"比例"下拉列表用于设置图案填充的密度,比例值越小,图案填充的密度越密,反之,图案填充越稀疏。

(5)"双向复选框"选项 在类型下拉列表中选择"用户定义"选项时选中该复选框,可以使用相互垂直的两组平行线填充图形,否则为一组平行线。

(6)"相对图纸空间"复选框 用于设置比例因子是否为相对于图纸空间的比例。

(7)"间距"文本框 用于设置填充平行线之间的距离,仅在"类型"下拉列表框中选择"用户定义"类型时该选项才可用。

(8)"ISO 笔宽"下拉列表 设置笔的宽度,当图案填充采用 ISO 图案时,该选项才可用。

(9)"图案填充原点"选项 组合框中的各个选项分别用于设置图案填充原点的位置,以便图案填充对齐填充边界上的某一个点。其中,"使用当前原点"单选按钮可以当前 UCS 的原点(0,0)作为图案填充原点。"指定的原点"单选按钮可以通过指定点作为图案填充原点。其中,单击"单击以设置新原点"按钮,可以从绘图窗口中选择某一点作为图案填充原点;选择"存储为默认原点"复选框,可以将指定的点存储为默认的图案填充原点。

(10)"添加拾取点"按钮 用于确定图案填充的边界。单击该按钮,然后在填充区域中单击一点,系统将自动分析边界集,并从中确定包含该点的闭合边界。

(11)"选择对象"按钮 单击该按钮,直接选择对象进行填充。与"添加拾取点"按钮的区别在于,该选项既可选择闭合对象亦可选择开放对象进行填充。

(12)"删除边界"按钮 定义好填充区域后单击该按钮,然后单击边界可以将边界一起填充。

(13)"重新创建边界"选项 围绕选定的图案填充或者填充对象创建多段线或者面域,并使其与图案填充对象相关联(可选)。

(14)"查看选择集"选项 用于显示已经设置好的图案填充边界,若未定义边界,该选项不可用。

(15)"关联"选项 用于控制图案填充或者填充的关联。关联的图案填充在用户修改其边界时将会更新。

(16)"创建独立的图案填充"选项 控制当指定了多个独立的闭合边界时,是创建多个图案填充对象,还是创建单个图案填充对象。

(17)"绘图次序"选项 为图案填充指定绘图次序。图案填充可以放在所有的其他对象之后、所有的其他对象之前、图案填充边界之后或者图案填充边界之前。

(18)"继承特性"选项 单击该按钮可以在绘图区域中选择已有的某个图案填充,并将其类型和属性设置作为当前图案填充的类型与属性。

(19)"孤岛"选项 包括三种填充样式填充孤岛(即一个已定义好的填充区域内的封闭区域成为孤岛)。其中,"普通"样式为间隔填充;"外部"样式填充最外层区域;"忽略"样式则将整个对象当作一个区域进行填充。

(一)定义填充边界

通常,在进行图案填充时,首先要指定填充边界。一般可用两种方法选定图案填充的边界,一种是在闭合的区域内部单击一点,AutoCAD 自动搜索闭合的边界;另一种是通过选择对象来定义边界。下面通过一个实例具体介绍"图案填充"选项卡的设置以及两种不同的指定填充边界的方法。

【实训八】将图2-43(a)中的封闭图形进行图案填充,结果如图2-43(b)所示。

操作步骤:

(1) 打开"正交"方式,利用正多边形、圆等命令绘制图2-43(a)中所示的封闭图形。

(2) 单击"绘图"工具栏上的"图案填充"按钮 ,打开"图案填充和渐变色"对话框(如图2-42)。

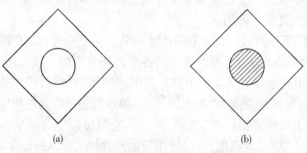

(a)   (b)

图2-43　在封闭区域中进行图案填充

(a)原图;(b)图案填充后效果图

(3) 单击"边界"组合框中的"添加:拾取点"按钮 ,此时会切换至绘图区,在圆形内部单击鼠标左键(此时圆形变为虚线,如图2-44),然后按下 Enter 键或空格键再次回到"图案填充和渐变色"对话框,继续进行其他相关选项的设置。

注意:该步骤中也可通过"选择对象"来定义边界。单击"边界"组合框中的"添加:选择对象"按钮 ,此时会切换至绘图区,并且光标变成一个小方框,如图2-45所示,然后采用实线框选法(即右选法,"对象的选择方法"在项目三中有具体介绍),将圆形填充边界选中,结果与"内部拾取点"选择填充边界是一样的,如图2-44所示。

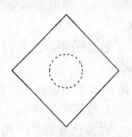   

图2-44　选定填充边界   图2-45　通过选择对象来定义填充边界

(4) 单击"类型和图案"组合框中的"图案"下拉列表右侧的按钮 打开"填充图案选项板"对话框,切换到"ANSI"选项卡中,选择"ANSI31"选项,然后单击 确定 按钮,此时又回到"图案填充和渐变色"对话框,继续进行其他相关选项的设置。

(5) 将"角度和比例"组合框中的"比例"选项设置为2,"角度"选项保持默认值"0"不变。

(6) 其他设置保持默认设置不改变,此时单击"图案填充和渐变色"对话框下方的 确定 按钮,即可得到图2-43(b)所示的填充结果。

注意:非封闭图形也可以进行图案填充,不过定义填充边界时,通常采用"选择对象"的方式进行。

（二）控制孤岛中的填充

在进行图案填充时,通常将位于一个已定义好的填充区域内的封闭区域称为孤岛。单击"图案填充和渐变色"对话框的扩展按钮⊙,展开的对话框如图2－46所示,在采用"添加:拾取点"按钮◈定义边界时,不同的孤岛设置,产生的填充效果不一样。

在"孤岛"选项组里,选择"孤岛检测"复选框,则在进行填充时,系统将根据选择的孤岛显示样式来填充图案。系统提供了3种检测样式:"普通"孤岛检测、"外部"孤岛检测、"忽略"孤岛检测。

"普通"孤岛检测:指从最外层边界向内部填充,最外层封闭区域进行填充,间隔一个封闭区域,转向下一个检测到的区域进行填充,如此反复交替进行,如图2－47(a)所示。

"外部"孤岛检测:指只填充最外层区域,填充后就终止该操作,如图2－47(b)所示。

"忽略"孤岛检测:指忽略选择区域中的所有孤岛,对整个区域进行填充,2－47(c)所示。

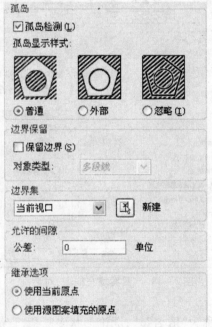

图2－46 展开的对话框

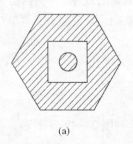
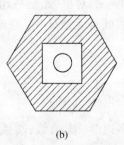
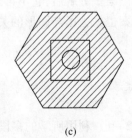

(a)　　　　　　　　　　(b)　　　　　　　　　　(c)

图2－47 3种不同的孤岛检测样式的效果

(a)"普通"孤岛检测;(b)"外部"孤岛检测;(c)"忽略"孤岛检测

（三）图案填充的编辑与分解

1．图案填充编辑

创建图案填充后，如果需要修改填充图案或修改图案区域的边界，则可在"图案填充编辑"对话框中进行修改。打开"图案填充编辑"对话框有以下三种方法：

（1）选择菜单"修改"|"对象"|"图案填充"命令；

（2）在命令行中输入"hatchedit"，然后按下 Enter 键；

（3）双击要编辑的图案填充对象。

"图案填充编辑"对话框（图2－48）与"图案填充和渐变色"对话框的内容是完全一样的。

图2－48　"图案填充编辑"对话框

2．分解图案

图案是一种特殊的块，称为"匿名"块，无论形状多复杂，它都是一个单独的对象。可以使用"分解"命令来分解一个已存在的关联图案（"分解"命令在项目三中有具体介绍）。

图案被分解后，它不再是一个单一的对象，而是一组组成为图案的线条。同时，分解后的图案也失去了与图形的关联性，因此将无法使用"修改"|"对象"|"图案填充"菜单项来编辑。

实 战 演 练

2－1　利用所学的多段线、正多边形、圆、直线、圆弧等命令绘制图2－49各图形。

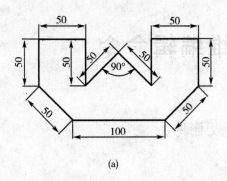

(a)

(b)

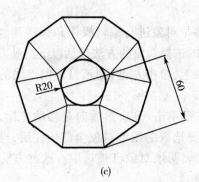

(c)

(d)

图2-49 题2-1图

2-2 创建图2-50中所示的图案填充效果。

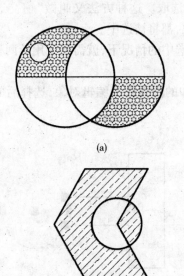

(a)

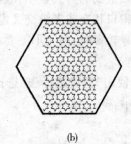

(b)

(c)

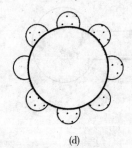

(d)

图2-50 题2-2图

提示:图(c)使用关联图案填充来创建;

图(d)使用独立图案填充来创建。

项目三　二维编辑命令

任务一　选择及删除对象

（一）选择编辑对象

AutoCAD 在绘图时,经常要对某个对象或者多个对象进行编辑操作和一些其他相关操作,此时必须指定操作对象,即选择目标。而常用的选择对象的方法包括以下三种方式:

（1）单击法　移动鼠标指到所要选取的对象上,单击左键,则该目标以虚线的方式显示,且处于夹点编辑的状态,表明该对象已被选取。

（2）实线框选取法（右选）　在屏幕上鼠标左键单击一点,然后向右移动光标,此时光标在屏幕上会拉出一个实线框,当该实线框把所要选取的图形对象全部框住后,再单击一次,此时被框住的图形对象会以虚线的方式显示,表明该对象已被选取。这种方法又叫做"窗口选择"法,即被选择框完全包容的内容将被选择。

（3）虚线框选取法（左选）　在屏幕上鼠标左键单击一点,然后向左移动光标,此时光标在屏幕上会拉出一个虚线框,当该虚线框把所要选取的对象框住后,再点击一次,此时被框住的部分会以虚线的方式显示,表明该对象已被选取。这种方法又叫做"窗交选择"法,即只要与交叉窗口相交或者被交叉窗口包容的对象,都将被选中。

当图形对象较多时,而又不需要将所有对象都选中的情况下,就需要使用后两种方法进行选择对象了。

【实训一】使用"窗口选择法"选择图 3 – 1(a)中的圆弧作为编辑对象,选择后的结果如图 3 – 1(b)所示。

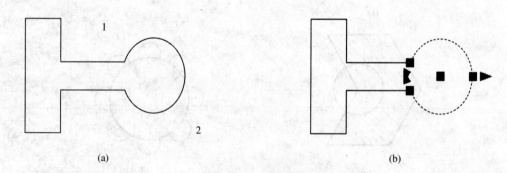

(a)　　　　　　　　　　　　　　　　　(b)

图 3 – 1　"窗口选择法"选择图形对象

（a）原图；（b）选择对象后的图形

操作步骤:

（1）在图 3 – 1(a)的位置 1 处,单击鼠标左键,然后向位置 2 处移动光标,此时会拉出一个实线框;

（2）在位置 2 处再次单击鼠标左键,即可选中圆弧图形对象,效果如图 3 - 1(b)所示。

【实训二】使用"窗交选择法"选择图 3 - 2(a)中的直线 3、直线 4 和圆弧 3 个图形对象,选择后的结果如图 3 - 2(b)所示。

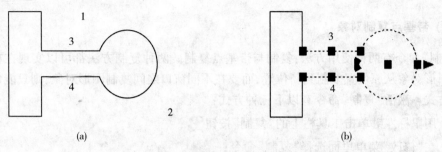

图 3 - 2　"窗交选择法"选择图形对象

（a）原图；（b）选择对象后的图形

操作步骤：

（1）在图 3 - 2(a)的位置 2 处,单击鼠标左键,然后向左移动光标至位置 1 处,此时会拉出一个虚线框；

（2）在位置 1 处,再次单击鼠标左键,即可得到如图 3 - 2(b)所示的选择结果。

注意：以上两个实训中,主要目的是区分"窗口选择法"与"窗交选择法"的不同之处,选择框的两个对角点都是位置 1 和位置 2,但是由于拉动光标的方向不同,所以选择结果就不相同。

（二）删除对象

AutoCAD 中,删除被选中的图形对象,有以下四种方法：

（1）用鼠标左键单击工具栏上的"删除"按钮 ；

（2）在"修改"菜单里面选择"删除"命令；

（3）在命令行中输入"ERASE"或者"E"命令；

（4）选中要删除的对象,按下 Delete 键。

其中,最常用的删除对象的方法是在命令行输入快捷命令"E"。

【实训三】将图 3 - 3(a)中的直线 1 和直线 2 两个图形对象删除。

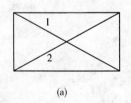 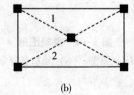 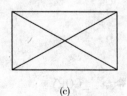

（a）　　　　　　　　　　（b）　　　　　　　　　　（c）

图 3 - 3　删除图形对象

（a）原图；（b）选择对象后的图形；（c）删除对象后的图形

操作步骤：

（1）将光标分别移动至直线 1 和直线 2 处,单击鼠标左键,将目标对象选中,效果如图 3 - 3(b)所示；

（2）在命令行输入命令"E"，即可删除目标对象，效果如图3-3(c)所示。

任务二　复制及偏移对象

（一）带基点复制对象

"复制"命令有两种使用方法：复制与带基点复制。两种复制方法都可以实现在本窗口之内的图形对象从原位置复制到新位置，而要在不同窗口之间复制图形对象，则只能使用复制选项方式。激活"复制"命令有以下三种方式：

（1）用鼠标左键单击工具栏上的"复制"按钮 ；

（2）在"修改"菜单里面选择"复制"命令；

（3）在命令行中输入"COPY"或者"CO"命令。

执行"复制"命令时，还有其他的选项方式，下面作简单介绍。

（1）位移（D）　使用(x,y)坐标的形式（例如$(1000,1000)$），或者极坐标的形式（例如$1000<90$）来指明当前点的完全位移量。

（2）模式（O）　用户可以选择"单个"或者"多个"模式，来进行一次复制一个图形对象或者一次复制多个图形对象。

【实训四】使用COPY命令带基点复制图形。

操作步骤：

（1）绘制如图3-4(a)所示的图形；

（2）单击工具栏上的复制命令按钮 ，或者选择菜单栏"修改"l"复制"，启动"复制"命令。命令提示过程如下：

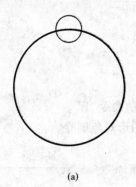
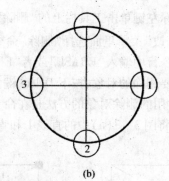

(a)　　　　　　　　　　　　(b)

图3-4　复制图形

(a) 原图；(b) 带基点复制

命令：_COPY

选择对象：找到1个 //选择图3-4(a)中的小圆作为复制的对象

选择对象： //按下空格或者回车键

当前设置：复制模式 = 单个 //默认的复制模式为单个图形复制

指定基点或 [位移（D）/模式（O）/多个（M）] <位移>：M //更改复制模式为一次复制多个图形对象

　　指定基点或［位移(D)/模式(O)/多个(M)］＜位移＞：指定第二个点或 ＜使用第一个点作为位移＞：//指定小圆的圆心作为基点进行复制

　　指定第二个点或［退出(E)/放弃(U)］＜退出＞：//指定交点1作为带基点复制位移的点

　　指定第二个点或［退出(E)/放弃(U)］＜退出＞：//指定交点2作为带基点复制位移的点

　　指定第二个点或［退出(E)/放弃(U)］＜退出＞：//指定交点3作为带基点复制位移的点

　　(3) 复制对象后的效果如图 3 –4(b)所示。

(二)偏移编辑功能

　　"偏移"命令可以用于创建与所选对象平行或者具有同心结构的形体,能够被偏移的对象包括直线、多段线、圆、圆弧、正多边形、样条曲线等。大多情况下,可以使用"偏移"命令创建平行线。激活"偏移"命令有以下三种方法：

　　(1) 用鼠标左键单击工具栏上的"偏移"按钮 ；

　　(2) 在"修改"菜单里面选择"偏移"命令;

　　(3) 在命令行中输入"OFFSET"或者"O"命令;

　　执行"偏移"命令时,还有其他的选项方式,下面作简单介绍。

　　(1) 通过(T)　指通过指定点进行偏移。

　　(2) 删除(E)　用于设置偏移之后删除源对象而仅保留偏移后的结果还是偏移之后既不删除源对象又保留偏移之后的结果。

　　(3) 图层(L)　用于设定偏移后的对象是自动加入源对象的图层还是加入当前图层。

　　【实训五】使用"偏移"命令创建平行线,将图 3 –5(a)中的直线1作为偏移对象,偏移距离为100,偏移后的效果如图 3 –5(b)所示。

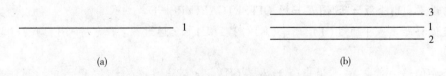

(a) 　　　　　　　　　　　　　　　　　(b)

图 3 –5　指定偏移距离画平行线

(a) 原图;(b) 指定距离偏移

操作步骤：

　　(1) 绘制图 3 –5(a)中的直线1,长度为1 000 mm;

　　(2) 单击工具栏上的"偏移"命令按钮 ,或者选择菜单栏"修改"|"偏移",启动"偏移"命令。命令提示过程如下：

命令：_OFFSET

当前设置：删除源 = 否 图层 = 源 OFFSETGAPTYPE = 0

指定偏移距离或［通过(T)/删除(E)/图层(L)］＜20.0000＞：100 //输入偏移距离100

选择要偏移的对象,或［退出(E)/放弃(U)］＜退出＞：//选择直线1作为偏移对象

指定要偏移的那一侧上的点,或［退出(E)/多个(M)/放弃(U)］＜退出＞：//用鼠标

左键单击直线1的下方,作第一条平行线,即直线2

选择要偏移的对象,或[退出(E)/放弃(U)]<退出>:// 仍然选择直线1作为偏移对象

指定要偏移的那一侧上的点,或[退出(E)/多个(M)/放弃(U)]<退出>://用鼠标左键单击直线1的上方,作第二条平行线,即直线3

选择要偏移的对象,或[退出(E)/放弃(U)]<退出>://按 Enter 键退出偏移命令

(3)偏移效果如图3-5(b)所示。

【实训六】使用"偏移"命令,通过图3-6(a)中的指定点创建同心圆,偏移效果如图3-6(b)所示。

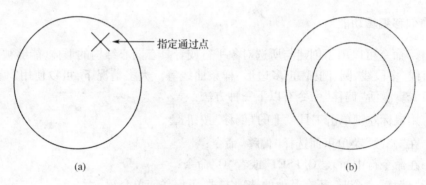

(a)   (b)

图3-6　通过指定点创建同心圆

(a)原图;(b)通过指定点偏移

操作步骤:

(1)绘制半径为500的圆,如图3-6(a)所示;

(2)单击工具栏上的"偏移"命令按钮 ,或者选择菜单栏"修改"|"偏移",启动"偏移"命令。命令提示过程如下:

命令:_OFFSET

当前设置:删除源=否 图层=源 OFFSETGAPTYPE=0

指定偏移距离或[通过(T)/删除(E)/图层(L)]<通过>:T //输入T,则通过指定点作偏移

选择要偏移的对象,或[退出(E)/放弃(U)]<退出>://选择(a)图中的圆作为偏移对象

指定通过点或[退出(E)/多个(M)/放弃(U)]<退出>://单击(a)图中的指定点

选择要偏移的对象,或[退出(E)/放弃(U)]<退出>://按 Enter 键退出偏移命令

(3)偏移后效果如图3-6(b)所示。

任务三　镜像及阵列对象

(一)镜像编辑功能

"镜像"命令可以完成关于某一对称轴对称的图形,也就是将选定的对象沿一条指定的直线(对称轴所在直线可以是不存在的)对称复制,镜像之后,源对象可以删除,也可以保

留。激活"镜像"命令有以下三种方法：

(1) 用鼠标左键单击工具栏上的"镜像"按钮◭；

(2) 在"修改"菜单里面选择"镜像"命令；

(3) 在命令行中输入"MIRROR"或者"MI"命令。

【实训七】使用"镜像"命令创建图形。

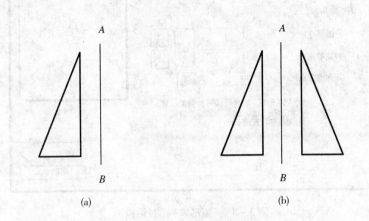

图3-7 镜像图形对象

(a) 原图；(b) 镜像后的图形

操作步骤：

(1) 绘制如图3-7(a)所示的图形。

(2) 单击工具栏上的镜像命令按钮◭，或者选择菜单栏"修改"|"镜像"，启动"镜像"命令。命令提示过程如下：

命令：_MIRROR

选择对象：指定对角点：找到4个 //使用框选法选择(a)中的三角形为镜像的对象

选择对象：指定镜像线的第一点：指定镜像线的第二点：//分别指定线段AB的两个端点作为镜像的第一点和第二点

要删除源对象吗？[是(Y)/否(N)] <N>：//键入空格键不删除源对象并退出镜像命令

(二)阵列编辑功能

"阵列"命令可以创建多个重复的对象，有两种阵列方式，即矩形阵列和环形阵列。激活"阵列"命令有以下三种方法：

(1) 用鼠标左键单击工具栏上的"阵列"按钮▦；

(2) 在"修改"菜单里面选择"阵列"命令；

(3) 在命令行中输入"ARRAY"或者"AR"命令。

1. 矩形阵列

用于绘制选定对象按指定行数和列数排列成矩形的图形，也就是说，当使用矩形阵列时，需要指定行数、列数、行间距和列间距(行间距和列间距可以不同)，整个矩形阵列可以按照某个角度进行旋转(即整个矩形阵列可以不平行于 x 轴或 y 轴)。

鼠标左键单击工具栏上的"阵列"图标▦，选择"矩形阵列"单选按钮，弹出如图3-8

所示对话框。

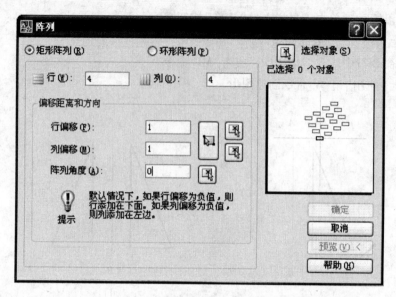

图3-8 "矩形阵列"对话框

在"阵列"对话框中,单击"选择对象"按钮图,可以切换到绘图窗口选择需要作矩形阵列的对象,图3-8所示对话框中其它选项的含义如下:

(1) 行 指定矩形阵列的行数,y轴方向为行;

(2) 列 指定矩形阵列的列数,x轴方向为列;

(3) 行偏移 指定阵列的行间距,即在y轴方向上的间距,若为负值,则行添在下面;

(4) 列偏移 指定阵列的列间距,即在x轴方向上的间距,若为负值,则列添在左面;

(5) 阵列角度 指定整个矩形阵列与x轴正方向的夹角。一般此角度设置为零,此时阵列的行和列分别平行于x轴和y轴。

【实训八】创建矩形阵列,效果如图3-9(b)所示。

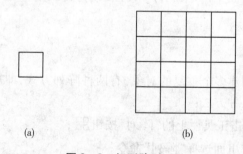

(a)   (b)

图3-9 矩形阵列

(a)待阵列图形;(b)阵列后图形

操作步骤:

(1) 绘制500×500矩形,如图3-9(a)所示;

(2) 单击工具栏上的"阵列"按钮品,选择"矩形阵列"单选按钮,弹出如图3-8所示"矩形阵列"对话框;

（3）在对话框中设置矩形阵列的行数为4,列数为4;

（4）分别设置矩形阵列的行偏移为500,列偏移为500,阵列角度使用默认值0;

（5）单击"选择对象"按钮，可以切换到绘图窗口选择图3-9(a)中的矩形作为阵列对象,然后跳回至"矩形阵列"对话框窗口;

（6）单击"确定"按钮,完成创建矩形阵列,效果如图3-9(b)所示。

2. 环形阵列

用于绘制围绕某一中心点旋转的图形,即选定对象按指定的圆心和数目排列成圆形。当使用环形阵列时,需要指定中心点(即圆心)、环形阵列的方式及相对应的数值。鼠标左键单击工具栏上的"阵列"图标，选择"环形阵列"单选按钮,弹出如图3-10所示对话框。

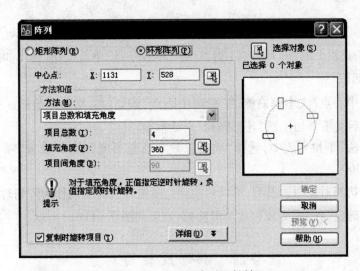

图3-10　"环形阵列"对话框

"环形阵列"对话框中各选项的含义如下:

（1）"中心点"选项　指定环形阵列的圆心。用户可以直接在文本框中输入坐标数值,也可以单击文本框右边的"拾取中心点"按钮在绘图区指定中心点。

（2）"方法"下拉列表　用于设置创建环形阵列所要使用的方法,有三种:项目总数和填充角度、项目总数和项目间的角度、填充角度和项目间的角度。一般情况下,使用"项目总数和填充角度"项。

（3）"项目总数"选项　指定环形阵列中对象的总数目,默认值为4。

（4）"填充角度"选项　指环形阵列所包含的圆心角。此值可为正值亦可为负值,若为正值,则按照逆时针方向创建环形阵列;若为负值,则按照顺时针方向创建环形阵列。一般,此值设为360,即环形阵列为一个圆,此值不能为零。

（5）"项目间角度"选项　指定环形阵列中相邻两个对象之间所包含的圆心角的度数。此值只能为正,默认值为90。

（6）"复制时旋转项目"复选框　指定环形阵列中的副本对象是否旋转。默认该选项为选中状态,即在复制时环形阵列中的所有副本对象均进行一定角度的旋转指向中心点。若不选中该项,则所有副本对象方向不变。

【**实训九**】创建环形阵列,效果如图3-11(b)所示。

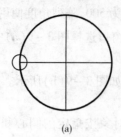 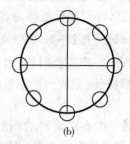

(a) (b)

图3-11 环形阵列

(a) 原图;(b) 阵列后图形

操作步骤:

(1) 绘制如图3-11(a)所示的图形,大圆半径为500,小圆半径为80。

(2) 单击工具栏上的"阵列"按钮品,选择"环形阵列"单选按钮,弹出如图3-10所示"环形阵列"对话框。

(3) 单击"中心点"文本框右侧的"拾取中心点"按钮图,切换到绘图区指定大圆的圆心为中心点,之后又重新切换回"环形阵列"对话框窗口。

(4) 在"方法"下拉列表中,选择"项目总数和填充角度"项,并设置"项目总数"为8,"填充角度"为360。

(5) 单击"选择对象"按钮图,可以切换到绘图窗口选择小圆作为阵列对象。

(6) 单击"确定"按钮,完成创建环形阵列,效果如图3-11(b)所示。

任务四 移动及旋转对象

(一) 用MOVE命令改变对象的位置

"移动"命令可以将一个或多个目标对象从原位置移动至新位置,并且不改变目标对象的大小及形状,激活"移动"命令有以下四种方法:

(1) 用鼠标左键单击工具栏上的"移动"按钮✛;

(2) 在"修改"菜单里面选择"移动"命令;

(3) 在命令行中输入"MOVE"或者"M"命令;

(4) 选择要移动的对象,在绘图区域单击鼠标右键,在打开的快捷菜单中选择"移动"。

【**实训十**】调用"移动"命令,将目标对象移动至指定位置。

操作步骤:

(1) 调用"圆"命令和"环形阵列"编辑命令绘制如图3-12(a)所示的图形。

(2) 单击工具栏上的"移动"命令按钮✛,或者选择菜单栏"修改"|"移动",启动"移动"命令。命令提示过程如下:

命令:_MOVE

选择对象:找到1个 //选择圆2作为移动的对象

选择对象: //按Enter键回到移动命令

指定基点或［位移(D)］<位移>：//指定圆2的圆心作为基点

指定第二个点或 <使用第一个点作为位移>：//指定A点作为对象移至的点,完成移动

命令：MOVE //按空格键重复执行移动命令

选择对象：找到1个 //选择圆3作为移动的对象

选择对象：//按Enter键回到移动命令

指定基点或［位移(D)］<位移>：//指定圆3的圆心作为基点

指定第二个点或 <使用第一个点作为位移>：//指定B点作为对象移至的点,完成移动

(3) 移动后的效果如图3-12(b)所示。

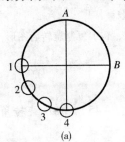 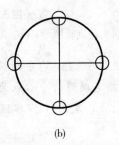

图3-12 移动对象

(a) 原图；(b) 移动对象后的图形

(二) 将对象旋转到倾斜位置

"旋转"命令(ROTATE)主要用于将一个或多个目标对象绕指定的基点旋转某一角度,可以改变目标对象的方向(或位置),但不会改变其大小和形状。当输入的角度为正值时,对象将沿逆时针方向旋转；当输入的角度为负值时,对象将沿顺时针方向旋转。激活"旋转"命令有以下四种方法：

(1) 用鼠标左键单击工具栏上的"旋转"按钮；

(2) 在"修改"菜单里面选择"旋转"命令；

(3) 在命令行中输入"ROTATE"或者"RO"命令；

(4) 选择要旋转的对象,在绘图区域单击鼠标右键,在打开的快捷菜单中选择"旋转"。

执行"旋转"命令时,还有其他的选项方式,下面作简单介绍。

(1) 复制(C) 使用该选项,用户可以创建一个原始对象的副本,即最终得到两个对象,一个在原始位置上,而另一个则位于新的旋转角度上。

(2) 参照(R) 使用该选项,用户可以为对象指定绝对旋转角度,即先输入一个角度或通过拾取两个点来指定一个参照角度,再输入或拾取一个新的角度或者通过指定两个点来确定新的角度。

【实训十一】使用"旋转"命令将图3-13(a)中的椭圆图形旋转-45°,如图3-13(b)所示,再将旋转后的图形进行复制旋转(即保留源对象),效果如图3-13(c)所示。

操作步骤：

(1) 绘制如图3-13(a)所示椭圆形,轴长分别为280和160。

(2) 单击工具栏上的"旋转"命令按钮,或者选择菜单栏"修改"|"旋转",启动"旋转"命令。命令提示过程如下：

命令：_ROTATE

UCS 当前的正角方向：ANGDIR = 逆时针 ANGBASE = 0

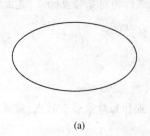
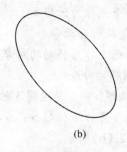
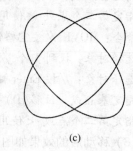

(a)   (b)   (c)

图 3 – 13　旋转图形对象

(a) 待旋转图形；(b) 第一次旋转后图形；(c) 复制旋转后图形

找到 1 个 ∥选择 3 – 13(a) 中的椭圆为旋转的对象

指定基点：∥指定椭圆的中心点为基点进行旋转

指定旋转角度，或［复制(C)/参照(R)］ < 45 > ： – 45 ∥输入旋转角度 – 45°，退出旋转命令

(3) 再一次启动"旋转"命令，AutoCAD 提示如下：

命令：_ROTATE

UCS 当前的正角方向：ANGDIR = 逆时针 ANGBASE = 0

选择对象：找到 1 个 ∥选择图 3 – 13(b) 中的椭圆形为旋转对象

选择对象：∥按空格键继续执行旋转命令

指定基点：∥选择椭圆形的中心点作为基点

指定旋转角度，或［复制(C)/参照(R)］ < 315 > ： C ∥输入 C 按照复制源对象方式旋转图形

旋转一组选定对象。

指定旋转角度，或［复制(C)/参照(R)］ < 315 > ： 90 ∥输入旋转角度 90°，退出旋转命令

(4) 复制旋转后的效果如图 3 – 13(c) 所示。

任务五　延伸及拉伸对象

(一)延伸线条

"延伸"命令可以将选定的对象延伸到指定的边界上。可以被延伸的对象有直线、射线、圆弧、椭圆弧、非封闭的二维或三维多段线等。激活"延伸"命令有以下三种方法：

(1) 用鼠标左键单击工具栏上的"延伸"按钮━┤；

(2) 在"修改"菜单里面选择"延伸"命令；

(3) 在命令行中输入"EXTEND"或者"EX"命令。

执行"延伸"命令时，还有其他的选项方式，下面作简单介绍。

(1) 栏选(F)　用户绘制连续折线，与折线相交的对象被延伸。要确保每个对象的拾取位置都处于需延伸对象的末端处。

（2）窗交（C） 利用交叉窗口选择对象。

（3）投影（P） 该选项只用于三维模型。在三维空间作图时，用户可通过该选项将两个交叉对象投影到 xy 平面或当前视图平面内执行延伸操作。

（4）边（E） 该选项控制是否把对象延伸到隐含边界。当边界边太短、延伸对象后不能与其直接相交时，就打开此选项，此时 AutoCAD 假想将边界边延长，然后使延伸边伸长到与边界相交的位置。

（5）放弃（U） 取消上一次操作。

【实训十二】将图 3 – 14（a）中的五条线段 OA、OB、OC、OD、OE 分别延伸至圆边界，使五条线段的五个端点 A、B、C、D、E 分别与圆相交，效果如 3 – 14（b）所示。

操作步骤：

（1）调用"圆"、"直线"和"环形阵列"命令绘制图 3 – 14（a）。

（2）单击工具栏上的"延伸"命令按钮，或者选择菜单栏"修改"|"延伸"，启动"延伸"命令。命令提示过程如下：

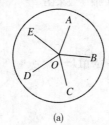 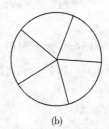

(a)　　　　　　　　　　　　(b)

图 3 – 14　延伸图形对象

（a）原图；（b）延伸后的效果图

命令：_EXTEND

当前设置：投影 = UCS，边 = 无

选择边界的边…

选择对象或 <全部选择>：找到 1 个 //选择图 3 – 14（a）中的圆作为延伸的边界

选择对象： //按空格键回到原图选择要延伸的对象

选择要延伸的对象，或按住 Shift 键选择要修剪的对象，或

[栏选（F）/窗交（C）/投影（P）/边（E）/放弃（U）]： //指定 A 点处作为延伸端，将 OA 延伸至圆边界

选择要延伸的对象，或按住 Shift 键选择要修剪的对象，或

[栏选（F）/窗交（C）/投影（P）/边（E）/放弃（U）]： //指定 B 点处作为延伸端，将 OB 延伸至圆边界

选择要延伸的对象，或按住 Shift 键选择要修剪的对象，或

[栏选（F）/窗交（C）/投影（P）/边（E）/放弃（U）]： //指定 C 点处作为延伸端，将 OC 延伸至圆边界

选择要延伸的对象，或按住 Shift 键选择要修剪的对象，或

[栏选（F）/窗交（C）/投影（P）/边（E）/放弃（U）]： //指定 D 点处作为延伸端，将 OD 延伸至圆边界

选择要延伸的对象，或按住 Shift 键选择要修剪的对象，或

[栏选（F）/窗交（C）/投影（P）/边（E）/放弃（U）]： //指定 E 点处作为延伸端，将 OE

延伸至圆边界

选择要延伸的对象,或按住 Shift 键选择要修剪的对象,或

[栏选(F)/窗交(C)/投影(P)/边(E)/放弃(U)]: //按空格键退出延伸命令。

(3) 延伸后的效果如图 3 – 14(b)所示。

【实训十三】将图 3 – 15(a)中的三条线段 AB、AC、DE 进行延伸,使其分别相交成为三角形,如图 3 – 15(c)所示。

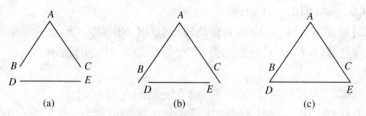

(a)   (b)   (c)

图 3 – 15　延伸裁切线模式设置

(a) 原图;(b) 中间过程;(c) 最终效果图

操作步骤:

(1) 绘制如图 3 – 15(a)所示图形。

(2) 单击工具栏上的"延伸"命令按钮,或者选择菜单栏"修改"|"延伸",启动"延伸"命令。命令提示过程如下:

命令: _EXTEND

当前设置:投影 = UCS,边 = 延伸

选择边界的边…

选择对象或 < 全部选择 >: 找到 1 个 //指定线段 DE 为延伸的边界线

选择对象: //按空格键回到原图选择要延伸的对象

选择要延伸的对象,或按住 Shift 键选择要修剪的对象,或

[栏选(F)/窗交(C)/投影(P)/边(E)/放弃(U)]: E //输入选项 E

输入隐含边延伸模式 [延伸(E)/不延伸(N)] < 延伸 >: E //输入选项 E

选择要延伸的对象,或按住 Shift 键选择要修剪的对象,或

[栏选(F)/窗交(C)/投影(P)/边(E)/放弃(U)]: //指定 B 点处作为延伸端

选择要延伸的对象,或按住 Shift 键选择要修剪的对象,或

[栏选(F)/窗交(C)/投影(P)/边(E)/放弃(U)]: //指定 C 点处作为延伸端

选择要延伸的对象,或按住 Shift 键选择要修剪的对象,或

[栏选(F)/窗交(C)/投影(P)/边(E)/放弃(U)]: //按空格键退出延伸命令,效果如图 3 – 15(b)所示。

(3) 再次执行"延伸"命令,将线段 DE 两端分别延伸至与线段 AB、AC 相交。

命令: EXTEND

当前设置:投影 = UCS,边 = 延伸

选择边界的边…

选择对象或 < 全部选择 >: 找到 1 个 //选择线段 AB 作为延伸边界

选择对象: 找到 1 个,总计 2 个 //选择线段 AC 作为延伸边界

选择对象: //按空格键回到原图选择要延伸的对象

选择要延伸的对象,或按住 Shift 键选择要修剪的对象,或

[栏选(F)/窗交(C)/投影(P)/边(E)/放弃(U)]: //指定 D 点作为延伸端

选择要延伸的对象,或按住 Shift 键选择要修剪的对象,或

[栏选(F)/窗交(C)/投影(P)/边(E)/放弃(U)]: //指定 E 点作为延伸端

选择要延伸的对象,或按住 Shift 键选择要修剪的对象,或

[栏选(F)/窗交(C)/投影(P)/边(E)/放弃(U)]: //按空格键退出延伸命令,效果如图 3 – 15(c)所示。

注意:延伸对象时要注意延伸端的选择,如实训十二中,若选择点 O 处作为延伸端,则线段将会向相反的方向作延伸。

(二)拉伸图形对象

"拉伸"命令可以使图形对象在某个方向上拉长或者缩短,能够改变被拉伸对象的形状,但是使用拉伸命令时,必须用交叉窗口的方式来选择被拉伸的对象,只有与交叉窗口相交且被选中的对象才能被拉伸。如果对象完全被选中,那么全部对象只能被移动,而不能够被拉伸,此时拉伸命令相当于移动命令。可以被拉神的对象有圆弧、椭圆弧、直线、样条曲线、矩形等。激活"拉伸"命令有以下三种方法:

(1) 用鼠标左键单击工具栏上的"拉伸"按钮;

(2) 在"修改"菜单里面选择"拉伸"命令;

(3) 在命令行中输入"STRETCH"或者"S"命令;

【实训十四】将图 3 – 16(a)中的图形进行正交拉伸,拉伸之后的效果如图 3 – 16(d)所示。

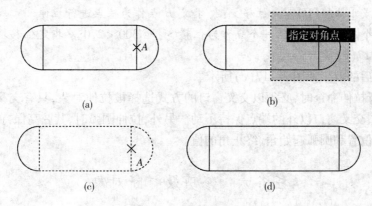

图 3 – 16 正交拉伸

(a) 原图;(b) 交叉窗口法选择对象;(c) 选择基点进行拉伸;(d) 拉伸后的效果图

操作步骤:

(1) 绘制如图 3 – 16(a)所示的图形;

(2) 单击工具栏上的"拉伸"命令按钮,或者选择菜单栏"修改"|"拉伸",启动"拉伸"命令。命令提示过程如下:

命令:_STRETCH

以交叉窗口或交叉多边形选择要拉伸的对象...

选择对象:指定对角点:找到 4 个 //以交叉窗口法选择拉伸对象,如图 3 – 16(b)所示

选择对象：//按空格键回到原图继续执行拉伸命令

指定基点或 [位移(D)] <位移>：//指定 A 点作为基点进行拉伸

指定第二个点或 <使用第一个点作为位移>：500 //指定位移为 500 mm

(3) 拉伸后的效果如图 3 - 16(d)所示。

【实训十五】仍以图 3 - 16(a)为例，以一定角度拉伸图形对象。

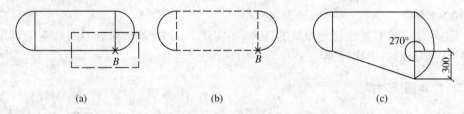

图 3 - 17　以一定角度拉伸对象

(a) 交叉窗口法选择对象；(b) 选择基点进行拉伸；(c) 拉伸后的效果图

操作步骤：

(1) 单击工具栏上的"拉伸"命令按钮，或者选择菜单栏"修改"|"拉伸"，启动拉伸命令。命令提示过程如下：

命令：_STRETCH

以交叉窗口或交叉多边形选择要拉伸的对象…

选择对象：指定对角点：找到 2 个 //以交叉窗口法选择拉伸对象，如图 3 - 17(a)所示

选择对象：//按空格键回到原图继续执行拉伸命令

指定基点或 [位移(D)] <位移>：//指定 B 点作为基点进行拉伸

指定第二个点或 <使用第一个点作为位移>：@300 <270 //指定位移增量的长度和角度，如图 3 - 17(c)所示。

(2) 拉伸后的效果如图 3 - 17(c)所示。

注意：执行拉伸命令时，必须以交叉窗口的方式选择被拉伸对象，只有交叉窗口内的对象才能被拉伸，交叉窗口以外的端点保持不动。另外，拉伸圆弧时，其弦高保持不变，能够调整的是圆心的位置和圆弧起始角、终止角的值。

任务六　修剪及打断对象

(一)修剪线条

"修剪"命令可以将选定的对象在剪切边某一侧的部分剪切掉，而且剪切边与被修剪的对象必须处于相交的状态。可以被修剪的对象包括直线、射线、圆弧、多段线、样条曲线等。激活"修剪"命令有以下三种方法：

(1) 用鼠标左键单击工具栏上的"修剪"按钮；

(2) 在"修改"菜单里面选择"修剪"命令；

(3) 在命令行中输入"TRIM"或者"TR"命令。

执行"修剪"命令时，还有其他的选项方式，下面作简单介绍。

（1）栏选（F） 用围栏的方式选择要修剪的对象，选中的是剪切边界以外的与栏选线相交的对象，栏选线与对象的交点为修剪点。栏选点可以为多个，且栏选线不构成闭合环。

（2）窗交（C） 使用矩形区域选择修剪对象，矩形边框线与对象的交点为修剪点，矩形区域内部或者与之相交的对象将被修剪掉。

（3）边（E） 该选项用于设置边界是否沿着其本身的趋势延伸，包括"延伸"和"不延伸"两种方式。"延伸"就是延伸边未与剪切对象相交，系统假设是相交的，并顺着延伸边的延长方向将剪切对象修剪掉。"不延伸"就是只修剪实际上相交的对象，对于不相交的边则不进行修剪。

（4）删除（R） 可以在不退出"修剪"命令的情况下删除不需要的对象。

（5）放弃（U） 放弃最近一次的修剪操作。

【实训十六】使用修剪命令，将图 3-18(a)修改为图 3-18(d)。

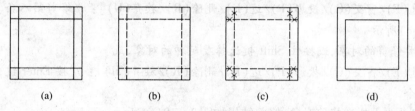

（a） （b） （c） （d）

图 3-18 修剪图形对象

（a）原图；（b）选择剪切边；（c）选择要修剪的对象；（d）结果

操作步骤：

单击工具栏上的"修剪"命令按钮，或者选择菜单栏"修改"|"修剪"，启动"修剪"命令。命令提示过程如下：

命令：_TRIM

当前设置：投影=UCS，边=延伸

选择剪切边...

选择对象或 <全部选择>：找到 1 个

选择对象：找到 1 个，总计 2 个

选择对象：找到 1 个，总计 3 个

选择对象：找到 1 个，总计 4 个 //分别指定图 3-18(b)中的四条虚线作为剪切边

选择对象：

选择要修剪的对象，或按住 Shift 键选择要延伸的对象，或

[栏选（F）/窗交（C）/投影（P）/边（E）/删除（R）/放弃（U）]： //用鼠标左键单击要修剪掉的第一条多余边，如图 3-18(c)所示

选择要修剪的对象，或按住 Shift 键选择要延伸的对象，或

[栏选（F）/窗交（C）/投影（P）/边（E）/删除（R）/放弃（U）]： //用鼠标左键单击要修剪掉的第二条多余边，如图 3-18(c)所示

选择要修剪的对象，或按住 Shift 键选择要延伸的对象，或

[栏选（F）/窗交（C）/投影（P）/边（E）/删除（R）/放弃（U）]： //用鼠标左键单击要修剪掉的第三条多余边，如图 3-18(c)所示

选择要修剪的对象，或按住 Shift 键选择要延伸的对象，或

[栏选（F）/窗交（C）/投影（P）/边（E）/删除（R）/放弃（U）]： //修剪第四条多余边，如

图 3 - 18(c)所示

　　选择要修剪的对象,或按住 Shift 键选择要延伸的对象,或

　　[栏选(F)/窗交(C)/投影(P)/边(E)/删除(R)/放弃(U)]：//修剪第五条多余边,如

图 3 - 18(c)所示

　　选择要修剪的对象,或按住 Shift 键选择要延伸的对象,或

　　[栏选(F)/窗交(C)/投影(P)/边(E)/删除(R)/放弃(U)]：//修剪第六条多余边,如

图 3 - 18(c)所示

　　选择要修剪的对象,或按住 Shift 键选择要延伸的对象,或

　　[栏选(F)/窗交(C)/投影(P)/边(E)/删除(R)/放弃(U)]：//修剪第七条多余边,如

图 3 - 18(c)所示

　　选择要修剪的对象,或按住 Shift 键选择要延伸的对象,或

　　[栏选(F)/窗交(C)/投影(P)/边(E)/删除(R)/放弃(U)]：//修剪第八条多余边,如

图 3 - 18(c)所示

　　选择要修剪的对象,或按住 Shift 键选择要延伸的对象,或

　　[栏选(F)/窗交(C)/投影(P)/边(E)/删除(R)/放弃(U)]：//按 Enter 键,完成并退

出修剪命令

　　【实训十七】栏选修剪对象,修剪结果如图 3 - 19(c)所示。

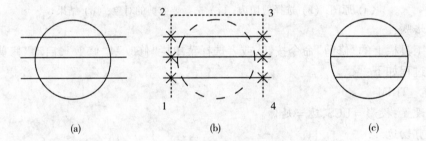

图 3 - 19　栏选修剪对象

(a) 原图; (b) 选择栏选点; (c) 结果

操作步骤:

　　(1) 使用绘图命令绘制如图 3 - 19(a)所示图形。

　　(2) 单击工具栏上的"修剪"命令按钮 ⁄ —,或者选择菜单栏"修改" | "修剪",启动"修

剪"命令。命令提示过程如下:

命令: _TRIM

当前设置:投影 = UCS,边 = 延伸

选择剪切边...

选择对象或 <全部选择>:找到 1 个 //选择圆作为剪切边

选择对象:

选择要修剪的对象,或按住 Shift 键选择要延伸的对象,或

[栏选(F)/窗交(C)/投影(P)/边(E)/删除(R)/放弃(U)]：F //输入 F 选择栏选方式

指定第一个栏选点:

指定下一个栏选点或 [放弃(U)]：//指定图 3 - 19(b)中点 1 作为栏选第一点

指定下一个栏选点或 [放弃(U)]：//指定图 3 - 19(b)中点 2 作为栏选第二点

指定下一个栏选点或［放弃（U）］：//指定图 3-19（b）中点 3 作为栏选第三点

指定下一个栏选点或［放弃（U）］：//指定图 3-19（b）中点 4 作为栏选第四点

选择要修剪的对象，或按住 Shift 键选择要延伸的对象，或［栏选（F）/窗交（C）/投影（P）/边（E）/删除（R）/放弃（U）］：//按 Enter 键完成修剪，如图 3-19（c）

【实训十八】延伸剪切线方式修剪对象，修剪后效果如图 3-20（c）所示。

操作步骤：

（1）使用绘图命令绘制如图 3-20（a）所示图形。

（2）单击工具栏上的"修剪"命令按钮，或者选择菜单栏"修改"｜"修剪"，启动"修剪"命令。命令提示过程如下：

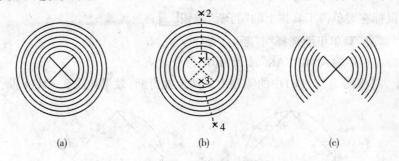

图 3-20 延伸剪切线模式

（a）原图；（b）选择栏选点；（c）结果

命令：_TRIM

当前设置：投影=UCS,边=延伸

选择剪切边…

选择对象或 ＜全部选择＞：找到 1 个

选择对象：找到 1 个,总计 2 个 //指定图 3-20（a）中内圆里面的两条交叉直线作为剪切边

选择对象：

选择要修剪的对象，或按住 Shift 键选择要延伸的对象，或

［栏选（F）/窗交（C）/投影（P）/边（E）/删除（R）/放弃（U）］：E //输入选项 E

输入隐含边延伸模式［延伸（E）/不延伸（N）］＜延伸＞：E //输入 E 选择剪切边延伸模式

选择要修剪的对象，或按住 Shift 键选择要延伸的对象，或

［栏选（F）/窗交（C）/投影（P）/边（E）/删除（R）/放弃（U）］：F //输入选项 F

指定第一个栏选点：//指定图 3-20（b）中的点 1 作为第一个栏选点

指定下一个栏选点或［放弃（U）］：//指定图 3-20（b）中的点 2 作为第二个栏选点

指定下一个栏选点或［放弃（U）］：//按 Enter 键完成第一次修剪并继续执行修剪命令

选择要修剪的对象，或按住 Shift 键选择要延伸的对象，或

［栏选（F）/窗交（C）/投影（P）/边（E）/删除（R）/放弃（U）］：F //输入选项 F

指定第一个栏选点：//指定图 3-20（b）中的点 3 作为第一个栏选点

指定下一个栏选点或［放弃（U）］：//指定图 3-20（b）中的点 4 作为第二个栏选点

指定下一个栏选点或［放弃（U）］：//按 Enter 键完成第二次修剪并继续执行修剪命令

选择要修剪的对象，或按住 Shift 键选择要延伸的对象，或

［栏选(F)/窗交(C)/投影(P)/边(E)/删除(R)/放弃(U)］：∥按 Enter 键退出修剪命令

(3) 修剪后的效果如图 3 – 20(c)所示。

注意:使用修剪命令时,被修剪的对象与剪切边必须处于相交状态。

(二)打断

"打断"命令(BREAK)用于打断图形对象,可以将图形对象的某一段(部分)删除,也可以将图形对象打断成为两个对象。该命令可以作用于直线、射线、圆弧、圆、二维或三维多段线和构造线等。激活"打断"命令有以下三种方法:

(1) 用鼠标左键单击工具栏上的"打断"按钮 ；

(2) 在"修改"菜单里面选择"打断"命令；

(3) 在命令行中输入"BREAK"或者"BR"命令。

【实训十九】将图 3 – 21(a)中的圆在 1、2 两点处打断,效果如图 3 – 21(b)所示。

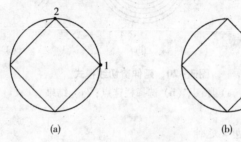

(a)   (b)

图 3 – 21　打断圆

(a) 原图；(b) 结果

操作步骤:

(1) 使用绘图命令绘制如图 3 – 21(a)所示图形。

(2) 单击工具栏上的"打断"命令按钮 ，或者选择菜单栏"修改"∣"打断",启动"打断"命令。命令提示过程如下:

命令: _BREAK 选择对象：∥选择图 3 – 21(a)中的圆作为打断的对象

指定第二个打断点 或 ［第一点(F)］：F ∥输入选项 F

指定第一个打断点：∥按逆时针方向打断,指定点 1 为第一打断点

指定第二个打断点：∥指定点 2 为第二打断点

(3) 打断后的效果如图 3 – 21(b)所示。

【实训二十】以直线为例,介绍"@"的用法。

A

(a)   (b)

图 3 – 22　打断直线

(a) 原图；(b) 结果

操作步骤:

(1) 在绘图区域绘制一条直线。

（2）单击工具栏上的"打断"命令按钮，或者选择菜单栏"修改"丨"打断"，启动"打断"命令。命令提示过程如下：

命令：_BREAK 选择对象：//指定 3 - 22(a)中的直线，且 A 点为拾取点

指定第二个打断点 或 [第一点(F)]：@ //输入相对坐标@，则第二打断点仍为 A 点

（3）结果如图 3 - 22(b)所示。

注意：打断命令将会删除对象上第一点和第二点之间的部分，第一点是选取该对象时的拾取点或者用户重新指定的点，第二点是用户指定的点。

如果用户要将一个图形一分为二而不删除其中的任何部分，可以将图形上的第一打断点和第二打断点指定为同一个点，此时，在指定第二打断点时只需要输入"@"即可。圆不能用这种方法进行打断，它只适用于两点打断的方式。

（三）打断于点

"打断于点"命令属于打断命令的一种，即将图形对象一分为二，而不删除对象，作用与上一实训中介绍的"@"的作用是相同的。激活"打断于点"命令，可以用鼠标左键单击工具栏上的"打断于点"按钮。

【实训二十一】将图 3 - 23(a)中的圆弧在点 1 处进行打断，效果如图 3 - 23(b)所示。

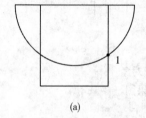 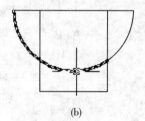

(a) (b)

图 3 - 23　圆弧打断于点
(a) 原图；(b) 结果

操作步骤：

（1）使用圆弧和直线命令绘制如图 3 - 23(a)所示图形。

（2）单击工具栏上的"打断于点"命令按钮，启动"打断于点"命令。命令提示过程如下：

命令：_BREAK 选择对象：//指定图 3 - 23(a)中的圆弧为打断对象

指定第二个打断点 或 [第一点(F)]：_f

指定第一个打断点：//指定点 1 为打断点

指定第二个打断点：@ //自动跳出打断于点命令

（3）结果如图 3 - 23(b)所示。

任务七　拉长及比例缩放对象

（一）拉长线条

"拉长"命令用于改变对象的长度（可以拉长，也可以缩短），可以被拉长的对象有直线、

圆弧、椭圆弧、开放的多段线和开放的样条曲线(开放的样条曲线只能被缩短)。激活"拉长"命令有以下两种方法:

(1) 在"修改"菜单里面选择"拉长"命令;

(2) 在命令行中输入"LENGTHEN"命令。

执行"拉长"命令时,还有其他的选项方式,下面作简单介绍。

(1) 增量(DE)　按照输入的值增加或缩短对象的长度,正值增加对象的长度,负值缩短对象的长度。

(2) 百分数(P)　按照输入的百分比调整对象的长度。

(3) 全部(T)　按照输入的值调整对象的总长度。

(4) 动态(DY)　动态控制终点位置。

【实训二十二】使用拉长命令将图3-24(a)中的指定对象进行拉长,拉长后的效果如图3-24(b)所示。

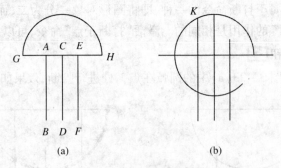

图3-24　拉长图形对象

(a) 原图; (b) 效果图

操作步骤:

(1) 使用绘图命令绘制如图3-24(a)所示图形,其中圆的半径为500,直线长度都为800。

(2) 在命令行中输入"LENGTHEN"或者"LEN",启动"拉长"命令,命令提示过程如下:

按照长度增(减)量调整直线 CD 的长度:

命令: LEN

LENGTHEN

选择对象或 [增量(DE)/百分数(P)/全部(T)/动态(DY)]: DE //输入 DE 增量模式

输入长度增量或 [角度(A)] <500.0000>: 500 //输入长度增量值500

选择要修改的对象或 [放弃(U)]: //指定拉长端 C

选择要修改的对象或 [放弃(U)]: //按空格键退出拉长命令

按照角度增(减)量调整圆弧的长度:

命令: LEN

LENGTHEN

选择对象或 [增量(DE)/百分数(P)/全部(T)/动态(DY)]: DE //输入 DE 增量模式

输入长度增量或 [角度(A)] <500.0000>: A //输入选项 A,角度增量模式

输入角度增量 <135>: 135 //输入角度增量值135

选择要修改的对象或 [放弃(U)]: //指定圆弧拉长端 G

选择要修改的对象或［放弃(U)］：//按空格键退出拉长命令

按照动态模式调整直线 *AB* 的长度：

命令：LENGTHEN

选择对象或［增量(DE)/百分数(P)/全部(T)/动态(DY)］：DY //输入选项 DY

选择要修改的对象或［放弃(U)］：//指定直线 *AB* 拉长端 *A*

指定新端点：<对象捕捉 关> <正交 关> //指定新端点 *K*

选择要修改的对象或［放弃(U)］：//按空格键退出拉长命令

按照全部模式调整直线 *EF* 的长度：

命令：LEN LENGTHEN

选择对象或［增量(DE)/百分数(P)/全部(T)/动态(DY)］：T //输入选项 T

指定总长度或［角度(A)］<1200.0000)>：1000 //输入直线 *EF* 拉长后的总长度为 1000

选择要修改的对象或［放弃(U)］：//指定拉长端 *E*

选择要修改的对象或［放弃(U)］：//按空格键退出拉长命令

按照百分数模式调整直线 *GH* 的长度：

命令：LEN

LENGTHEN

选择对象或［增量(DE)/百分数(P)/全部(T)/动态(DY)］：P //输入选项 P

输入长度百分数 <120.0000>：120 //输入120,即拉长后的直线长度为原来直线长度的120%,即1.2倍

选择要修改的对象或［放弃(U)］：//指定拉长端 *G*

选择要修改的对象或［放弃(U)］：//指定拉长端 *H*

选择要修改的对象或［放弃(U)］：//按空格键退出拉长命令

(二)按比例缩放图形对象

"比例缩放"命令,用于将图形对象按比例相对于基点进行放大或者缩小。激活"比例缩放"命令有以下三种方法：

(1) 用鼠标左键单击工具栏上的"缩放"按钮 ；

(2) 在"修改"菜单里面选择"缩放"命令；

(3) 在命令行中输入"SCALE"或者"SC"命令。

执行"比例缩放"命令时,还有其他的选项方式,下面做简单介绍：

(1) 复制(C)　将原图形对象进行比例缩放的同时,保留原图形对象,类似于复制；

(2) 参照(R)　按照参照长度和指定的新长度缩放所选对象。

【实训二十三】将图 3-25(a)中指定的图形对象分别按照复制模式和参照模式进行比例缩放,缩放后的效果如图 3-25(b)和 3-25(c)所示。

操作步骤：

(1) 绘制如图 3-25(a)所示的图形。

(2) 单击工具栏上的"缩放"命令按钮 ,启动"比例缩放"命令,命令提示过程如下。

复制模式缩放对象：

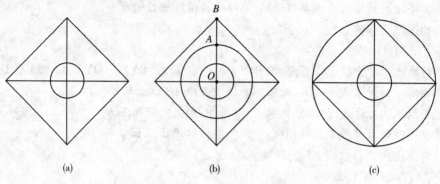

$$(a) \qquad\qquad (b) \qquad\qquad (c)$$

图3-25　缩放图形对象

(a) 原图；(b) 复制模式；(c) 参照模式

命令：_SCALE

选择对象：找到1个

选择对象：//指定图3-25(a)中的圆作为缩放的原对象

指定基点：//指定圆心作为缩放的基点

指定比例因子或［复制(C)/参照(R)］<1.0000>：C //输入选项C,复制模式缩放一组选定对象。

指定比例因子或［复制(C)/参照(R)］<1.0000>：2 //输入缩放比例为2,将圆放大一倍并留原对象,如图3-25(b)所示。

参照模式缩放对象：

命令：_SCALE

选择对象：找到1个

选择对象：//指定图3-25(b)的大圆作为缩放的对象

指定基点：//指定圆心作为缩放的基点

指定比例因子或［复制(C)/参照(R)］<2.0000>：R //输入选项R,参照模式

指定参照长度<1.0000>：指定第二点：//输入旧长度或者指定参照长度点O和A

指定新的长度或［点(P)］<1.0000>：//输入新长度或者指定参照长度点B,缩放的效果如图3-25(c)所示。

任务八　圆角及倒角

(一)圆角

"圆角"命令可以为图形对象加圆角,或者用一段圆弧平滑的连接两个线性对象,被连接的对象可以是直线、圆弧、二维多段线以及椭圆弧等。激活"圆角"命令有以下三种方法：

(1) 鼠标左键单击工具栏上的"圆角"按钮 ；

(2) 在"修改"菜单里面选择"圆角"命令；

(3) 在命令行中输入"FILLET"或者"F"命令。

执行"圆角"命令时,还有其他的选项方式,下面作简单介绍：

(1) 多段线(P) 用于对二维多段线加圆角；

（2）半径（R） 用于确定圆角半径；

（3）修剪（T） 修整线段，用于确定圆角操作的修剪模式，其中，"修剪"选项表示在加圆角的同时对相应的两个对象进行修剪，"不修剪"选项表示不进行修剪；

（4）多个（M） 多个选择边倒圆角。

【实训二十四】将图3－26（a）中的图形使用不同的方式进行倒圆角。

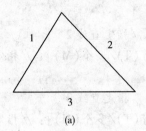

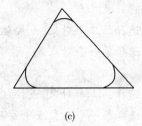

图3－26 对象圆角

（a）原图；（b）修剪模式倒圆角；（c）不修剪模式倒圆角

修剪模式倒圆角：

命令：_FILLET

当前设置：模式 = 修剪，半径 = 0.0000

选择第一个对象或［放弃（U）/多段线（P）/半径（R）/修剪（T）/多个（M）］：M //输入选项M，多个对象倒圆角

选择第一个对象或［放弃（U）/多段线（P）/半径（R）/修剪（T）/多个（M）］：R //输入选项R

指定圆角半径 <0.0000>：50 //输入圆角半径值50

选择第一个对象或［放弃（U）/多段线（P）/半径（R）/修剪（T）/多个（M）］： //指定直线1

选择第二个对象，或按住Shift键选择要应用角点的对象： //指定直线2

选择第一个对象或［放弃（U）/多段线（P）/半径（R）/修剪（T）/多个（M）］： //指定直线2

选择第二个对象，或按住Shift键选择要应用角点的对象： //指定直线3

选择第一个对象或［放弃（U）/多段线（P）/半径（R）/修剪（T）/多个（M）］： //指定直线3

选择第二个对象，或按住Shift键选择要应用角点的对象： //指定直线1

选择第一个对象或［放弃（U）/多段线（P）/半径（R）/修剪（T）/多个（M）］： //按Enter键退出该命令，结果如图3－26（b）所示。

不修剪模式倒圆角：

命令：_FILLET

当前设置：模式 = 修剪，半径 = 0.0000

选择第一个对象或［放弃（U）/多段线（P）/半径（R）/修剪（T）/多个（M）］：T //输入选项T

输入修剪模式选项［修剪（T）/不修剪（N）］<修剪>：N //输入选项N，选择不修剪模式

选择第一个对象或［放弃(U)/多段线(P)/半径(R)/修剪(T)/多个(M)］：R //输入选项 R

指定圆角半径 <0.0000>：50 //指定圆角半径为 50

选择第一个对象或［放弃(U)/多段线(P)/半径(R)/修剪(T)/多个(M)］：M //输入选项 M

选择第一个对象或［放弃(U)/多段线(P)/半径(R)/修剪(T)/多个(M)］：//指定直线 1

选择第二个对象，或按住 Shift 键选择要应用角点的对象：//指定直线 2

选择第一个对象或［放弃(U)/多段线(P)/半径(R)/修剪(T)/多个(M)］：//指定直线 2

选择第二个对象，或按住 Shift 键选择要应用角点的对象：//指定直线 3

选择第一个对象或［放弃(U)/多段线(P)/半径(R)/修剪(T)/多个(M)］：//指定直线 3

选择第二个对象，或按住 Shift 键选择要应用角点的对象：//指定直线 1

选择第一个对象或［放弃(U)/多段线(P)/半径(R)/修剪(T)/多个(M)］：//按 Enter 键退出该命令,结果如图 3-26(c)所示。

注意:在使用"圆角"命令时,圆角半径不能过大;如果在两条平行线间使用"圆角"命令,系统则默认圆角半径为两条平行线距离的一半。另外,圆弧与直线之间也可以倒圆角。

(二)倒角

"倒角"命令主要用于为两条非平行直线倒角,即利用一条直线将某些对象的尖锐角切掉,在机械领域有减小应力,减少零件的疲劳强度,从而延长其使用寿命的作用。可以进行倒角的对象有直线、多段线、射线和构造线等。激活"倒角"命令有以下三种方法:

(1) 鼠标左键单击工具栏上的"倒角"按钮 ；

(2) 在"修改"菜单里面选择"倒角"命令;

(3) 在命令行中输入"CHAMFER"或者"CHA"命令。

执行"倒角"命令时,还有其他的选项方式,下面作简单介绍。

多段线(P):对整个二维多段线进行倒角。

距离(D):设置倒角顶点至两条选定边端点的距离,两个倒角距离可以相等也可以不等。系统默认的倒角距离为"0"。

角度(A):根据一个倒角距离和一个角度进行倒角。

修剪(T):倒角后,确定是否对相应的倒角边进行修剪,"修剪"选项表示倒角后对倒角边进行修剪,"不修剪"选项则不进行修剪。

方式(E):确定按什么方式进行倒角。

多个(M):同时对多个对象进行倒角。

【实训二十五】将图 3-27(a)中的矩形使用不同的方式进行倒角。

操作步骤:

(1) 绘制一个大小为 450×250 的矩形,如图 3-27(a)所示。

(2) 单击工具栏上的"倒角"命令按钮 ,启动"倒角"命令。命令提示过程说明如下。

距离模式倒角：

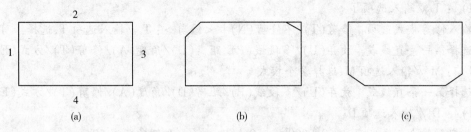

图 3 – 27 对象倒角

(a) 原图；(b) "距离和角度"的倒角；(c) 多个对象倒角

命令：_CHAMFER

（"不修剪"模式）当前倒角距离 1 = 30.0000,距离 2 = 50.0000

选择第一条直线或 [放弃(U)/多段线(P)/距离(D)/角度(A)/修剪(T)/方式(E)/多个(M)]：T //输入选项 T,选择修剪模式

输入修剪模式选项 [修剪(T)/不修剪(N)] <不修剪>：T //输入选项 T,修剪对象倒角

选择第一条直线或 [放弃(U)/多段线(P)/距离(D)/角度(A)/修剪(T)/方式(E)/多个(M)]：D //输入选项 D,选择距离模式倒角

指定第一个倒角距离 <30.0000>：60 //指定第一个倒角距离为 60

指定第二个倒角距离 <60.0000>：//指定第二个倒角距离为 60

选择第一条直线或 [放弃(U)/多段线(P)/距离(D)/角度(A)/修剪(T)/方式(E)/多个(M)]：//选择直线 1

选择第二条直线,或按住 Shift 键选择要应用角点的直线：//选择直线 2,效果如图 3 – 27(b)所示

角度模式倒角：

命令：CHAMFER

（"修剪"模式）当前倒角距离 1 = 50.0000,距离 2 = 70.0000

选择第一条直线或 [放弃(U)/多段线(P)/距离(D)/角度(A)/修剪(T)/方式(E)/多个(M)]：A //输入选项 A,选择角度模式倒角

指定第一条直线的倒角长度 <60.0000>：60 //输入倒角长度 60

指定第一条直线的倒角角度 <30>：//输入倒角角度 30

选择第一条直线或 [放弃(U)/多段线(P)/距离(D)/角度(A)/修剪(T)/方式(E)/多个(M)]：T //输入选项 T

输入修剪模式选项 [修剪(T)/不修剪(N)] <修剪>：N //输入选项 N,选择不修剪模式

选择第一条直线或 [放弃(U)/多段线(P)/距离(D)/角度(A)/修剪(T)/方式(E)/多个(M)]：//选择直线 2

选择第二条直线,或按住 Shift 键选择要应用角点的直线：//选择直线 3

多个模式倒角：

命令：_CHAMFER

（"修剪"模式）当前倒角长度 = 60.0000,角度 = 30

选择第一条直线或［放弃(U)/多段线(P)/距离(D)/角度(A)/修剪(T)/方式(E)/多个(M)］：T //输入选项 T

输入修剪模式选项［修剪(T)/不修剪(N)］＜修剪＞：T //输入选项 T,选择修剪模式

选择第一条直线或［放弃(U)/多段线(P)/距离(D)/角度(A)/修剪(T)/方式(E)/多个(M)］：M //输入选项 M,选择多个模式

选择第一条直线或［放弃(U)/多段线(P)/距离(D)/角度(A)/修剪(T)/方式(E)/多个(M)］：D //输入选项 D

指定第一个倒角距离 ＜60.0000＞：50 //输入第一个倒角距离 50

指定第二个倒角距离 ＜50.0000＞：70 //输入第二个倒角距离 70

选择第一条直线或［放弃(U)/多段线(P)/距离(D)/角度(A)/修剪(T)/方式(E)/多个(M)］： //选择直线 3

选择第二条直线,或按住 Shift 键选择要应用角点的直线： //选择直线 4

选择第一条直线或［放弃(U)/多段线(P)/距离(D)/角度(A)/修剪(T)/方式(E)/多个(M)］： //选择直线 1

选择第二条直线,或按住 Shift 键选择要应用角点的直线： //选择直线 4

选择第一条直线或［放弃(U)/多段线(P)/距离(D)/角度(A)/修剪(T)/方式(E)/多个(M)］： //按空格键退出倒角命令

【实训二十六】多段线倒角,效果如图 3-28(b)所示。

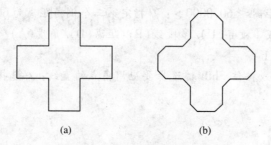

(a)   (b)

图 3-28 多段线倒角

(a) 原图；(b) 结果

操作步骤：

(1) 调用多段线命令,绘制如图 3-28(a)所示图形,注意起始点与终止点必须闭合。

(2) 单击工具栏上的"倒角"命令按钮，启动"倒角"命令。命令提示过程如下：

命令：_CHAMFER

("修剪"模式) 当前倒角距离 1 = 50.0000,距离 2 = 70.0000

选择第一条直线或［放弃(U)/多段线(P)/距离(D)/角度(A)/修剪(T)/方式(E)/多个(M)］：D //输入选项 D

指定第一个倒角距离 ＜50.0000＞：30 //输入第一个倒角距离 30

指定第二个倒角距离 ＜30.0000＞：30 //输入第二个倒角距离 30

选择第一条直线或［放弃(U)/多段线(P)/距离(D)/角度(A)/修剪(T)/方式(E)/多个(M)］：P //输入选项 P

选择二维多段线：

12 条直线已被倒角 //框选图 3-28(a)中的多段线,按空格键完成倒角,效果如图 3-

28(b)所示。

　　注意:对二维多段线进行圆角和倒角时,二维多段线必须是封闭的状态,否则多段线起始点连接处的角不能够实现圆角或倒角操作。另外,如果多段线包含的线段过短以至于无法容纳倒角距离,则不对这些线段倒角。

<h1 style="text-align:center">任务九　分解及合并</h1>

(一)分解

　　"分解"命令可以将一个对象分解为几个部分。例如将矩形分解为直线,将多段线分解为组成该多段线的直线和圆弧,将块分解为组成该块的各个对象,将一个尺寸标注分解成线段、箭头和尺寸文字等。分解后的对象可以进行独立编辑。激活"分解"命令有以下三种方法:

　　(1)鼠标左键单击工具栏上的"分解"按钮；

　　(2)在"修改"菜单里面选择"分解"命令;

　　(3)在命令行中输入"EXPLODE"或者"X"命令。

　　【实训二十七】将图3-29(a)中的多边形进行分解,分解后的效果如图3-29(b)所示。

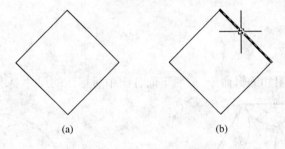

(a)　　　　　　　　　　　　　　(b)

图3-29　分解图形对象

(a)原图;(b)结果

操作步骤:

　　(1)调用"正多边形"命令绘制如图3-29(a)所示图形。

　　(2)单击工具栏上的"分解"命令按钮,启动"分解"命令。命令提示过程如下:

命令:_EXPLODE

选择对象:找到1个 //选择图3-29(a)中的正多边形为分解的对象

选择对象: //按空格键完成并退出分解命令

(二)合并

　　合并是分解的反命令,可以将相似的对象合并为一个对象,合并后的对象只能进行整体操作。要合并到的对象被称为源对象,源对象和要合并的对象必须位于相同的平面上。可以进行合并的对象有直线、圆弧、椭圆弧等。激活"合并"命令有以下三种方法:

　　(1)鼠标左键单击工具栏上的"合并"按钮；

　　(2)在"修改"菜单里面选择"合并"命令;

　　(3)在命令行中输入"JOIN"或者"J"命令。

【实训二十八】将图3－30(a)中的圆弧合并为整圆,结果如图3－30(b)所示。

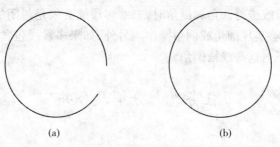

(a)   (b)

图3－30　合并圆弧

(a) 原图；(b) 结果

操作步骤:

(1) 绘制如图3－30(a)所示圆弧。

(2) 单击工具栏上的"合并"命令按钮 ➡️ ,启动"合并"命令。命令提示过程如下:

命令: _JOIN

选择源对象: // 选择图3－30(a)中所示的圆弧

选择圆弧,以合并到源或进行 [闭合(L)]: L // 输入选项L,将圆弧进行闭合

已将圆弧转换为圆。

实 战 演 练

利用已学过的绘图和编辑命令,按照下面各图中所标注的尺寸要求绘制各个图形。

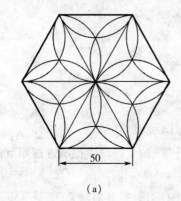

(a)

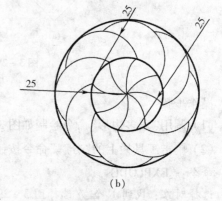

(b)

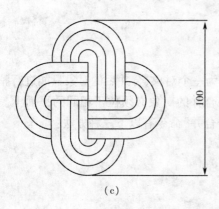

(c)

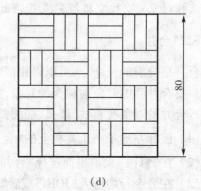

(d)

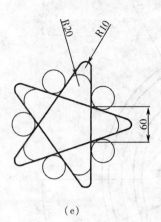

(e)

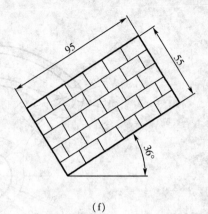

(f)

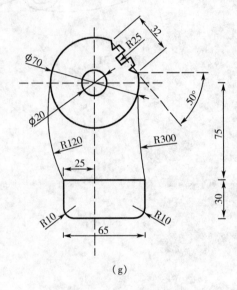

(g)

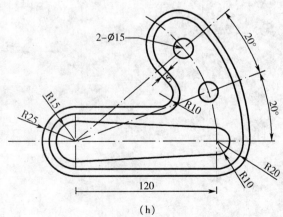

(h)

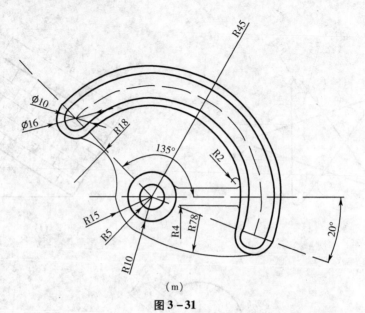

（m）

图 3 – 31

项目四　图块及属性

任务一　图　　块

图块是 AutoCAD 图形设计中心的一个重要功能,它可以避免用户做大量的重复性工作。将重复使用的图形创建为图块,当再次用到该图形时,直接将整体插入到任意指定的位置,还可以对其进行旋转、比例缩放等操作。使用图块时可以在一个图形文件中快速调用部分图形,也可以在不同的图形文件中相互调用,还可以在调用的同时修正参数,从而提高绘图效率。

图块简称块,是绘制在不同图层上的不同特性对象的集合,并按指定名称保存起来,以便随时插入到其他图形中,而不必再重新绘制。

(一)创建图块

图块分为内部图块和外部图块两种形式。

1. 内部图块

内部图块指只能存在于它本身的图形文件中,而不可以在其他文件之间调用。激活"内部图块"命令有以下三种方式:

(1) 鼠标左键单击"绘图"工具栏上的"创建块"按钮 ；

(2) 在"绘图"菜单里面选择"块"命令下的"创建"命令;

(3) 在命令行中输入"BLOCK"或者"B"命令。

执行上述任一操作后,都可打开如图 4-1 所示的"块定义"对话框。

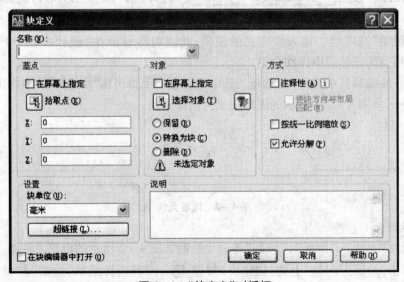

图 4-1　"块定义"对话框

该对话框中各个选项组的含义如下：

（1）"名称"文本框　输入块的名称，最多包含 255 个字符，包括字母、数字、空格和下画线，但是，不能使用特殊字符作为块名，如 LIGHT、DIRECT 等。当包含多个内部块时，还可以在下拉列表框中选择已有的块。

（2）"基点"选项组　设置块的插入基点位置。

①"在屏幕上指定"复选框　选择该复选框时，单击"确定"，将在命令行提示用户指定插入基点。

②"拾取点"按钮 　暂时关闭"块定义"对话框，以使用户能在当前图形中拾取插入基点，或直接在 X、Y、Z 文本框中输入坐标值。

（3）"对象"选项组　设置组成块的对象。

①"在屏幕上指定"复选框　选择该复选框时，单击"确定"，将在命令行提示用户指定对象。

②"选择对象"按钮 　暂时关闭"块定义"对话框，允许用户选择块对象，完成选择对象后，按 Enter 键，重新显示"块定义"对话框。

③"快速选择"按钮 　打开"快速选择"对话框，设置所选择对象的过滤条件。

④"保留"单选按钮　创建块以后，仍在绘图窗口上保留组成块的原对象。

⑤"转化为块"单选按钮　创建块以后，将组成块的各对象保留并把它们转换成块。

⑥"删除"单选按钮　创建块以后，删除绘图窗口上组成块的原对象。

（4）"方式"选项组　设置组成块的对象的显示方式。

①"注释性"　请参照项目五"注释性"文字的相关介绍。

②"按统一比例缩放"复选框　指定块是否按统一比例缩放。

③"允许分解"复选框　指定块是否可以被分解。

（5）"设置"选项组　设置块的基本属性。

①"块单位"下拉列表框　指定块插入单位。

②"超链接"按钮 超链接(L)... 　打开"插入超链接"对话框，插入超链接文档。

（6）"说明"选项组　输入块定义的说明，此说明将显示在"设计中心"中。"设计中心"将在本项目的任务四中详细介绍。

（7）"在块编辑器中打开"复选框　选中该复选框后，即可在"块编辑器"中打开该图块。

【实训一】将图 4-2 中所示的图形定义为内部图块。

图 4-2　电感元件

操作步骤：

（1）调用"直线"、"圆弧"、"阵列"等命令绘制如图 4-2 所示的电感元件图。

（2）单击"绘图"工具栏上的"创建块"按钮 　，或者选择菜单"绘图"|"块"|"创建"命令，或者在命令行中输入"BLOCK"命令，打开"块定义"对话框（如图 4-1）。

（3）在"名称"文本框中输入块的名称"电感"。

（4）单击"拾取点"按钮，切换至绘图区域，拾取一点作为基点，如图4-3所示。此时，系统会自动返回至"块定义"对话框。

图4-3 确定"基点"

（5）单击"选择对象"按钮，切换到绘图区域，选择要定义块的整个图形（电感），然后单击鼠标右键或按 Enter 键返回"块定义"对话框，如图4-4所示。

图4-4 电感"块定义"对话框

（6）其他参数设置采用默认即可，单击"确定"按钮。此时，把光标放在定义的图形上，发现所选定的对象已成为一个整体。

（7）保存文件。选择菜单"文件 | "保存"命令，路径及文件名为"E:\内部块.dwg"。

2. 外部图块

外部图块是将图形对象保存在计算机的某个路径下面，与内部图块不同的是，它既可以在当前图形文件中调用，也可以在其他文件之间调用。激活"外部图块"命令，可以在命令行中输入"WBLOCK"命令，即可打开如图4-5所示的"写块"对话框。

该对话框中各个选项组的含义如下：

（1）"源"选项组 指定块和对象，将其保存为文件并指定插入点。

① "块"单选按钮 指定要保存为文件的现有块，从列表中选择名称。

② "整个图形"单选按钮 选择当前图形作为一个块。

③ "对象"单选按钮 指定块的基点，默认值是（0,0,0）。

④ "拾取点"按钮 暂时关闭该对话框，以使用户能在当前图形中拾取插入基点。

⑤ "选择对象"按钮 暂时关闭该对话框，以便可以选择一个或多个对象保存至文件。

图4-5　"写块"对话框

⑥"快速选择"按钮 显示"快速选择"对话框,该对话框用来定义选择集。

⑦"保留"单选按钮　将选定对象保存为文件后,在当前图形中仍保留原对象。

⑧"转化为块"单选按钮　将选定对象保存为文件后,在当前图形中将它们转换为块。

⑨"从图形中删除"单选按钮　将选定对象保存为文件后,并从当前图形中删除原对象。(可使用OOPS命令,将删除的对象重新显示在屏幕上)

(2)"目标"选项组　可以在文本框中直接更改图形名称、路径或通过单击"浏览"按钮 更改图形名称、路径,以及设置插入单位。

注意:用户最好在"0"图层创建图块,而不要在"0"图层绘图,图形都绘制在其他图层上。这样在当前层插入块时,线型和颜色都会随图层的改变而改变。

【实训二】将图4-2中所示的图形定义为外部块。

操作步骤:

(1)调用"直线"、"圆弧"、"阵列"等命令绘制如图4-2所示的电感元件图。

(2)在命令行输入"WBLOCK"命令,按下Enter键,打开"写块"对话框(如图4-5)。

(3)单击"拾取点"按钮 ,切换至绘图区域,选择图形的左侧端点为插入基点。单击"选择对象"按钮 ,切换到绘图区域,选择要定义为块的整个图形(电感),然后单击鼠标右键或按Enter键,返回到"写块"对话框。在"文件名和路径"文本框中输入存放的目标位置和外部块的名称"E:\新电感",最后单击"确定"按钮。

(4)保存文件,选择菜单"文件"|"保存"命令,路径及文件名为"E:\外部块.dwg"。

(二)插入图块

1. 插入单个块

用户创建好图块后可以将该图块按照指定的位置、比例和旋转角度插入到图形文件中。激活"插入图块"命令有以下四种方式:

(1)鼠标左键单击"绘图"工具栏上的"插入块"按钮 ;

（2）在"插入"菜单里面选择"块"命令；

（3）在命令行中输入"INSERT"或者"I"命令；

（4）使用"设计中心"插入图块（在本项目的任务四中将具体介绍）。

执行上述任一操作后，都可打开如图4-6所示的"插入"对话框。

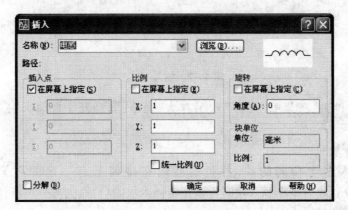

图4-6 "插入"对话框

该对话框中各个选项组的含义如下：

（1）"名称"下拉列表框 选择块或图形的名称，也可单击后面的"浏览"按钮
浏览(B)... ，打开"选择图形文件"对话框，选择已保存的块或外部图形。

（2）"插入点"选项组 设置块的插入点位置。可直接在X、Y、Z文本框中输入坐标值；也可选中"在屏幕上指定"复选框，在屏幕上指定插入点位置。

（3）"比例"选项组 设置块的插入比例。可直接在X、Y、Z文本框中输入块在3个方向的比例；也可选中"在屏幕上指定"复选框，在屏幕上进行指定；此外，"统一比例"复选框用于确定所插入块在X、Y、Z三个方向的插入比例是否相同，选中表示比例相同，用户只需在X文本框中输入比例值即可。

（4）"旋转"选项组 设置块插入时的旋转角度。可直接在"角度"文本框中输入角度值，也可选中"在屏幕上指定"复选框，在屏幕上指定旋转角度。

（5）"分解"复选框 选中表示将插入的块分解成组成块的各基本对象。

【实训三】打开"E:\内部块.dwg"文件，插入已定义的图块，并设置缩放比例为60%，逆时针旋转45度。

操作步骤：

（1）打开文件，选择菜单"文件|"打开"命令，打开"E:\内部块.dwg"文件。

（2）单击"绘图"工具栏上的"插入块"按钮 ，或者选择菜单"插入"|"块"命令，或者在命令行中输入"INSERT"命令，打开"插入"对话框（如图4-6）。

（3）在"名称"下拉列表框中选择创建的内部块"电感"选项，或者单击 浏览(B)... 按钮，在系统自动弹出的"选择图形文件"对话框中选择"E:\新电感"，单击 打开(O) ▾按钮。

（4）在"插入点"选项组中选中"在屏幕上指定"复选框。

（5）在"比例"选项组中选中"统一比例"复选框，并在X文本框中输入0.6。

（6）在"旋转"选项组中的"角度"文本框中输入45，然后单击"确定"按钮，在绘图窗口中指定插入块的位置即可,结果如图4-7所示。

图4-7 插入"块"

(7) 保存文件,选择菜单"文件"|"另存为"命令,路径及文件名为"E:\插入单个块. dwg"。

2. 插入多个块

如果要插入多个相同的块,并且这些块在排列上有一定的规律,则可以使用"MINSERT"命令。此命令在插入块时可以指定插入块的行数、列数,以及行距、列距等。

（三）块的编辑

1. 块的重命名

激活"重命名"命令有以下两种方式:

(1) 在"格式"菜单里面选择"重命名"命令;

(2) 在命令行中输入"RENAME"命令。

执行上述任一操作后,都可打开如图4-8所示的"重命名"对话框,在"命名对象"列表中选择"块"选项,在"项目"列表框中选择要重命名的块名称,该名称将显示在"旧名称"文本框中,然后在"重命名为"文本框中输入新的名称,单击"确定"按钮。

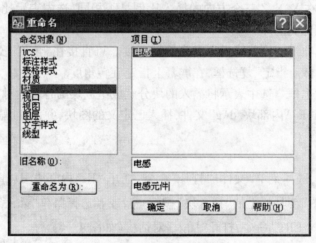

图4-8 "重命名"对话框

2. 块的删除

删除掉原定义块并不意味着删除块,用户仍然可以在插入块对话框中将该块调用,要想真正删掉块,还要进行一步操作,即单击"文件"菜单下的"绘图实用程序"命令下的"清理",打开如图4-9所示"清理"对话框,选择"块",进行删除。

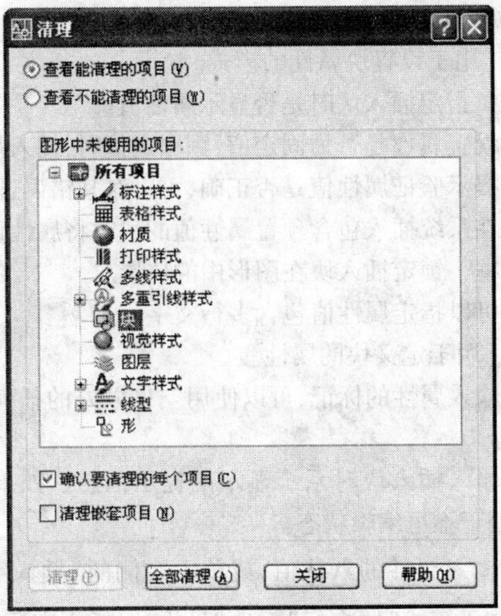

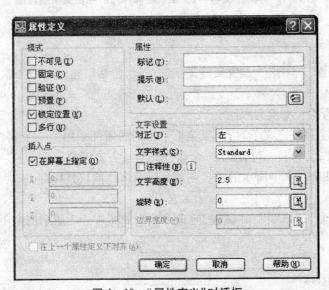

图 4-9 "清理"对话框

任务二 块 属 性

1. 创建块属性

在创建带有附加属性的块时,需要同时选择块属性作为块的成员对象。激活"块属性定义"命令有以下两种方式:

(1) 在"绘图"菜单里面选择"块"命令下的"定义属性"命令;

(2) 在命令行中输入"ATTDEF"命令。

执行上述任一操作后,都可打开如图 4-10 所示的"属性定义"对话框。

图 4-10 "属性定义"对话框

该对话框中各个选项组的含义如下：

（1）"模式"选项组　用于设置块属性的模式。

① "不可见"复选框　指定插入块时是否显示属性值。

② "固定"复选框　设置属性是否为固定值，为固定值时，插入块后该属性值不再变化。

③ "验证"复选框　提示验证属性值是否正确，可以对其错误进行修改。

④ "预置"复选框　在系统插入包含预置属性值的块时将属性设置为默认值。

⑤ "锁定位置"复选框　锁定插入块在图形中的位置。

⑥ "多行"复选框　可以指定属性值包含多行文字。

（2）"属性"选项组　用于定义块的属性。

① "标记"文本框　输入属性的标记，可以使用空格以外的任何字符组合，并且小写字母将自动转换为大写字母。

② "提示"文本框　输入插入块时系统显示的提示信息。如果用户选中"模式"|"固定"复选框，则该文本框处于不可编辑状态。

③ "默认"文本框　输入属性的默认值，或单击右侧的"插入字段"按钮 打开"字段"对话框。如果用户选中"模式"|"多行"复选框，此时"插入字段"按钮 会变成"打开多行编辑器"按钮，单击该按钮后，暂时关闭此对话框，在"指定多行属性的位置"后输入坐标值，或鼠标左键单击，系统会自动打开具有"文字格式"工具栏和标尺的在位文字编辑器，如图 4 – 12 所示。

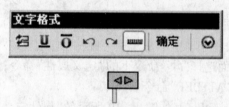

图 4 – 11　具有"文字格式"工具栏和标尺的在位文字编辑器

（3）"插入点"选项组　设置属性值的插入点，可以直接输入坐标值或在屏幕上指定属性的位置。

（4）"文字设置"选项组　设置属性文字的格式，包括对正、文字样式、文字高度和旋转等。如果用户选中"模式"|"多行"复选框，此时"边界宽度"文本框处于可编辑状态，若设置值为 0，则文字行的长度没有限制。

（5）"在上一个属性定义下对齐"复选框　为当前属性采用上一个属性的文字样式、文字高度及旋转角度，且另起一行，按上一个属性的对正方式排列。

【实训五】将图 4 – 12 中所示的图形创建为带有属性的块并保存。

操作步骤：

（1）调用"矩形"、"直线"和"镜像"等命令绘制如图 4 – 12 所示的电阻元件。

图 4 – 12　电阻元件

(2) 选择菜单"绘图"|"块"|"定义属性"命令,或者在命令行中输入"ATTDEF"命令,打开"属性定义"对话框(如图 4 – 10)。

(3) 在"标记"文本框中输入 R,在"提示"文本框中输入"请输入电阻符号",在"值"文本框中输入 R。

(4) 在"插入点"选项组中选择"在屏幕上指定"复选框。

(5) 在"文字设置"选项组的"对正"下拉列表框选择"中间"选项,"文字高度"文本框中输入 100,其它选项采用默认设置,单击"确定"按钮,结果如图 4 – 13 所示。

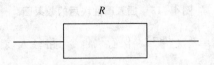

图 4 – 13 带有属性的电阻元件

(6) 将带属性的电阻元件保存为外部块。在命令行中输入"WBLOCK"命令,打开"写块"对话框,"基点"选项组单击"拾取点"按钮,选择电阻左端点;"对象"选项组选择"转化为块"单选按钮,单击"选择对象"按钮,选择整个电阻图形;"目标"选项组的"文件名和路径"文本框中输入 "E:\带属性的电阻. dwg",单击"确定"按钮,打开"编辑属性"对话框图 4 –14,在该对话框中可以更改电阻符号,然后单击"确定"按钮。

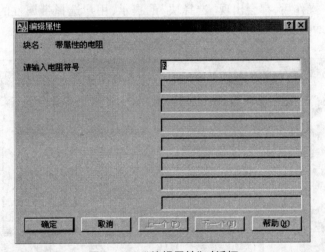

图 4 – 14 "编辑属性"对话框

(7) 保存文件,选择菜单"文件"|"保存"命令,路径及文件名为"E:\电阻. dwg"。

2. 插入带有属性定义的块

带有属性的块创建完成后,就可以使用"插入"对话框在文档中插入该块。方法是选择菜单"插入"|"块"命令,打开如图 4 – 6 所示"插入"对话框,进行插入。

【实训六】新建一个图形文件并在该文件的绘图区域插入【实训五】中定义的属性块。

操作步骤:

(1) 选择菜单"文件"|"新建"命令,新建一个图形文件。

(2) 选择 "插入"|"块"命令,打开"插入"对话框(如图 4 – 6),单击"浏览"按钮

浏览(B)... ,选择【实训五】中创建的"E:\带属性的电阻. dwg"属性块并打开。

（3）"插入点"选项组选择"在屏幕上指定"复选框,其他设置按照默认值即可,单击"确定"按钮。

（4）在绘图窗口中适当位置鼠标左键单击,确定插入点的位置,并在命令行的"请输入电阻符号＜R＞:"提示下输入电阻符号"R",然后按 Enter 键即可,结果如图 4-15 所示。

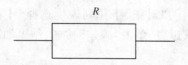

图 4-15 插入属性块后的效果图

（5）保存文件,选择菜单"文件"|"保存"命令,路径及文件名为"E:\插入属性块.dwg"。

3. 编辑块属性

当用户想要对已经创建的属性块进行修改时,可以打开"增强属性编辑器"对话框,从中更改属性特性及属性值。打开"增强属性编辑器"对话框的方式有三种:

（1）鼠标左键单击"修改Ⅱ"工具栏上的"编辑属性"按钮 ;

（2）选择菜单"修改"|"对象"|"属性"|"单个"命令;

（3）在命令行中输入"EATTEDIT"命令。

执行上述任一操作后,都会出现"选择块"的提示,用户选择带属性的块后就可打开如图 4-16 所示的"增强属性编辑器"对话框。

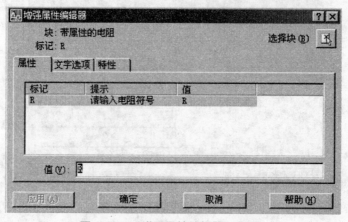

图 4-16 "增强属性编辑器"对话框

该对话框中各个选项组的含义如下:

（1）"属性"选项卡 显示了块中每个属性的标记、提示和值。选择某一属性后,在"值"文本框中对应显示出该属性的值,可以在此修改属性值。

（2）"文字选项"选项卡 如图 4-17 所示,用于修改属性文字的格式,如设置文字样式、对齐方式、高度和旋转角度等内容。

（3）"特性"选项卡 如图 4-18 所示,用于修改文字的图层,线宽、线型、颜色及打印样式等内容。

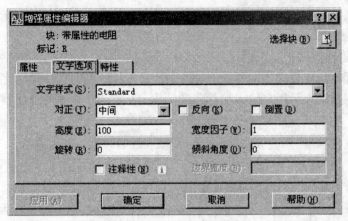

图 4-17 "文字选项"选项卡

图 4-18 "特性"选项卡

【实训七】使用"增强属性编辑器"修改【实训五】中创建的属性块。

操作步骤：

（1）选择菜单"文件"|"打开"命令,打开【实训五】对应的原始文件,即"E:\电阻. dwg"。

（2）单击"修改Ⅱ"工具栏上的"编辑属性"按钮 ▽ 或选择菜单"修改"|"对象"|"属性"|"单个"命令或在命令行中输入"EATTEDIT"命令,命令行提示选择块,选择文件中的属性块,将打开如图 4-16 所示的"增强属性编辑器"对话框。

（3）单击"属性"选项卡,将"值"对话框中的"R"改为"r"。

（4）单击"文字选项"选项卡,输入"倾斜角度"："15","宽度因子"："0.8",单击"应用"和"确定"按钮,结果如图 4-19 所示。

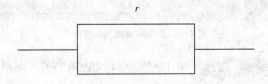

图 4-19 "编辑块属性"效果图

（5）保存文件,选择菜单"文件"|"另存为"命令,路径及文件名为"E:\编辑块属性.dwg"。

4. 块属性管理器

块属性管理器用来管理当前图形中块的属性定义,可以从块中编辑属性定义、删除属性及更改插入块时系统提示用户输入属性值的顺序等。打开"块属性管理器"对话框的方式有三种:

（1）鼠标左键单击"修改Ⅱ"工具栏上的"块属性管理器"按钮 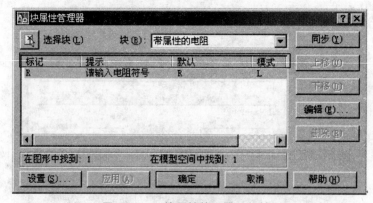；

（2）选择菜单"修改"|"对象"|"属性"|"块属性管理器"命令;

（3）在命令行中输入"BATTMAN"命令。

执行上述任一操作后,将打开如图4-20所示的"块属性管理器"对话框,可在其中管理块中的属性。

图4-20 "块属性管理器"对话框

该对话框中几个常用按钮的含义如下:

（1）"编辑"按钮 **编辑(E)...** 单击"编辑"按钮,将打开"编辑属性"对话框（如图4-21）,可以重新设置属性定义的构成、文字特性和图形特性等。

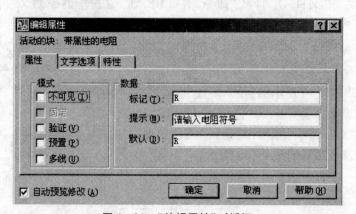

图4-21 "编辑属性"对话框

（2）"设置"按钮 **设置(S)...** 单击"设置"按钮,将打开"块属性设置"对话框（如图4-22）,该对话框中打勾的选项可以显示在"块属性管理器"对话框（如图4-20）中的属性名称一行当中。

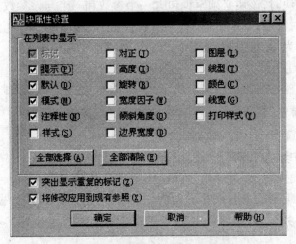

图 4－22 "块属性设置"对话框

【实训八】使用"块属性管理器"编辑【实训五】中创建的属性块。

操作步骤：

（1）选择菜单"文件"｜"打开"命令，打开【实训五】对应的原始文件，即"E:\电阻.dwg"。

（2）单击"修改Ⅱ"工具栏上的"块属性管理器"按钮 或者选择菜单"修改"｜"对象"｜"属性"｜"块属性管理器"命令或输入"BATTMAN"命令，打开如图4－20所示的"块属性管理器"对话框。

（3）单击"   编辑(E)…   "按钮，打开"编辑属性"对话框（图4－21）。"属性"选项卡，修改"默认"值："r"；"文字选项"选项卡，输入"高度"："50"，单击"确定"按钮。

（4）返回"块属性管理器"对话框，单击"应用"按钮，再单击"确定"按钮。此时再插入属性块，所有该属性块的参数将自动更新。

（5）保存文件，选择菜单"文件"｜"另存为"命令，路径及文件名为"E:\块属性管理器.dwg"。

任务三　动　态　块

使用块可以在绘图中轻易插入相同的图形组合，减少了很多重复的工作。但在日常使用块的过程中，有时插入块的形状是相似的，只是规格、尺寸方面有所差异。要是把每种形状类似而规格和尺寸不同的元件都创建成一个块，不但浪费存储空间，而且也耗时耗力。所以引入动态块，一切会变的相当简单。

1. 动态块特点

动态块具有灵活性和智能性，用户可以通过动态块自定义特性夹点方便地更改块参照中的几何元素，如移动、拉伸、阵列、缩放、旋转和翻转等。创建动态块的工具是块编辑器，它是动态块的专门编写区域。

块的动态元素由参数和动作组成。参数主要指点、线性、极轴、xy、旋转、对齐、可见性、查询和基点参数;动作主要指移动、缩放、拉伸、极轴拉伸、旋转、翻转、阵列和查询。

注意:设置动态块时,该块必须至少包含一个参数和一个与该参数相关联的动作。在每次定义参数和动作时都会出现相应的标签。标签是用于定义在块中添加的自定义特性名称,参数标签将显示为"特性"选项板中的"自定义"特性。

2. 动态块的创建

用户可以通过三种方式打开"编辑块定义"对话框,然后进入"块编辑器"界面。

(1) 鼠标左键单击"标准"工具栏上的"块编辑器"按钮 ;

(2) 选择菜单"工具"|"块编辑器"命令;

(3) 在命令行中输入"BEDIT"命令。

执行上述任一操作后,都会打开"编辑块定义"对话框如图4-23,在"要创建或编辑的块"文本框中输入要编辑的块名或在下方的列表框中选择要编辑的块,然后单击"确定"按钮,打开"块编辑器"界面,添加动态元素,使参数和动作关联起来。

图4-23 "编辑块定义"对话框

创建动态块的一般步骤如下:

(1) 进入"块编辑器"界面后,在"块编写选项板"任务窗格中切换到"参数"选项卡,选择相应参数,定义调节位置或范围,以及参数标志放置的位置。

(2) 修改参数属性。在"特性"窗格的"值集"组合框中的"距离类型"或"角度类型"下拉列表中选择相应选项,进行设置。

(3) 切换到"动作"选项卡,为刚定义的参数关联动作。单击相应的动作按钮,选择刚定义的参数,再选择动作对象,最后定义动作标志的放置位置。

(4) 保存动态块。单击"保存定义块"按钮 ,然后单击"**关闭块编辑器 (C)**"按钮退出动态块编辑界面。

(5) 在图形中插入定义好的动态块,测试一下动作是否正确。

【实训九】创建动态块的翻转、旋转和拉伸等动作。

操作步骤:

(1) 绘制如图4-24所示的图形,并将该图形创建成内部块,块名为"螺钉"。

图 4 – 24　内部块"螺钉"

（2）单击"标准"工具栏中的"块编辑器"按钮 📝，打开"编辑块定义"对话框（如图 4 – 23），在"要创建或编辑的块"下的列表框中选择刚创建的块"螺钉"，然后单击"确定"按钮，系统进入"块编辑器"界面（如图 4 – 25）。

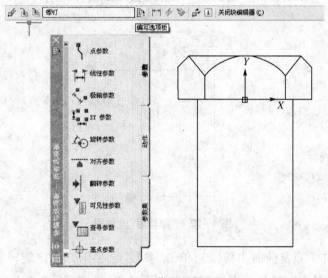

图 4 – 25　"块编辑器"界面

（3）翻转动作。在"块编写选项板"中选择"参数"选项卡，单击"翻转参数"按钮 ➡️，命令行中提示"指定投影线的基点"，单击图形"螺钉"的左下角点，接着提示"指定投影线的端点"，在垂直方向的直线上任意一点单击，确定好翻转中心线，接着命令行提示"指定标签位置"，在翻转中心线附近单击一点放置标签如图 4 – 26 所示。

（4）切换到"动作"选项卡，单击"翻转动作"按钮 ⚡，此时系统提示"选择参数"，选中翻转中心线，接着系统提示"选择对象"，选中整个图形，然后将鼠标移动到适当位置，单击鼠标右键结束选择，并在该位置放置翻转动作标志 ⚡翻转。

（5）单击块编辑器左上角的"保存定义块"按钮 📥，然后单击" 关闭块编辑器 (C) "按钮，返回到绘图区，此时创建好了会翻转的动态块，选择该块，令块处于夹点编辑状态，会看到蓝色箭头的翻转夹点图标 ⬅️。单击此箭头，查看翻转效果如图 4 – 27 所示。

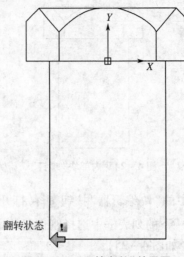

图 4 – 26   "翻转参数"效果图

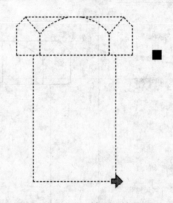

图 4 – 27   "翻转后"效果图

（6）旋转动作。重复前面步骤（2），单击"参数"选项卡,单击"旋转参数"按钮，命令行中提示"指定基点",选择图形"螺钉"的左下角点;接着提示"指定参数半径",选择图形的右下角点;接着提示"指定默认旋转角度",在命令行中输入"0",结果如图 4 – 28 所示。

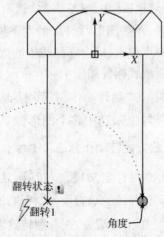

图 4 – 28   "旋转参数"效果图

（7）选中旋转参数，单击鼠标右键，弹出快捷菜单，选择"特性"选项。在"特性"面板中的"值集"选框中单击"角度类型"选项，在后面的下拉列表中选择"列表"选项。然后单击"值集"中的"角度值列表"选项，此时会激活浏览按钮 ⬚（如图 4 - 29），单击此按钮，系统弹出"添加角度值"对话框，在"要添加的角度"文本框中输入"30"，然后单击"添加"按钮，如此依次添加角度值"45"，"60"（如图 4 - 30），最后单击"确定"按钮，关闭"特性"面板。

图 4 - 29 "特性"面板

图 4 - 30 "添加角度值"对话框

（8）切换到"动作"选项卡，单击"旋转动作"按钮 🖱，此时系统提示"选择参数"，单击选择旋转参数，接着系统提示"选择对象"，选中整个图形，然后将鼠标移动到适当位置，单击鼠标右键结束选择，并在该位置放置旋转动作标志 ⚡翻转。

（9）单击块编辑器左上角的"保存定义块"按钮 📥，然后单击" 关闭块编辑器 (C) "按钮，返回到绘图区，选择该图形，单击旋转图标 ●，结果如图 4 - 31 所示。

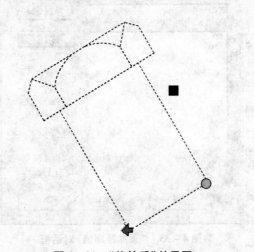

图 4 - 31 "旋转后"效果图

（10）拉伸动作。重复前面步骤（2），单击"参数"选项卡，单击"线性参数"按钮 ⯬，命令行提示"指定起点"，选择图形底边的中点；接着提示"指定端点"，垂直向下拖动到任意位置后鼠标左键单击，然后提示"指定标签位置"，在附近单击一点放置标签，结果如图4-32所示。

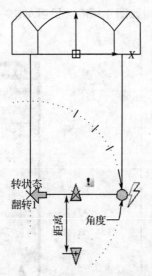

图4-32　"线性参数"效果图

（11）选中线性参数，单击鼠标右键，弹出快捷菜单，选择"特性"选项。在"特性"面板中的"值集"栏中选择"距离类型"为"列表"，然后单击"值集"中的"距离值列表"选项，此时会激活浏览按钮，单击此按钮 ⬚，系统弹出"添加距离值"对话框，在"要添加的距离"文本框中输入"50"，然后单击"添加"按钮，如此依次添加距离值"150"，"200"（如图4-33），最后单击"确定"按钮，关闭"特性"面板。

图4-33　"添加距离值"对话框

（12）切换到"动作"选项卡，单击"拉伸动作"按钮 ⬚，此时系统提示"选择参数"，鼠标左键单击选择与此动作配合的线性参数,接着系统提示"指定要与动作关联的参数点",选择该参数上任意一箭头;然后系统提示"指定拉伸框架的第一角点"和"指定对角点"确定拉伸框架,即图4-34最外层的虚线矩形框,接着系统提示"选择对象",选择要拉伸的对象,即图4-34绿色的虚线矩形框,然后将鼠标移动到适当位置,单击鼠标右键结束选择,并在该位置放置拉伸动作标志⚡拉伸。

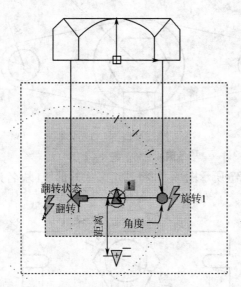

图4-34 选择拉伸对象

（13）单击块编辑器左上角的"保存定义块"按钮，然后单击"**关闭块编辑器(C)**"按钮,返回到绘图区,选择该图形,单击拉伸图标，结果如图4-35所示。

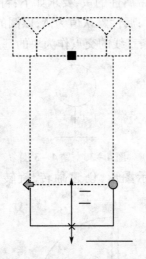

图4-35 "拉伸后"效果图

（14）保存文件"E:\动态块.dwg"。

实 战 演 练

4-1 绘制如图4-36所示图形,并将其定义成内部块(块名为 MyDrawing1),然后在图形中以不同的比例、旋转角度插入该块。

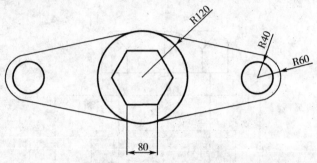

图4-36 题4-1图

4-2 绘制如图4-37所示图形,并将其定义成外部块(块名为 MyDrawing2)。

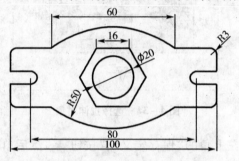

图4-37 题4-2图

4-3 绘制如图4-38所示带属性的块,要求如下:符号块的名称为 BASE;属性标记为A;属性提示为"请输入基准符号";属性默认值为 A;以圆的圆心作为属性插入点;属性文字对齐方式采用"中间";并且以两条直线的交点作为块的基点。

图4-38 题4-3图

4-4 绘制如图4-39所示图形,创建翻转、旋转、拉伸等动作的动态块(块名为"门")。

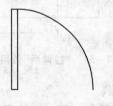

图4-39 题4-4图

项目五　文本标注与表格

任务一　创建文本标注

文字对象是 AutoCAD 图形中很重要的图形元素,是工程制图中不可缺少的组成元素。在一个完整的图样中,通常都包含一些文字注释来标注图样中的一些非图形信息。例如,工程制图中的技术要求、材料说明、施工要求等。

(一)设置文字样式

文字样式的设置包括文字的"字体"、"大小"、"效果"等参数,文字的这些属性都可以通过"文字样式"对话框来进行设置,如图5-1所示。

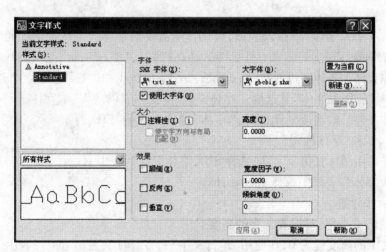

图5-1　"文字样式"对话框

打开"文字样式"对话框的方法有以下三种:

(1) 选择菜单"格式"|"文字样式"命令;

(2) 用鼠标左键单击"样式"工具栏里面的图标 ;

(3) 在命令行中输入"STYLE"或"ST"命令。

1. 文字样式管理

(1) 新建文字样式

"样式名"列表框中列出当前可以使用的文字样式,默认文字样式为 Standard。当新建文字样式时,单击对话框中 新建(N)... 按钮打开"新建文字样式"对话框(如图5-2)。在"样式名"文本框中输入新建文字样式名称后,单击"确定"按钮可以创建新的文字样式。新建文字样式名称将显示在"样式名"列表框中。在样式名称上点鼠标右键可以对其进行重命名。

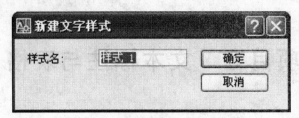

图5－2 "新建文字样式"对话框

（2）设置当前文字样式

当出现多个文字样式时，若需要指定某一样式为当前样式，在"样式名"列表框中选中指定样式名称，点鼠标右键选择"置为当前"或者单击对话框中 置为当前(C) 按钮，可将其设置为当前文字样式。

（3）删除文字样式

在"样式名"列表框中选择不使用的样式，点鼠标右键选择"删除"或者单击对话框中 删除(D) 按钮，可将其删除。要注意的是：当前文字样式和默认的文字样式 Standard 不能被删除。

2．文字字体设置

（1）单击"SHX 字体"下拉列表框，可选择所需要的字体。系统提供了符合标注要求的字体文件：gbenor. shx，gbeitc. shx 和 gbcbig. shx 文件。其中，gbenor. shx 和 gbeitc. shx 文件分别用于标注直体和斜体字母或数字，gbcbig. shx 则用于标注中文。

（2）选中"使用大字体"复选框，"字体样式"下拉列表框变为"大字体"下拉列表框，用于选择大字体文件。取消该复选框时，"字体"选项区中的"SHX 字体"和"大字体"名称将会变成"字体名"和"字体样式"。

国家标准采用国标长仿宋字体，选择 SHX 字体下拉列表中 gbeitc. shx，勾选"使用大字体"复选框，大字体列表框中选择 gbcbig. shx。

3．文字大小设置

（1）"高度"文本框：可设置文字的高度。

如果将文字的高度设为 0，在使用"单行文字"命令标注文字时，命令行将出现"指定高度："的提示，要求指定标注文字的高度。如果在"高度"文本框中输入了文字高度，系统将按此高度标注文字，不会再出现指定高度的提示。

文字的高度一般以 3.5 mm 为宜。

（2）"注释性"复选框：勾选复选框后，"高度"文本框变为"图纸文字高度"文本框，勾选"使文本方向与布局匹配"复选框可让应用这种样式的字体能使用注释比例。注释性对象是 AutoCAD 2008 的新增内容，它们将自动化在视口中以各种比例缩放某些类型对象的过程。可以为文字、标注、引线、图案填充、块和块属性创建注释性对象。

4．文字效果设置

（1）"宽度因子"文本框：用于设置字符的宽度和高度之比，当"宽度因子"值为 1 时，将按系统定义的高宽比书写文字。宽度因子一般设定为 0.7。

（2）"倾斜角度"文本框：用于设置文字的倾斜角度，角度为正值时向右倾斜；角度为负值时向左倾斜。

（3）"颠倒"复选框：用于设置文字颠倒显示。

（4）"反向"复选框：用于设置文字反向显示。

（5）"垂直"复选框：用于设置文字垂直显示，但是垂直效果对汉字字体无效。

（6）"倾斜角度"文本框：用于设置字符的倾斜角度，默认倾斜角度为0度。

（7）"预览"区：用于显示对以上设置的字体样式的效果。

（8）"应用"按钮：将新建或修改的效果应用到选中的文字样式中。

【实训一】建立新文字样式，样式名为"Mystyle"，字体设置为仿宋体 GB_2312，高度为
3.5 mm，宽度因子为0.7，倾斜角度为15°。

操作步骤：

（1）菜单"格式"|"文字样式"命令，或在命令行中输入"style"。

（2）单击 新建(N)... 按钮打开"新建文字样式"对话框（如图5-3），输入 Mystyle，点击
确定。

图5-3　"新建文字样式"对话框

（3）在文字样式对话框中，按图5-4进行设置。

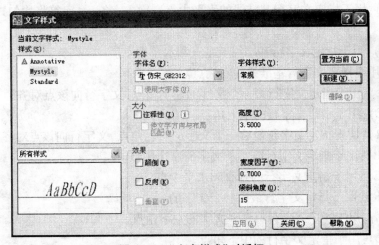

图5-4　"文字样式"对话框

（4）设置完成后，关闭对话框，文字样式建立并作为当前文字样式。

注意：本任务练习的是设置文字样式，如果需要保存该文字样式用于其他的 CAD 文件
使用，可以在打开其他 CAD 文件后，通过设计中心找到该文字样式，拖入文件绘图界面，该
文字样式即可使用。

（二）单行文本标注

1. 单行文字输入

（1）命令执行方式有以下三种：

① 用鼠标左键单击"文字"工具栏里面的图标 **A|** ；

② 选择菜单"绘图"|"文字"|"单行文字"命令；

③ 在命令行中输入"DTEXT"或"DT"命令。

命令提示过程如下：

命令：DTEXT

当前文字样式："Standard"文字高度：2.5000 注释性：否

指定文字的起点或[对正(J)/样式(S)]：//输入文字起点或选项

指定高度<2.5000>：//输入文字高度

指定文字的旋转角度：//输入文字旋转角度

（2）设置对正方式

创建文字时，可以使其水平对齐，默认设置为左对齐。因此要左对齐文字，不必输入对齐选项。否则可在"指定文字的起点或[对正(J)/样式(S)]："提示信息后输入J，设置文字的排列方式。此时命令行显示如下提示信息：

输入对正选项[对齐(A)/调整(F)/中心(C)/中间(M)/右(R)/左上(TL)/中上(TC)/右上(TR)/左中(ML)/正中(MC)/右中(MR)/左下(BL)/中下(BC)/右下(BR)]：//输入文字对齐方式

对齐(A)：用于指定文字底线的起点和终点。

调整(F)：用于确定文字行的起点和终点。在高度不变的情况下，调整文字的宽度，使其始终分布在两点之间。

中心(C)：用于指定文字行基准线的水平中点。输入字符后，字符将均匀地分布在该中点的两侧。

中间(M)：用于指定文字行基准线上垂直和水平中点。

右(R)：用于指定文字行基准线的右端点。

左上(TL)：用于指定文字行第一个文字的左上角点，文字行向该点对齐。

中上(TC)：用于指定文字行的中上角点。

右上(TR)：用于指定文字行最后一个文字的右上角点，文字行向该点对齐。

左中(ML)：用于指定文字行第一个文字的左边中点。

正中(MC)：用于指定文字行的垂直和水平中点。

右中(MR)：用于指定文字行最后一个文字的右边中点。

左下(BL)：用于指定文字行第一个文字的左下角点。

中下(BC)：用于指定文字行的中下角点。

右下(BR)：用于指定文字行最后一个文字的右下角点。

（3）设置当前文字样式

在"指定文字的起点或[对正(J)/样式(S)]："提示下输入S，可以设置当前使用的文字样式。选择该选项时，命令行显示如下提示信息：

输入样式名或[?]<Standard>：// 输入文字样式的名称或?

如果输入"?"，在"AutoCAD 文本窗口"中显示当前图形中已有的文字样式。

（4）文字控制符

在绘图时，常常需要输入一些特殊的字符，例如标注直径、角度、正负号等符号，或是文字添加下画线等。这些特殊字符不能从键盘上直接输入，AutoCAD 提供了相应的控制符，以满足输入特殊字符的要求。常见的控制码及其对应的特殊字符如下：

%%C:用于生成直径符号"φ"。

%%D:用于生成角度符号"°"。

%%O:用于打开或关闭文字的上画线。

%%U:用于打开或关闭文字的下画线。

%%P:用于生成正负符号"±"。

2．编辑单行文字

单行文字可进行单独编辑。编辑单行文字包括编辑文字的内容、对正方式及缩放比例，如图 5 – 5 所示。

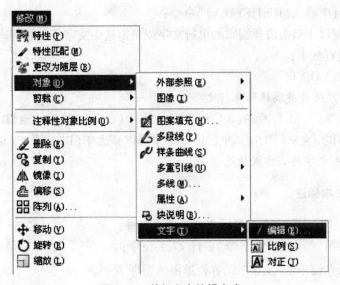

图 5 – 5　单行文字编辑方式

（1）"文字内容编辑"的激活方法有以下三种：

① 选择菜单"修改"|"对象"|"文字"|"编辑"子菜单项；

② 用鼠标左键单击"文字"工具栏里面的图标 🅰️ ；

③ 在命令行中输入"DDEDIT"命令。

命令提示过程如下：

命令:DDEDIT

选择注释对象或［放弃(U)］: // 选择待编辑的单行文字,进入文字编辑状态,可以重新输入文本内容

（2）"文字缩放比例编辑"的激活方法有以下三种：

① 选择菜单"修改"|"对象"|"文字"|"比例"子菜单项；

② 用鼠标左键单击"文字"工具栏里面的图标🅰️；

③ 在命令行中输入"SCALETEXT"命令。

命令提示过程如下：

命令:SCALETEXT

选择对象: // 选择待编辑的单行文字

输入缩放的基点选项

[现有(E)/左(L)/中心(C)/中间(M)/右(R)/左上(TL)/中上(TC)/右上(TR)/左中(ML)/正中(MC)/右中(MR)/左下(BL)/中下(BC)/右下(BR)]＜中上＞：//输入缩放的基点选项

指定新模型高度或[图纸高度(P)/匹配对象(M)/比例因子(S)]＜2.5＞：//输入模型高度或选项

（3）"文字对正方式编辑"的激活方法有以下四种：

① 选择菜单"修改"|"对象"|"文字"|"对正"子菜单项；

② 用鼠标左键单击"文字"工具栏里面的图标 **A**；

③ 在命令行中输入"JUSTIFYTEXT"命令；

④ 在绘图窗口中双击需要编辑的单行文字或单击选中文字后点右键选择"编辑"。

命令提示过程如下：

命令：JUSTIFYTEXT

选择对象：//选择待编辑的单行文字

输入对正选项[左(L)/对齐(A)/调整(F)/中心(C)/中间(M)/右(R)/左上(TL)/中上(TC)/右上(TR)/左中(ML)/正中(MC)/右中(MR)/左下(BL)/中下(BC)/右下(BR)]＜中上＞：//输入文字对正方式的选项

（三）多行文本标注

1. "多行文字输入"命令的激活方式有以下三种：

（1）选择菜单"绘图"|"文字"|"多行文字"命令；

（2）用鼠标左键单击"文字"工具栏里面的图标 **A**；

（3）在命令行中输入"MTEXT"或"MT"命令。

命令提示过程如下：

命令：MTEXT

MTEXT 当前文字样式："Standard" 文字高度：2.5 注释性：否

指定第一角点：//输入文字范围第一角点

指定对角点或[高度(H)/对正(J)/行距(L)/旋转(R)/样式(S)/宽度(W)/栏(C)]：// 输入文字范围对角点或选项

注意：对角点指定后，将出现多行文字编辑对话框。命令中各选项意义如下：

① 指定对角点　为默认项，确定另一角点后，AutoCAD 将以两个点为对角点形成的矩形区域的宽度作为文本范围；

② 高度(H)　指定多行文字的字符高度；

③ 对正(J)　指定文字的对齐方式，以及段落的书写方向；

④ 行距(L)　指定多行文字间的间距；

⑤ 旋转(R)　指定文字边框的旋转角度；

⑥ 样式(S)　指定多行文字对象的文字样式；

⑦ 宽度(W)　指定多行文字对象宽度。

2. 多行文字编辑对话框

（1）文字格式工具栏

"文字格式"对话框上方为工具栏，如图 5 - 6 所示。使用其工具栏，可以设置文字样式、文字字体、文字高度、加粗、倾斜或加下画线效果。

图 5 - 6　多行文字格式工具栏

"文字样式"下拉列表框：用于设置创建多行文字的文字样式。

"字体"下拉列表框：用于设置文字的字体。

"高度"下拉列表框：用于设置文字的高度。

B 按钮：用于将多行文字设置为粗体。

I 按钮：用于将多行文字设置为斜体。

U 按钮：用于给多行文字加下画线。

按钮：取消上一次的操作。

按钮：恢复上一次的操作。

按钮："堆叠/非堆叠"按钮，可以创建堆叠文字（例如分数的输入：使用时，分别输入分子和分母，其间使用"/"分隔，选择这一部分文字，单击"堆叠/非堆叠"按钮）。堆叠文字分隔符有"/"、"#"或"^"，分别作为垂直堆叠（水平线分割）、对角线堆叠（对角线分割）和公差堆叠（不使用直线分割，常用于标注公差）的分隔符号。

■ 颜色下拉列表框：用于设置文字的颜色。

按钮：用于分栏设置。

、、 按钮：用于设置文字的水平对齐方式。分别为"左对齐"、"居中对齐"和"右对齐"。

按钮：用于多行文字对正。

按钮：用于段落设置，从中设置缩进和制表位位置，设置段落对齐方式、段落间距、段落行距。

按钮：用于行距设置。

按钮：可使用字母或数字作为段落文字的项目符号。

按钮：可打开字段对话框，选择需要插入的字段。

@ 按钮：用于特殊符号输入，例如度数、直径等符号。

0/ 0.0000 ：用于设置倾斜角度。

1.0000 ：用于设置宽度因子。

（2）文字输入窗口及标尺

文字输入窗口上方为标尺，如图5-7所示。在文字输入窗口的标尺上右击，从弹出的标尺快捷菜单中可进行段落设置、设置多行文字宽度、设置多行文字高度。文字输入窗口可进行文字输入。

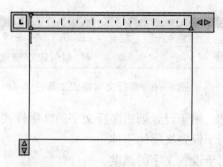

图5-7　多行文字输入窗口和标尺

（四）多行文本编辑

激活"多行文本编辑"命令有以下四种方法：

（1）选择菜单"修改"｜"对象"｜"文字"｜"编辑"子菜单；

（2）用鼠标左键单击"文字"工具栏里面的图标 **A**；

（3）在命令行中输入"DDEDIT"命令；

（4）在绘图窗口中双击需要编辑的多行文字或单击选中文字后点右键选择"编辑"。

注意：在绘图窗口中单击需要编辑的文字，打开"文字格式"对话框进入文字编辑状态，可以重新输入文本内容或者修改文本格式。

【实训二】利用"多行文字"命令创建图5-8中的文字内容。文字样式要求为：SHX字体使用国标工程字体gbenor. shx；大字体使用国标工程汉字字体gbcbig. shx；文字高度为3.5 mm；宽度因子为1；倾斜角度为0°。

AutoCAD文字练习；

AutoCAD文字练习；

120°；

123.4±0.01；

Ø56.78；

图5-8　文字内容

操作步骤：

（1）根据题目要求设置"文字样式"对话框中的参数，如图5-9所示。

（2）激活"多行文字"命令，打开文本输入窗口（如图5-7）和"文字格式"工具栏（如图5-6），然后在文本输入窗口输入题目中要求输入的文字内容。上画线和下画线可以分别单击"文字格式"工具栏中的 **U**、**O** 按钮进行输入，正负号、度数和直径可以单击"文字格式"工具栏中的符号 **@▾** 按钮进行输入。

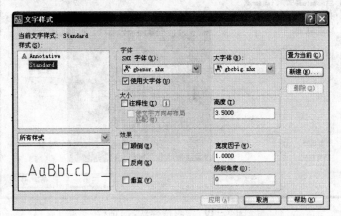

图5-9 "文字样式"对话框中的参数设置

注意:[实训二]中的文字内容也可以使用"单行文字"命令来进行输入,特殊符号利用相应的文字控制符来完成即可。

任务二 创建表格对象

(一)设置表格样式

表格功能是在 AutoCAD 2006 版本中才开始推出的,表格功能的出现很好地满足了实际工程制图的需要。如果没有表格功能,使用文字功能和直线来绘图无疑是很繁琐的。在 AutoCAD 2008 中,表格功能得到了很大的完善和加强,本任务将对表格进行详细地讲解。

1. 表格样式对话框

表格一般包括标题行(标题)、列标题行(表头)和数据行(数据)三部分。一般情况下,绘制表格前,应先在"表格样式"对话框(如图5-10)中设置表格样式。

打开"表格样式"对话框的方法有以下三种:

(1) 选择菜单"格式"|"表格样式"命令;

(2) 用鼠标左键单击"样式"工具栏里面的图标;

(3) 在命令行中输入"tablestyle"或"ts"命令。

2. 表格样式管理

图5-10"表格样式"对话框中的"样式名"列表框中会列出当前图形所包含的表格样式,默认表格样式为 Standard,在预览窗口中显示了选中表格的样式。当新建表格样式时,单击对话框中 **新建(N)...** 按钮打开"新建表格样式"对话框(如图5-11),输入样式名。

(1) 设置当前表格样式

当出现多个表格样式时,若需要指定某一样式为当前样式,在"样式名"列表框中选中指定样式名称,点鼠标右键选择"置为当前"或者单击对话框中 **置为当前(C)** 按钮,可将其设置为当前表格样式。

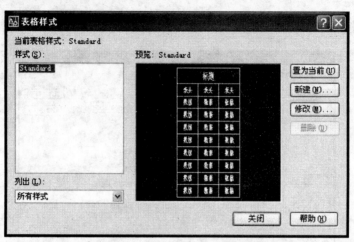

图 5 - 10 "表格样式"对话框

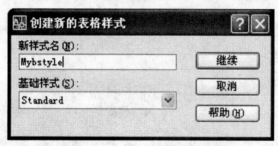

图 5 - 11 "新建表格样式"对话框

（2）删除表格样式

在"样式名"列表框中选择不使用的样式,点击鼠标右键选择"删除"选项,或者单击对话框中 **删除(D)** 按钮,可将其删除。要注意的是:当前表格样式和默认的表格样式 Standard 不能被删除。

（3）新建表格样式

基础样式:指定新表格样式基于现有的表格样式。

在"新样式名"文本框中输入新建表格样式的名称,选择"基础样式",单击"继续"按钮,然后将弹出"新建表格样式"对话框,如图 5 - 12 所示。

1）"起始表格"选项区

① 单击"选择起始表格"按钮,在图形中选定一个表格用作样例来设置表格格式。

② 使用"删除表格"图标,可以将引入的该表格格式从当前表格样式中删除。

2）"基本"选项区

"表格方向"下拉列表框:选择"向下"创建由上而下读取的表格,标题行(标题)和列标题行(表头)位于表格的顶部。"向上"则创建由下而上读取的表格,标题行(标题)和列标题行(表头)位于表格的底部。

3）"单元样式"选项区

在"单元样式"下拉列表中(如图 5 - 13)可以选择单元样式的类型,用来创建或修改组成表格的单元样式。

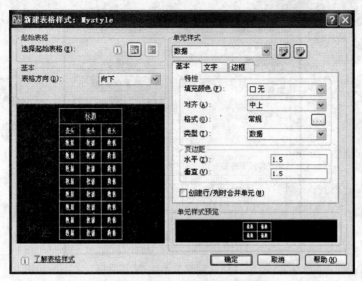

图 5 – 12　"新建表格样式"对话框

图 5 – 13　"单元样式"下拉列表

① 创建新单元样式

下拉列表中选择"创建新单元样式"或单击右侧的"创建新单元样式"按钮 🖉，用于创建新的单元样式。输入新单元样式的名称，选择"基础样式"，单击"继续"按钮，返回"新建表格样式"对话框（如图 5 – 14）。

图 5 – 14　"创建新单元样式"对话框

② 管理单元样式

下拉列表中选择"管理单元样式"或单击右侧的"管理单元样式"按钮 🖉，弹出"管理单元样式"对话框（如图 5 – 15），可以新建、重命名和删除样式，注意的是标题、表头、数据单元样式不能删除。

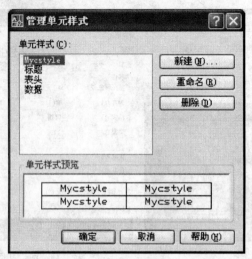

图5-15 "管理单元样式"对话框

③"基本"选项卡(如图5-16)

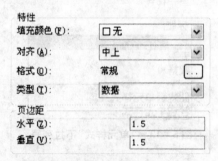

图5-16 "基本选项卡"对话框

"基本选项卡"对话框中的各个选项的含义如下:

(a) 填充颜色　指定单元的背景色。

(b) 对齐　设置表格单元中文字的对齐方式。

(c) 格式　为表格中的"标题"、"表头"、"数据"单元设置格式,默认为"常规"。单击右侧的选择按钮,将弹出"表格单元格式"对话框(如图5-17),可以进一步定义格式。

(d) 水平　设置单元中的文字与左右单元边界之间的距离。

(e) 垂直　设置单元中的文字与上下单元边界之间的距离。

(f) 创建行/列时合并单元　将使用当前单元样式创建的所有新行或新列合并为一个单元。可以使用此选项在表格的顶部创建标题行。

④"文字"选项卡(如图5-18)

"文字"选项卡中各个选项的含义如下:

(a) 文字样式　列出所有文字样式,单击右侧 ... 按钮,显示"文字样式"对话框,可以对文字样式进行修改。

(b) 文字高度　设置表格单元文字高度。

(c) 文字颜色　设置表格单元文字颜色。

（d）文字角度　设置表格单元文字角度。

图5-17　"表格单元格式"对话框

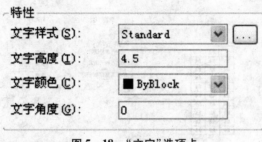

图5-18　"文字"选项卡

⑤ "边框"选项卡（如图5-19）

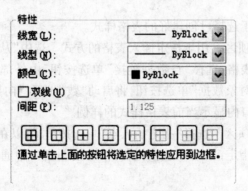

图5-19　"边框"选项卡

"边框"选项卡中各个选项的含义如下：

（a）边界按钮 ⊞ ⊟ ⊞ ⊟ ⊟ ⊟ ⊞ ⊞ 　通过点击边界按钮，可以将选定的特性应用到边框，控制单元边界的外观。

（b）线宽、线型、颜色　设置单元边界的线宽、线型和颜色，通过单击边界按钮，将设置应用于指定边界。

（c）双线　将表格边界显示为双线；间距：用于指定双线边界的间距。

（4）修改表格样式

单击"表格样式"对话框中的 修改(M)... 按钮,将弹出"修改表格样式"对话框,与"新建表格样式"对话框相同,可以表格样式进行修改。

（二）创建表格

1. 命令执行方式有以下三种:

（1）选择菜单"绘图"|"表格"命令;

（2）用鼠标左键单击"样式"工具栏里面的图标;

（3）在命令行中输入"table"命令。

2."插入表格"对话框

执行上述命令后,弹出"插入表格"对话框,如图5-20所示。

图 5-20 "插入表格"对话框

（1）表格样式 用于选择已创建好的表格样式。

（2）"插入选项"选项区 用于指定插入表格的方式。选中"从空表格开始"单选按钮,创建手动填充数据的空表格;选择"自数据链接"单选按钮,由外部电子表格中的数据创建表格;选择"自图形中的对象数据"单选按钮,将启动"数据提取"向导。

（3）预览窗口 窗口内显示当前表格样式的样例。

（4）"插入方式"选项区 选择"指定插入点"单选按钮,可以在绘图窗口中的某点插入固定大小的表格;选择"指定窗口"单选按钮,可以在绘图窗口中通过拖动表格边框来创建任意大小的表格。

（5）"列和行设置"选项区 通过设置列数、数据行数、列宽以及行高来确定表格的大小。

（6）设置单元样式 用于设置不包含起始表格的样式,指定该表格中行的单元格式。

（三）表格编辑

表格编辑包括编辑表格和编辑表格单元两个方面。

1. 编辑表格

（1）右键表格快捷菜单方式修改

单击表格的网格线,该表格即被选中,点击右键,弹出表格快捷菜单,如图 5-21 所示。可以对表格进行剪切、复制、删除、移动、缩放、旋转以及均匀调整表格的行、列大小等操作。选择"输出"命令,可以打开"输出数据"对话框,以. csv 格式输出表格中的数据。

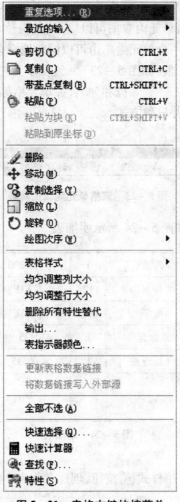

图 5-21 表格右键快捷菜单

(2) 利用夹点编辑表格

当选中表格后,在表格的四周、标题行上将显示许多夹点,可以通过拖动这些夹点来编辑表格。各夹点的编辑功能如图 5-22 所示。

图 5-22 表格编辑

（3）利用"特性"面板编辑表格

选定表格后，选择"修改"菜单→"特性"，在特性对话框中可对表格进行参数调整。

2．编辑表格单元

在表格单元内点击鼠标即可选中该单元，单元边框将显示夹点，点击夹点拖动可以调整单元格大小，按F2键或在表格单元内双击可以输入、编辑该单元的文字。在表格内单击并拖动鼠标或按住Shift键在另一个单元内单击可以同时选择多个单元。编辑单元选定后，表格上方弹出表格单元编辑工具条（如图5-23）。编辑单元选定后单击鼠标右键，使用右键快捷菜单上的选项可以进行插入、删除行和列、合并单元格等操作。单元格的合并可以按照全部合并、按行合并和按列合并三种方式。

图5-23　表格单元编辑工具条

【实训三】利用表格创建如图5-24所示明细表.

5	35.4	压盖	1	TH200			
4	GB6170-86	螺母 M10	12	A3F			
3	35.3	螺塞	2	A3F			
2	35.2	汽缸体	1	35			
1	35.1	汽缸透盖	1	ZG35			
序号	代号	名称	数量	材料	单件	总计	备注
					重量		

图5-24　明细表

操作步骤：

（1）单击样式工具栏中表格样式![按钮]按钮，创建名称为"标题栏"的表格样式，该表格样式以"Standard"样式为基础，参数设置如图5-25所示：对齐选择正中；水平、垂直页边距设置为0；文字高度设置为5；表格方向向上。线框选项区中设置线宽0.3，点击边框![按钮]按钮，设置周边粗实线。需要注意的是，设置表格样式时，需要逐一对所需要单元样式下面所对应的三个选项卡（即基本、文字和边框选项卡）中的参数进行设置。通常，用户会将系统默认的三个单元样式（标题、表头和数据）下的每个选项卡都进行一下需要的设置。

（2）单击绘图工具条中表格绘制![按钮]按钮，以"标题栏"表格样式为当前样式，绘制表格，如图5-26所示。列宽暂定8，后面再作调整。列数为8，数据行为7，要注意的是第一、二行分别作标题和表头行，表格生成后再进行删除（下一步骤中将进行该操作）。表格插入后先取消输入文字，待表格调整好后再输入。参数设置好以后，单击"确定"按钮，插入表格，如图5-27所示。

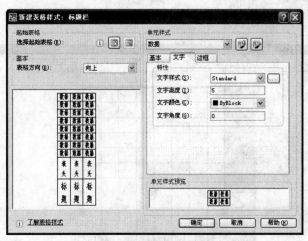

图 5 – 25 "标题栏表格样式"对话框

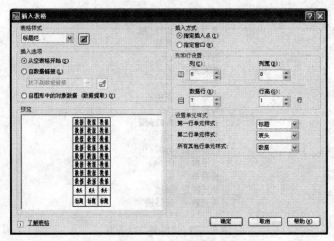

图 5 – 26 "插入表格"对话框

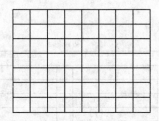

图 5 – 27 第一次插入表格后的结果

（3）鼠标拖动选择下方第一、二行，点击"删除行 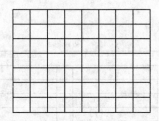"按钮，删除标题行和表头行，如图 5 – 28 所示。

（4）鼠标点击左下角第一行第 A 列单元格，选择菜单"修改"|"特性"，在"特性"对话框中（如图 5 – 29）修改单元格的宽度为 8，高度为 7。鼠标单击选择第一行第 B 列单元格，同样利用"特性"对话框调整宽度为 40，依次对第一行每个单元格进行宽度调整，第一行调整完后，鼠标单击选择第 A 列第 2 行单元格，利用"特性"对话框调整高度为 7，依次对第 A

列单元格进行高度调整,调整完后,结果如图5-30所示。

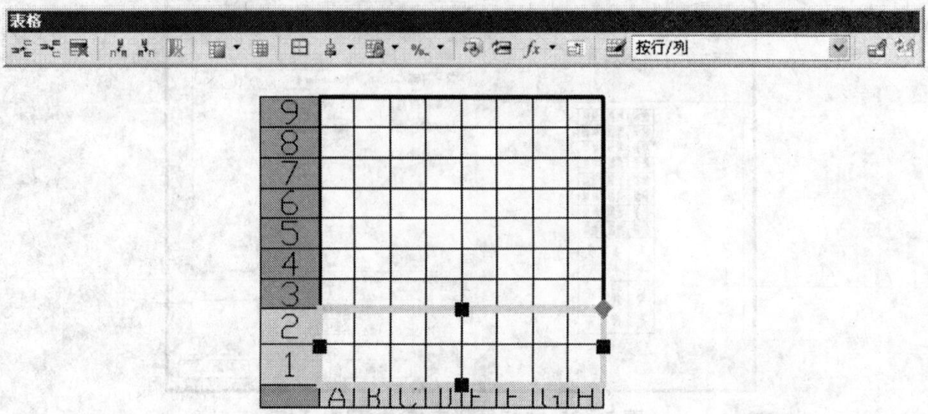

图5-28 删除第2步骤中多插入的两行表格

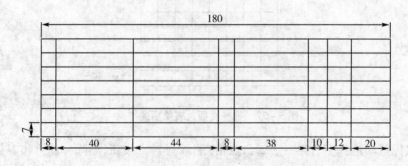

图5-29 "特性"对话框

(5) 合并相应的单元格:单击表格工具栏 ▦ ▾ 按钮,按行、列分别合并单元格。合并后结果如图5-31所示。

图5-30 调整单元格高度和宽度后的表格

(6) 在单元格内用鼠标左键双击,进行文字输入状态。汉字选择 txt,gbcbig 字体,数字与字母选择 Times New Roman 字体。

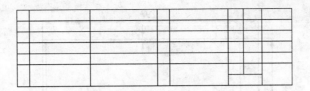

图 5 – 31　合并单元格

注意:调整表格单元大小时也可以利用夹点来拖动。例如调整宽度为 10 mm 单元格:点击单元格右侧列线夹点,命令行显示:

指定拉伸点或 [基点(B)/复制(C)/放弃(U)/退出(X)]:FROM

基点:(单击单元格左侧列线的夹点)

<偏移>:@10<0

【实训四】绘制留有装订边的 A4 图框以及标题栏,如图 5 – 32 所示(标题栏大图见 5 – 33),并且存为样板文件 A4. dwt(A4 图幅大小详见项目七中的表 7 – 1)。

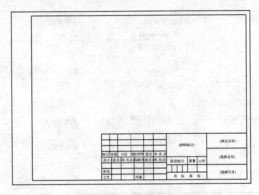

图 5 – 32　A4 图框

操作步骤:

(1) 绘制矩形,第一角点"0,0",对角点"@297,210";绘制矩形,第一角点"25,5",对角点"@267,200"。结果如图 5 – 34 所示。

(2) 设置文字样式,新建文字样式 HZ,设置如图 5 – 35。

(3) 修改表格样式为 Standard,基本选项区设置(如图 5 – 36):表格方向"向上";对齐"居中";水平,垂直设为0;文字选项区设置(如图 5 – 37):高度为3.5 mm。

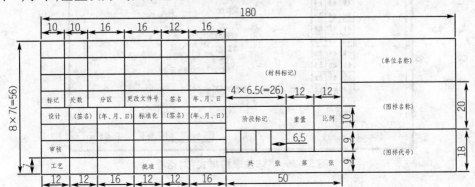

图 5 – 33　标题栏

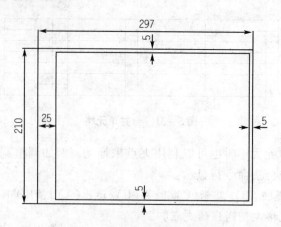

图 5 − 34　绘制留有边框的 A4 图幅

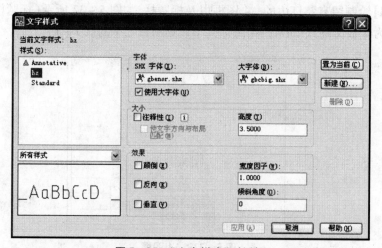

图 5 − 35　"文字样式"对话框

图 5 − 36　"修改表格样式"对话框

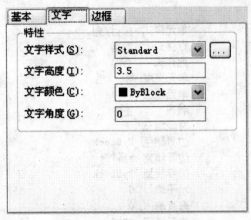

图5-37 文字选项区

(4) 由于标题栏里面表格线错动较多,标题栏使用4个表格进行制作。先插入第一个表格,插入表格对话框中设置列数为1,数据行数为3,列宽为50 mm,如图5-38。

(5) 插入表格后删除标题行和表头行。利用单元格特性(如图5-39)调整单元格的高度,表格调整好后移动表格至图框位置。

(6) 插入第二个表格,"插入表格"对话框设置列数为6,列宽为6.5,数据行数为4。插入表格后删除标题行和表头行。利用单元格特性调整第一行和第一列各单元格的高度和宽度,同时将相应的单元格进行合并。表格调整好后移动表格至图框位置。

(7) 插入第三个表格,"插入表格"对话框设置列数为6,列宽为12,数据行数为4。操作步骤与步骤(6)相同。结果如图5-40所示。

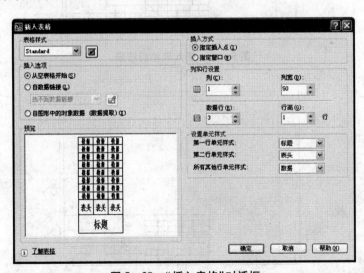

图5-38 "插入表格"对话框

(8) 插入第四个表格,插入表格对话框设置列数为6,列宽为10 mm,数据行数为4。

(9) 单击相应的单元表格,直接输入文字,结果如图5-41所示。

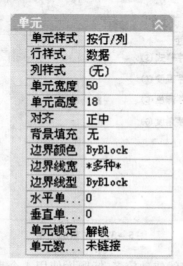

图 5 - 39　单元格特性调整宽度和高度

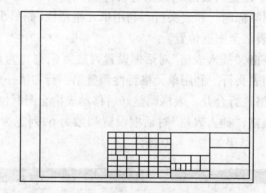

图 5 - 40　插入表格后结果

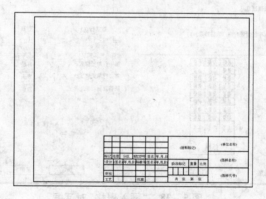

图 5 - 41　在表格中输入文字

实战演练

5－1　制作留有装订边的 A3. dwt 样板文件，并且在图纸的右下角添加图 5－42 所示的图衔。A3 图幅大小详见项目七中的表 7－1。

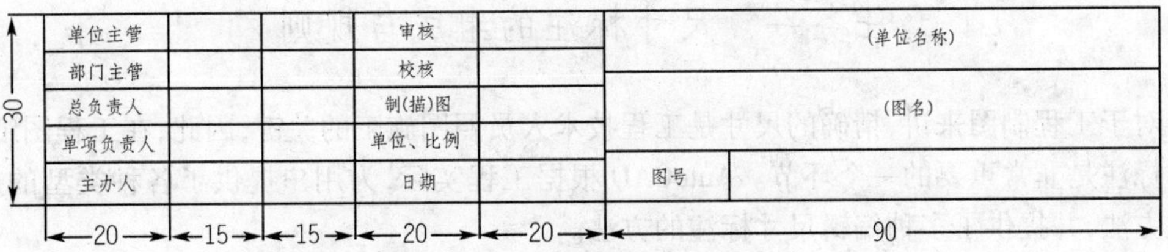
单位主管
部门主管
总负责人
单项负责人
主办人
审核
校核
制(描)图
单位、比例
日期
(单位名称)
(图名)
图号
30
20
15
15
20
20
90

图 5－42　题 5－1 图

5－2　利用表格功能，绘制图 5－43 所示标题栏。

15
25
25
30
15
30
7
7
22
制图
(签名)
(日期)
审核
(签名)
(日期)
(零 件 名 称)
(图 号)
(校名) 班
(材 料)
件
(比 例)

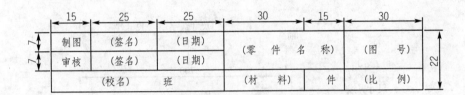

图 5－43　题 5－2 图

项目六　尺寸标注

任务一　尺寸标注的组成与规则

对于工程制图来讲,精确的尺寸是工程技术人员照图施工的关键,因此,在工程图纸中,尺寸标注是非常重要的一个环节。AutoCAD 根据工程实际,为用户提供了各种类型的尺寸标注方法,并提供了多种编辑尺寸标注的方法。

(一)尺寸标注的组成

如图 6-1 所示,一个完整的尺寸标注应由尺寸数字、尺寸线、尺寸界线和箭头符号四部分组成。

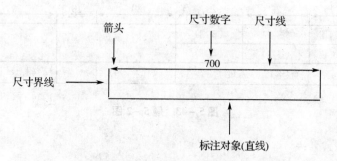

图 6-1　尺寸标注的组成

下面分别介绍各组成部分的含义:

(1)尺寸线　用于指示标注的方向和范围。默认状态下尺寸线位于两个尺寸界线之间,尺寸线的两端设有起止符号,并且尺寸数字要沿着尺寸线的方向书写。对于角度标注,尺寸线是一段圆弧。

(2)尺寸界线　是由测量点引出的延伸线,用于指示尺寸标注的范围。

(3)尺寸数字　用于指示标注对象的实际测量值,可以包含前缀、后缀和公差。

(4)箭头　也称终止符号,用于标出尺寸线和尺寸界线的交点。箭头可以采用多种形式,如斜线、圆点、空心箭头、实心箭头等。

(二)尺寸标注的规则

(1)物体的真实大小应以图样上所标注的尺寸数值为依据,与图形的大小及绘图的准确度无关。

(2)图样中的尺寸以毫米为单位时,不需要标注计量单位的名称或代号。如果采用其他单位时,则必须注明,如度、厘米等。

(3)图样中所标注的尺寸为该图样所表示的物体的最后完工尺寸,否则应另加说明。

(4)一般对象的每一尺寸只标注一次。

任务二　创建尺寸标注

（一）创建尺寸标注的一般步骤

（1）创建一个独立的图层，用于尺寸标注；

（2）创建一种文字样式，用于尺寸标注；

（3）设置标注样式；

（4）使用对象捕捉和标注等功能，对图形中的元素进行标注。

（二）设置尺寸标注样式

AutoCAD 提供了多种标注样式和多种设置标注样式的方法。可以指定所有图形对象和图形的测量值，可以测量垂直和水平距离、角度、直径和半径，创建一系列从公共基准线引出的尺寸线，或者采用连续标注。

如果开始绘制新的图形并选择公制单位，ISO—25（国际标准化组织）是缺省的标注样式。标注样式可通过菜单"标注→标注样式"（如图 6 - 2）和"格式→标注样式"进行创建和修改。

1. 创建标注样式

（1）在菜单栏"标注"中选择"标注样式"打开图 6 - 3 所示"标注样式管理器"对话框。

或者在命令栏内输入"DIMSTYLE"，即可打开"标注样式管理器"对话框。该对话框可以用来创建新样式，还可执行"修改""替代""比较"等样式管理。

图 6 - 2　标注菜单

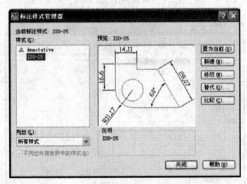

图 6 - 3　"标注样式管理器"对话框

（2）在"标注样式管理器"对话框（图 6 - 3）中选择"新建"打开"创建新标注样式"对话框（如图 6 - 4）。

图 6-4 "创建新标注样式"对话框

可在"创建新标注样式"对话框中输入新样式名。

(3) 选择要用作新样式的基础样式。如果没有创建新样式,将以 ISO—25 为基础创建样式。

(4) 指出要使用新样式的标注类型,缺省状态为"所有标注"。也可指定应用于其他特定标注类型的设置,如图 6-5 所示。例如,假定 ISO—25 样式的文字颜色是黑色的,但只想让半径标注中的文字颜色为蓝色。可以在"基础样式"下选择 ISO—25,在"用于"下选择"半径标注",设置文字颜色为"蓝色"。这样无论何时,当对半径进行标注使用 ISO—25 样式时,文字始终是蓝色的。但对其他标注类型,文字为黑色。

图 6-5 新样式的标注类型

(5) 选择"继续"打开图 6-6 所示"新建标注样式"对话框。

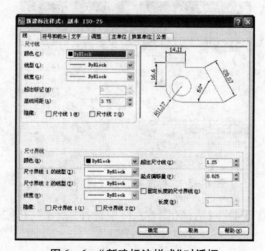

图 6-6 "新建标注样式"对话框

（6）在"新建标注样式"对话框中,可选择"线"、"符号和箭头"、"文字"、"调整"、"主单位"、"换算单位"和"公差"六种选项卡输入新样式的标注设置。

线:设置尺寸线、尺寸界线外观和作用。

符号和箭头:设置箭头、圆心标记、折断标注、弧长符号、半径折弯标注和线性折弯标注的外观和作用。

文字:设置标注文字的外观、位置、对齐和移动方式。

调整:设置控制 AutoCAD 放置尺寸线、尺寸界线和文字的选项,同时还定义全局标注比例。

主单位:设置线性和角度标注单位的格式和精度。

换算单位:设置换算单位的格式和精度。

公差:设置尺寸公差的值和精度(将安排后续章节进行具体介绍)。

（7）在"新建标注样式"对话框的选项卡中完成修改之后,选择"确定"按钮返回"标注样式管理器"。

（8）要使新建标注样式改为当前标注样式,应在样式列表区选中该样式后单击"置为当前"按钮。

2. 设置"线"选项卡

使用"新建标注样式"对话框中的"线"选项卡设置尺寸线、尺寸界线的格式,参见图6-6。该选项卡中各设置区的意义如下:

（1）"尺寸线"　可设置尺寸线的颜色、线型、线宽、超出标记、基线间距和尺寸线的隐藏尺寸控制。

① "颜色"、"线型"、"线宽"　用于设置尺寸线的颜色、线型和线宽。

② "超出标记"　用于控制在使用倾斜、建筑标记、积分箭头或无箭头时,尺寸线延长到尺寸界线外面的长度。

③ "基线间距"　控制使用基线尺寸标注时,两条尺寸线之间的距离。

④ "隐藏"右边的"尺寸线1"和"尺寸线2"框　用于控制尺寸线两个组成部分的可见性。尺寸线被标注文字分成两部分,即使标注文字未被放置在尺寸线内。AutoCAD 通过设置标注点的次序判断第一条和第二条尺寸线,对于角度标注,第二条尺寸线从第一条尺寸线按逆时针旋转。如果通过选择对象创建标注,AutoCAD 基于选定的几何图形判断第一条和第二条尺寸线。图6-7为隐藏一条尺寸线的标注情况。

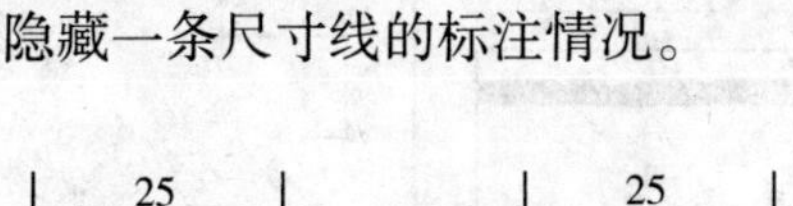

（a）　　　　　　　　　（b）

图6-7　设置隐藏尺寸线

（a）隐藏第一条尺寸界线;（b）隐藏第二条尺寸界线

（2）"尺寸界线"　可设置尺寸界线的颜色、线宽、超出尺寸线的长度和起点偏移量,控制是否隐藏尺寸界线。

① "颜色"、"线型"、"线宽"　用于设置尺寸界线的颜色、线型和线宽。

② "超出尺寸线"　用于控制尺寸界线越过尺寸线的距离。

③ "起点偏移量"　用于控制尺寸界线到定义点的距离,但定义点不会受到影响。

④"隐藏"右边的"尺寸界线1"和"尺寸界线2" 用于控制第一条和第二条尺寸界线的可见性,定义点不受影响,如图6-8所示。

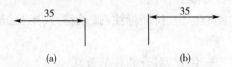

图6-8 设置隐藏尺寸界线

(a)隐藏第一条尺寸线;(b)隐藏第二条尺寸线

3.设置"符号和箭头"选项卡

图6-9为"符号和箭头"选项卡,可对其进行相应的设置。

(1)"箭头" 用于选择尺寸线和引线(对应引线标注)箭头的种类(如图6-10)及定义它们的尺寸大小。

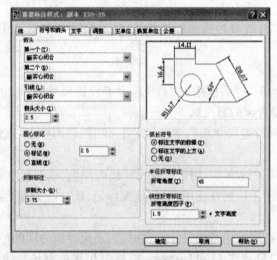

图6-9 "符号和箭头"选项卡

图6-10 箭头的种类

（2）"圆心标记" 用于控制圆心标记的类型和大小。缺省状态下,选择类型为"标记"时,只在圆心位置以短十字线标注圆心,该十字线的长度由"大小"编辑框设定;选择类型为"直线"时,表示标注圆心标记时标注线将延伸到圆外,其后的"大小"编辑框用于设置中间小十字标记和长标注线延伸到圆外的尺寸;选择类型为"无"时,将关闭中心标记。

（3）"折断标记"、"弧长符号"、"半径折弯标注"、"线性折弯标注" 设置折断大小、标注文字位置、折弯角度和折弯高度因子。

4. 设置"文字"选项卡

打开标注样式中的"文字"选项卡,如图6-11,可进行相关项目的设置。

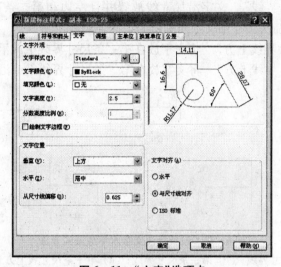

图6-11 "文字"选项卡

（1）"文字外观" 用于设置文字的样式、颜色、角度和分数高度比例,以及控制是否绘制文字边框。

"文字高度"可编辑当前标注文字的高度,"分数高度比例"用于设置标注分数和公差的文字高度,AutoCAD 把文字高度乘以该比例,用得到的值来设分数和公差的文字高度。

（2）"文字位置" 控制文字的垂直、水平位置以及距尺寸线的偏移。

① 垂直 该选项控制标注文字相对于尺寸线的垂直位置,包括"置中"、"上方"、"外部"、"JIS"（如图6-12）。

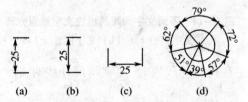

图6-12 设置标注文字垂直放置方法
（a）置中；（b）上方；（c）外部；（d）JIS

（a）"置中" 标注文字居中放置在尺寸界线间。

（b）"上方" 当标注文字与尺寸线平行时,在尺寸线的上方放置标注文字,所有设置均基于 X 和 Y 方向。

(c)"外部" 标注文字位于被标注对象的外部,不考虑其 X 和 Y 方向。

(d)"JIS" 标注文字的放置符合 JIS(日本工业标准)。即总是把标注文字放在尺寸线上方,而不考虑标注文字是否与尺寸线平行。

② 水平 该选项用于控制标注文字在尺寸线方向上相对于尺寸界线的水平位置,如图 6 – 13 所示。

(a)"置中" 标注文字沿尺寸线方向,在尺寸界线之间居中放置。

(b)"第一条尺寸界线" 文字沿尺寸线放置并且左边和第一条尺寸界线对齐。文字和尺寸界线的距离为箭头尺寸加文字间隔值的 2 倍。

(c)"第二条尺寸界线" 文字沿尺寸线放置并且左边和第二条尺寸界线对齐。文字和尺寸界线的距离为箭头尺寸加文字间隔值的 2 倍。

(d)"第一条尺寸界线上方" 将文字放在第一条尺寸界线上或沿第一条尺寸线放置。

(e)"第二条尺寸界线上方" 将文字放在第二条尺寸界线上或沿第二条尺寸线放置。

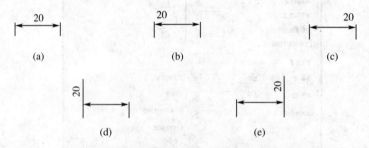

图 6 – 13　设置标注文字水平放置的方法
(a) 置中;(b) 第一条尺寸界线;(c) 第一条尺寸界线;(d) 第一条尺寸线上方;(e) 第二条尺寸线上方

③ 从尺寸线偏移 设置文字间距,即当尺寸线断开以容纳标注文字时标注文字周围的距离。如图 6 – 14 示例。

(3)"文字对齐" 控制文字水平或是与尺寸线平行。

① 水平 沿 X 轴水平放置文字,不考虑尺寸线的角度。

② 与尺寸线对齐 文字与尺寸线对齐。

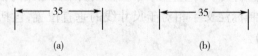

图 6 – 14　不同文字间距的标注文字放置方法
(a) 文字间距 = 0;(b) 文字间距 = 1.5

③ ISO 标准 当文字在尺寸界线内时,文字与尺寸线对齐。当文字在尺寸界线外时,文字水平排列。

5. 设置"调整"选项卡

在图 6 – 15 所示的"调整"选项卡中进行设置,可控制文字水平、箭头、引线和尺寸线的位置。

(1)调整选项 该选项根据尺寸界线之间的空间控制标注文字和箭头的放置,其缺省设置为"文字或箭头(最佳效果)"。当两条尺寸界线之间的距离足够大时,AutoCAD 总是把文字和箭头放在尺寸界线之间。否则,AutoCAD 按此处的选择移动文字或箭头,各单选按钮的意义如下:

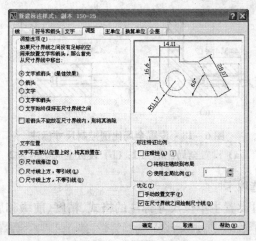

图 6 – 15 "调整"选项卡

① 箭头 选择后,可将标注箭头外置;

② 文字 选择后,可将标注文字外置;

③ 文字和箭头 选择后,可将标注箭头、文字全部外置;

④ 文字始终保持在尺寸界线之间 选择后,将文字始终放置在尺寸界线内;

⑤ 若不能放置在尺寸界线内,则消除箭头复选框;如果不能将箭头和文字放在尺寸界线内,则隐藏箭头(见图 6 – 16)。

(2) 文字位置 设置标注文字的位置。标注文字默认状态是位于尺寸线之间,当文字无法放置在缺省位置时,可通过此处选择设置标注文字的放置位置(示例结果如图 6 – 17)。

(3) 标注特征比例 设置全局标注比例或图纸空间比例(如图 6 – 18 示例)。

(4) 调整 设置其它调整选项。可在"标注时手动放置文字",或可以"始终在尺寸界线之间绘制尺寸线"。

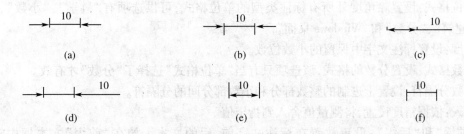

图 6 – 16 调整选项中的文字和箭头标注位置

(a) 最佳位置; (b) 箭头; (c) 文字; (d) 文字和箭头;

(e) 文字和箭头始终保持在尺寸界线之间; (f) 消除箭头

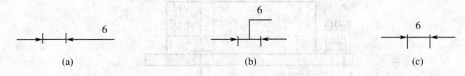

图 6 – 17 文字位置的调整

(a) 在尺寸线旁; (b) 尺寸线上方,加引线; (c) 尺寸线上方,不加引线

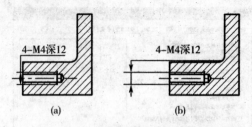

图 6 – 18　设置全局比例控制尺寸标注

（a）设置全局比例为 **1**；（b）设置全局比例为 **2**

6. 设置"主单位"选项卡

如图 6 – 19 所示,可设置主单位尺寸标注的格式、精度、前缀和后缀。

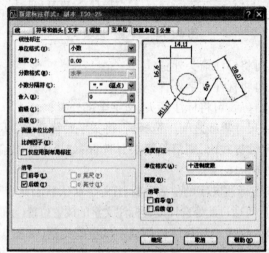

图 6 – 19　"主单位"选项卡

（1）线性标注　设置线性标注的格式和精度。

单位格式:设置除角度外所有标注类型的单位格式,可供选项有"科学"、"小数"、"工程"、"建筑"、"分数"和"Windows 桌面"。

精度:设置标注文字中保留的小数位数。

分数格式:设置分数的格式,该选项只有当"单位格式"选择了"分数"才有效。

小数分隔符:设置十进制的整数部分和小数部分间的分隔符。

舍入:依据精度设置,将测量值舍入到指定值。

"前缀"和"后缀":设置放置在标注文字前、后的文本。如在"前缀"文本框中输入"%%C",可输入"?";在"后缀"文本框中输入"%%D",可输入单位"°",示例如图 6 – 20。

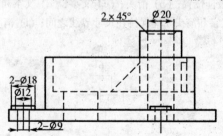

图 6 – 20　尺寸加前缀"?"和加后缀"°"

（2）测量单位比例　设置比例因子及控制该比例因子是否仅应用到布局标注。

（3）消零　控制前导和后续零、英尺和英寸里的零是否输出。

前导：如果选择该选项，系统不输出十进制尺寸的前导零。如 0.110 变成.110。

后续：如果选择该选项，系统不输出十进制尺寸的后续零。如 0.110 变成 0.11；32.000 变成 32。

0 英寸/英尺：对于建筑单位，可以选择隐藏 0 英尺和 0 英寸。如果隐藏 0 英尺，则 0'–8"将显示为 8"。如果隐藏 0 英寸，则 6'–0"将显示为 6'。

（4）角度标注　设置角度标注的格式（可参照"线性标注"）。

7. 设置"换算单位"选项卡

如图 6–21 选项卡中设置换算单位的格式和精度。

图 6–21　"换算单位"选项卡

（1）换算单位倍数　将主单位与输入的值相乘创建换算单位。

（2）位置　设置换算单位的位置，可以在主单位的后面或下方。

8. 设置"公差"选项卡

可以在图 6–22 选项卡中设置显示允许尺寸变化的范围。

（1）方式　设置公差类型。

（2）精度　设置公差值的小数位数。

（3）上偏差　设置偏差的上界以及界限的表示方式，AutoCAD 在对称公差中也使用此值。

（4）下偏差　设置偏差的下界以及界限的表示方式。

（5）高度比例　将公差文字高度设置为主测量文字高度的比例因子。

（6）垂直位置　设置对称和极限公差的垂直位置。

图 6 – 22   "公差"选项卡

【实训一】绘制图 6 – 23 所示零件图,并设置合适的标注样式,标注尺寸。

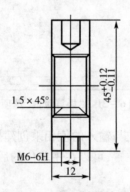

图 6 – 23   某机械零件图

操作步骤:

（1）按尺寸绘制图形,结果如图 6 – 24 所示。然后设置标注样式,其中基线间距为"3.75",尺寸界线中"超出尺寸线"后输入"1.25","起点偏移量"为"0","箭头"大小为"2","文字"高度为"2"。

（2）利用线性标注 ⊢（或 DIMLINEAR 命令）标注尺寸"12"和"M6 – 6H"。结果如图 6 – 25 所示。

步骤①   选择菜单"标注"|"线性"命令,或者在命令行内输入"DIMLINEAR",启用"线性标注"命令。命令提示过程如下:

命令:DIMLINEAR

指定第一条尺寸界线原点或 <选择对象>: //指定 A 点为第一条尺寸界线始点

指定第二条尺寸界线原点: //指定 B 点为第一条尺寸界线终点

指定尺寸线位置或

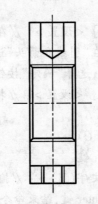

图6-24　按尺寸绘制图形

　　[多行文字(M)/文字(T)/角度(A)/水平(H)/垂直(V)/旋转(R)]：//指定C点定位尺寸标注位置

　　标注文字 =12

　　步骤② 选择菜单"标注"|"线性"命令，或者在命令行内输入"DIMLINEAR"，启用"线性标注"命令。还可在执行上次线性标注后，回车继续执行"线性标注"命令。命令提示过程如下：

　　命令：DIMLINEAR

　　指定第一条尺寸界线原点或 <选择对象>：//指定a点为第一条尺寸界线始点

　　指定第二条尺寸界线原点：//指定b点为第一条尺寸界线终点

　　指定尺寸线位置或

　　[多行文字(M)/文字(T)/角度(A)/水平(H)/垂直(V)/旋转(R)]：// 输入"T"选项

　　输入标注文字 <6>：//输入 M6-6H

　　指定尺寸线位置或

　　[多行文字(M)/文字(T)/角度(A)/水平(H)/垂直(V)/旋转(R)]：//指定c点定位尺寸标注位置

　　标注文字 =6

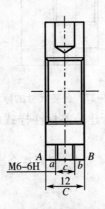

图6-25　标注线性尺寸"12"和"M6-6H"

　　(3) 利用引线标注倒角"1.5×45°"，结果如图6-26所示。在命令行内输入"QLEADER"命令，启用"快速引线标注"命令，命令提示过程如下：

命令：QLEADER

指定第一个引线点或［设置(S)］＜设置＞：//在弹出的"引线设置"对话框中"注释类型"选项卡中选择"多行文字"按钮；在"引线和箭头"选项卡中，将"箭头"设为"无"；"附着"选项卡中，勾选"最后一行加下画线"，选择"确定"按钮

指定第一个引线点或［设置(S)］＜设置＞：//指定引线起点 *A*

指定下一点：//指定引线第二点 *B*

指定下一点：//指定引线第三点 *C*

指定文字宽度 ＜0＞：//按 Enter 键

输入注释文字的第一行 ＜多行文字(M)＞：//输入 $1.5 \times 45°$

输入注释文字的下一行：//按 Enter 键，结束命令

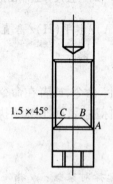

图 6 – 26　"快速引线标注"命令标注倒角

（4）进行公差尺寸的标注，结果如图 6 – 27 所示。

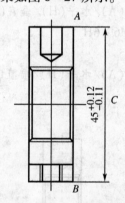

图 6 – 27　公差尺寸的标注

步骤①　对公差标注进行设置，新建公差标注样式（方法见图 6 – 3），然后进行参数设置，结果如图 6 – 22 所示。

步骤②　选择菜单"标注"|"线性"命令，或者在命令行内输入"DIMLINEAR"，启用"线性标注"命令。命令提示过程如下：

命令：DIMLINEAR

指定第一条尺寸界线原点或 ＜选择对象＞：//指定 *A* 点为第一条尺寸界线始点

指定第二条尺寸界线原点：//指定 *B* 点为第一条尺寸界线终点

指定尺寸线位置或

[多行文字(M)/文字(T)/角度(A)/水平(H)/垂直(V)/旋转(R)]：//指定C点定位公差标注位置

标注文字 =45

(三)尺寸标注生成方法

AutoCAD 提供了十几种标注用于测量设计对象。在生成标注时,可以用"标注"菜单或工具栏,或在命令行中输入标注命令。通过在"标准"工具栏的任意空白处单击鼠标右键,然后勾选"标注",可显示"标注"工具栏,如图 6 – 28。

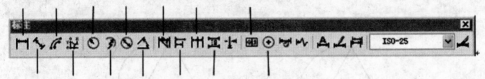

图 6 – 28 标注工具栏

1. 线性标注 ⊢ (DIMLINEAR)

线性标注表示当前用户坐标系平面中的两个点之间的距离测量值,用于绘制水平和竖直方向的尺寸,可以指定点或选择一个对象,如图 6 – 29。

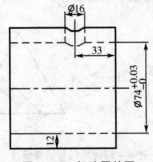

图 6 – 29 标注零件图

2. 对齐标注 ⟍ (DIMALIGNED)

对齐标注,又称实际长度标注,创建一个与标注点对齐的线性标注,可用于标注任意方向的长度尺寸,标注提示过程与"线性标注"类似,示例如图 6 – 30。

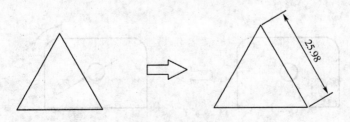

图 6 – 30 对齐标注

3. 坐标标注 ⊥ (DIMORDINATE)

坐标标注基于一个原点(称为基准)显示任意图形点的 x 或 y 坐标,如图 6 – 31 示例。

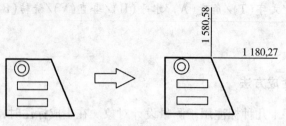

图6-31 坐标标注

4. 弧长标注 <span></span>（DIMARC）

弧长标注是测量一段弧线段长或多线段弧线段长（示例如图6-32）。

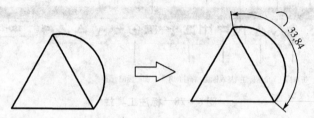

图6-32 弧长标注

5. 半径标注 <span></span>（DIMRADIUS）和折弯标注 <span></span>（DIMJOGGED）

如图6-33所示为圆弧半径和直径折弯标注。

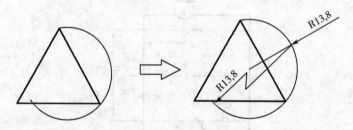

图6-33 半径与折弯标注

6. 直径标注 <span></span>（命令：DIMDIAMETER）和角度标注 <span></span>（命令：DIMANGULAR）

直径标注来测量圆的直径，角度标注测量圆和圆弧的角度、两条直线间的角度，或者三点间的角度（示例如图6-34）。

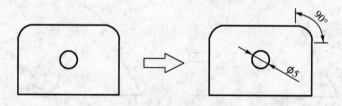

图6-34 直径与角度标注

7. 创建圆心标记和中心线 <span></span>（命令：DIMCENTER）

如图6-35所示，可以指出圆或圆弧的圆心，并可设置标记和中心线的尺寸格式。

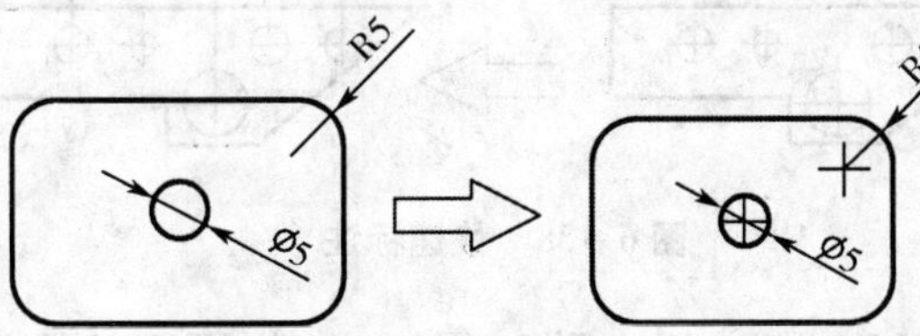

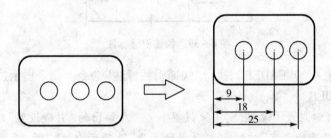

图 6 – 35　直径与角度标注

8. 创建基线标注 ⊟（DIMBASELINE）和连续标注 ⊞（DIMCONTINUE）

在设计标注时,可能需要创建一系列标注,这些标注都是从同一个基准面或基准引出。基线和连续标注可以完成这些任务。

（1）创建基线标注（如图 6 – 36）

图 6 – 36　基线标注

注意:两个尺寸标注之间的间距在"基线间距"中进行设置。

（2）创建连续标注（如图 6 – 37）

图 6 – 37　连续标注

创建连续标注的步骤如下:

① 创建基本的线性、坐标或角度标注,所指定的第二个点是第一个连续标注的原点。

② 从"标注"菜单或工具栏中选择"连续"标注。AutoCAD 使用基准标注的第二个尺寸界线作为原点,并提示放置第二个尺寸界线点。

③ 指定第二个尺寸界线点。

④ 继续选择其他尺寸界线原点,直到完成连续标注序列。

⑤ 按回车结束命令。

9. 快速标注 ⊠（QDIM）和快速引线标注（QLEADER）

（1）可以使用 ⊠ 来一次标注多个对象,可快速创建成组的基线、连续、阶梯和坐标标注、快速标注多个圆和圆弧及编辑现有标注的布局（如图 6 – 38 示例）。

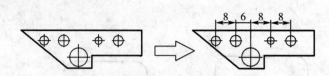

图 6 - 38　快速标注

（2）常用快速引线（QLEADER）标注倒角、螺纹、孔等，下面以图 6 - 39 零件图为例进行具体介绍。

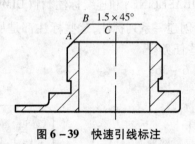

图 6 - 39　快速引线标注

在命令行内输入"QLEADER"，执行"快速引线标注"命令。命令提示过程如下：

命令：QLEADER

指定第一个引线点或 ［设置（S）］ <设置＞：//在弹出的"引线设置"对话框中"注释类型"选项卡中选择"多行文字"按钮；在"引线和箭头"选项卡中，将"箭头"设为"无"；"附着"选项卡中，勾选"最后一行加下画线"，选择"确定"按钮，如图 6 - 40。

指定第一个引线点或 ［设置（S）］ <设置＞：// 指定引线起点 A

指定下一点：//指定引线第二点 B

指定下一点：//指定引线第三点 C

指定文字宽度 <0＞：//按下空格或者回车键

输入注释文字的第一行 <多行文字（M）＞：//输入 1.5×45％％D（输入 1.5×45°）

输入注释文字的下一行：//按下 Enter 键退出命令

（a）"注释"选项卡参数设置

（b）"引线和箭头"选项卡参数设置

（c）"附着"选项卡设置

图6-40 "引线设置"对话框

10. 尺寸公差标注方法

（1）利用"标注样式"对话框设置样式

对于公差标注方法，可以通过选择菜单"格式"中"标注样式"选项，打开"标注样式管理器"对话框，点击"新建"按钮，在弹出的"创建新标注样式"对话框中，在"公差"选项卡（图6-41）中进行相应设置。

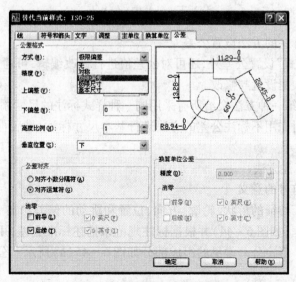

图6-41 设置"公差"选项卡

① 方式　用于设置公差类型,如图6-42。

"无":尺寸标注中不加公差。

"对称":当公差中正负偏差相同时,选择此项。

"极限偏差":当公差中正负偏差不同时,选择此项。

"极限尺寸":直接应用极限尺寸值进行标注,分为上下偏差值两行。

"基本尺寸":在基本尺寸值上加一矩形框。

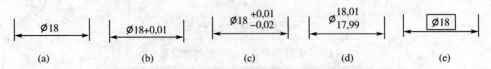

图6-42　公差标注方法

(a) 无;(b) 对称;(c) 极限偏差;(d) 极限尺寸;(e) 基本尺寸

② 精度　设置公差值的小数位数。

③ 上偏差　设置偏差的上界以及界限的表示方式,AutoCAD 在对称公差中也使用此值。

④ 下偏差　设置偏差的下界以及界限的表示方式。

⑤ 高度比例　将公差文字高度设置为主测量文字高度的比例因子,如0.5代表公差文字的高度是主单位尺寸文字高度的一半。

⑥ 垂直位置　设置对称和极限公差的垂直位置。"上"是将公差文字与标注文字的顶部对齐,"中"是将公差文字与标注文字的中部对齐,"下"是将公差文字与标注文字的底部对齐。如图6-43所示。

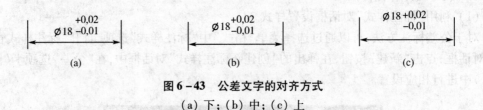

图6-43　公差文字的对齐方式

(a) 下;(b) 中;(c) 上

(2) 利用修改标注的方法设置公差

除了在"标注样式"设置公差外,还可对公差值进行修改编辑,可通过双击标注尺寸,在弹出选项卡中进行快捷设置与修改。

注意:由于采用第一种方法会给所有采用同一种样式标注的尺寸添加上同一公差值,所以建议用户在标注时先用不标注公差的方法进行基本尺寸标注,最后再按第二种方法修改添加尺寸公差。

11. 形位公差标注方法

(1) 形位公差符号的意义

形位公差显示了特征的形状、轮廓、方向、位置和跳动的偏差。在 AutoCAD 中,形位公差用一个特征控制框(如图6-44)并根据标注规范来描述标准公差,用户可以在特征控制框中添加形位公差。形位公差常见的组成部分如图6-45(a)所示。公差几何特征符号的意义如表6-1所示。

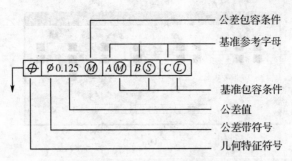

图 6-44 典型的特征控制框架

表 6-1 公差几何特征符号

公差		特征	符号	有或无基准要求	公差		特征	符号	有或无基准要求
形状	形状	直线度	—	无	位置	定向	平行度	//	有
		平面度	▱	无			垂直度	⊥	有
		圆度	○	无			倾斜度	∠	有
		圆柱度	⌀	无		定位	位置度	⊕	有或无
							同轴（同心）度	◎	有
形状或位置	轮廓	线轮廓度	⌒	有或无			对称度	═	有
		面轮廓度	⌓	有或无		跳动	圆跳动	↗	有
							全跳动	⫰	有

此外，还有包容条件符号和投影公差符号。

（2）使用命令定义和放置形位公差

当用户通过菜单"标注"中的"公差"来执行命令，或者发出 TOLERANCE，系统会打开图 6-45（a）所示"形位公差"对话框。

① 单击"符号"列第一个"■"框，此时系统会打开图所示"特征符号"对话框，从中选择几何特征符号（如图 6-45（b））。

② 单击"公差 1"列前面的"■"框，插入一个直径符号。

③ 在"公差 1"列中间的编辑框中输入第一个公差值。

④ 单击"公差 1"列后面的"■"框，弹出"附加符号"对话框，添加包容条件（如图 6-45（c））。按照添加第一个公差值的方法还可添加第二个公差值。

⑤ 在"形位公差"对话框的"基准 1"列编辑框中输入第一级基准参考字母。

⑥ 单击"基准 1"列"■"，选择包容条件符号。第二级和第三级基准，可以相同方式添加符号。

⑦ 还可添加一个投影公差带（在"高度"框中输入高度，单击"延伸公差带"中的"■"插入符号，还可设置"基准标志符"，选择"确定"按钮）。

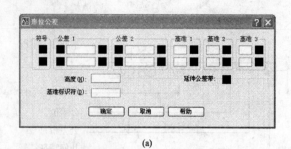

(a)

(b)　　　　　　　　　　　　　　　　(c)

图6-45　"形位公差"对话框

（a）"形位公差"对话框；（b）"特征符号"对话框；（c）"附加符号"对话框

在标注形位公差时，还得有引线将形位公差标志框连接并放置在合适位置。在此，可以应用"引线"（QLEADER）来进行标注并设置相应的形位公差。

【实训二】标注图6-46所示的形位公差。

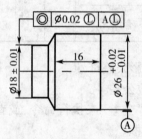

图6-46　形位公差

操作步骤：

在命令行中输入"QLEADER"，启用"快速引线标注"命令，命令提示过程如下：

命令：QLEADER

指定第一个引线点或［设置(S)］＜设置＞：//回车，系统弹出"引线设置"对话框（图6-47），在"注释类型"中选择"公差"，再单击"确定"按钮

指定第一个引线点或［设置(S)］＜设置＞：//用鼠标点击引线的起点

指定下一点：//用鼠标点击引线的转折点

指定下一点：//用鼠标点击引线的终点，系统弹出"形位公差"对话框（图6-48），并依次进行设置，再单击"确定"按钮

即完成形位公差的标注。

由于特征控制框是单个对象，用户可对其进行复制、移动或删除等操作。修改它的最好方法是在命令行中输入"DDEDIT"命令，命令提示过程如下：

图6-47 "引线设置"对话框

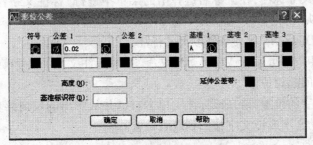

图6-48 "形位公差"对话框

命令：DDEDIT

选择注释对象或［放弃(U)］：//选择需要修改的形位公差,系统会弹出"形位公差"对话框,进行相应修改。

任务三 编辑尺寸标注

AutoCAD常用的尺寸标注修改用四种方法：一是利用"特性"工具栏进行修改；二是利用"标注"工具栏进行修改；三是利用右键菜单进行修改；四是利用命令来进行修改。

1. 利用"特性"工具栏进行修改

用鼠标双击待修改的尺寸标注或选择菜单中"修改"|"特性",将弹出对象"特性"工具栏,然后可选中尺寸标注进行修改。可对"直线和箭头"、"文字"、"调整"、"主单位"、"换算单位"和"公差"进行修改。如图6-49所示。

2. 利用"标注"工具栏进行修改

可以"标注"工具栏上的 🔺 和 🔺 进行尺寸标注的编辑和修改。此外还可以在"标注"菜单中"对齐文字"进行相应的修改,如图6-50所示。

图6-49 在"特性"工具中设置公差

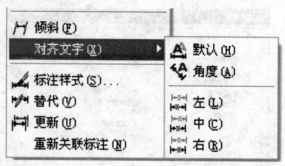

图 6-50　在"标注"菜单下的"对齐文字"中进行尺寸标注的修改

3. 利用右键菜单进行修改

选中待修改的尺寸标注,在鼠标右键弹出的菜单中进行"标注文字位置"、"精度"、"标注样式"、"翻转箭头"等的修改(如图 6-51 所示)。

4. DIMTEDIT、DIMEDIT 等命令修改尺寸标注

创建标注后,用户即可编辑或替换标注文字、修改标注文字特性和旋转角,还可以将文字移到新位置或返回起始位置。

要编辑标注文字的位置,请在该标注上单击右键并从弹出的快捷菜单中选择一个文字位置选项,可以移动文字或把文字移回到缺省位置。

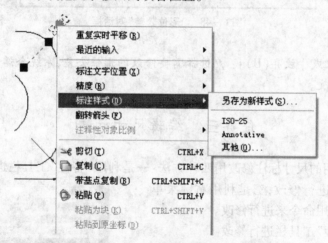

图 6-51　右键菜单进行尺寸标注修改

【实训三】利用所学方法编辑尺寸标注。

1. 利用对象"特性"工具栏对图 6-52(a)中的尺寸标注进行编辑。

操作步骤:

(1) 在要修改的尺寸标注上用鼠标双击,弹出"特性"对话框(如图 6-53),且该尺寸标注呈夹点显示,如图 6-52(b)所示。

在"特性"对话框中展开"文字"选项,在"文字替代"中输入"%%c< >",然后关闭对话框(单击 Esc 键取消尺寸的夹点显示),结果如图 6-52(c)所示。

2. 调用"DIMTEDIT"命令,对图 6-54(a)中的尺寸标注进行编辑。

操作步骤:

在命令行输入"DIMTEDIT"命令,对标注文字的位置进行修改。命令提示过程如下:

命令：DIMTEDIT

选择标注：//选择一个尺寸标注对象

指定标注文字的新位置或［左(L)/右(R)/中心(C)/默认(H)/角度(A)］://输入选项 L,将文本沿尺寸线方向左对齐,如图(a)

指定标注文字的新位置或［左(L)/右(R)/中心(C)/默认(H)/角度(A)］://输入选项 R,将文本沿尺寸线方向右对齐,如图(b)

指定标注文字的新位置或［左(L)/右(R)/中心(C)/默认(H)/角度(A)］://输入选项 C,将文本置于尺寸线中心,如图(c)

指定标注文字的新位置或［左(L)/右(R)/中心(C)/默认(H)/角度(A)］://输入选项 H,将文本移到默认位置

指定标注文字的新位置或［左(L)/右(R)/中心(C)/默认(H)/角度(A)］://输入选项 A,将文本旋转指定角度,如图(d)

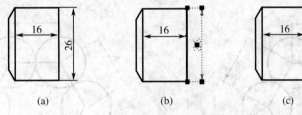

图 6-52　修改标注文字

(a) 原图；(b) 夹点显示状态；(c) 文字替代后结果

图 6-53　"特性"对话框

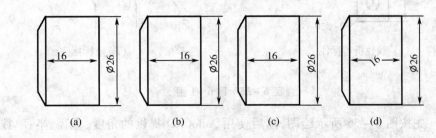

图 6-54　利用"DIMTEDIT"命令修改尺寸标注

(a) 左对齐；(b) 右对齐；(c) 居中；(d) 旋转指定角度

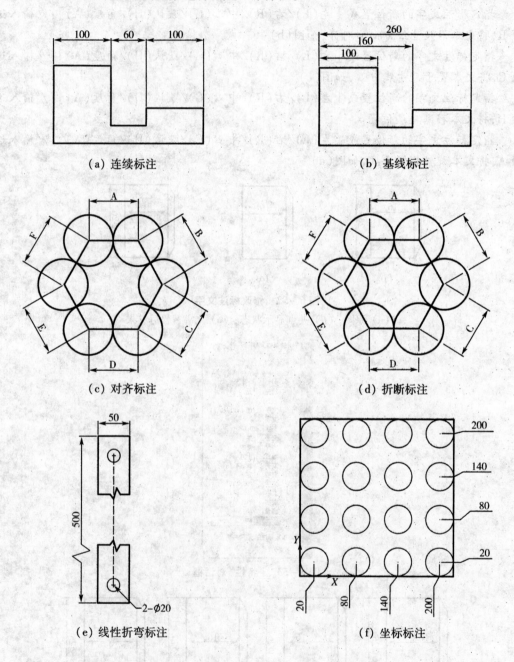

实 战 演 练

6-1 按下列各图中的要求进行相关尺寸标注。

(a) 连续标注

(b) 基线标注

(c) 对齐标注

(d) 折断标注

(e) 线性折弯标注

(f) 坐标标注

图 6-55 题 6-1 图

6-2 先按图 6-56 所示绘图,然后使用 AutoCAD 提供的角度、直径、半径、线性、对齐、连续、圆心及基线等标注工具,按图 6-56 所示进行标注训练。

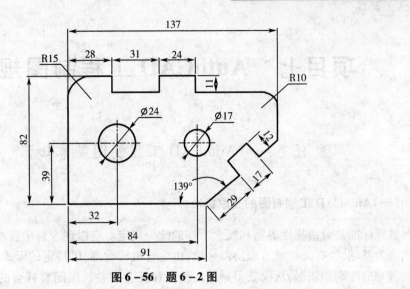

图6-56 题6-2图

项目七　AutoCAD 工程制图规则

任务一　AutoCAD 工程制图基本知识

（一）AutoCAD 工程制图的国家标准

国家标准是对重复性事物和概念所作的统一规定。它以现今科学技术和实践经验的综合成果为基础，经有关权威方面协调一致，由主管机构批准，以特定的形式发布，作为使用者共同遵守的准则和依据，从而获得最佳的秩序和社会效益。但随着社会的发展和科学技术的进步，国家标准也在不断完善。

中华人民共和国国家标准 CAD 工程制图规则 GB/T18229—2000（Rule of CAD engineering drawing），经国家质量技术监督局 2000 年 10 月 17 日批准，并于 2001 年 5 月 1 日起实施。新国家标准的制定和实施，可使工程技术图样与国际标准保持一致，适应国际贸易、技术和经济交流，为规范化工程制图提供了条件和依据。

1. 范围

本标准规定了用计算机绘制工程图的基本规则。虽然针对图纸的工程制图标准是工程技术领域的重要标准，但是当 CAD 技术在工程技术领域被广泛推广应用以后，原来的技术标准在新的情况下也出现了一些新的问题，不能完全适用科学技术的发展，有些标准需要进行适当的修改、调整和增加。因此 CAD 工程技术制图标准的规定是为了解决在用 CAD 系统进行工程技术设计时产生的新问题，当原来的手工制图标准内容与这个标准不一致时，应以最新修改出版的 CAD 工程技术制图国家标准为准。CAD 工程技术国家标准还规定了与制图有关的一些标准。如文件的管理、标准件库的管理等，这些新标准也与以前的图纸管理完全不一样。

本标准适用于机械、电气、建筑等领域的工程制图以及相关文件，通信工程制图的规范和要求包含在电气工程的标准范围内。

2. 引用标准

下列标准所包含的条文，通过在本标准中引用而构成为本标准的条文。本标准出版时，所示版本均为有效。所有标准都会被修订，使用本标准的各方应探讨使用下列标准最新版本的可能性。

GB/T 10609.1—1989　技术制图标题栏

GB/T 10609.2—1989　技术制图明细栏

GB/T 13361—1992　技术制图通用术语

GB/T 14689—2008　技术制图　图纸幅面和格式

GB/T 14690—1993　技术制图　比例

GB/T 14691—1993　技术制图　字体

GB/T 15751—1995　技术产品文件　计算机辅助设计与制图　词汇

GB/T 16675.1—1996　技术制图　图样画法的简化表示法

GB/T 16900—1997　图形符号表示规则　总则

GB/T 16901.1—2008　技术文件用图形符号表示规则

GB/T16902.1—2004　图形符号表示规则 设备用图形符号第1部分:原形符号

GB/T 16675.2—1996　技术制图尺寸注法的简化表示法

GB/T 17450—1998　技术制图图线

GB/T 4458.1—2002　机械制图　图样画法　视图

GB/T 4458.6—2002　机械制图　图样画法　剖视图和断面图

3. 术语

术语是表达各个专业的特殊概念的,术语的语义范围准确,它不仅标记一个概念,而且使其精确,与相似的概念相区别。本标准采用 GB/T 13361 和 GB/T 15751 中的有关术语。

（二）AutoCAD 工程制图的基本设置要求

1. 图纸幅面

用计算机绘制工程图时,其图纸幅面和格式按照 GB/T 14689 的有关规定。

在 CAD 工程制图中所用到的有装订边或无装订边的图纸幅面形式参见图 7 - 1 和图 7 - 2。基本尺寸见表 7 - 1。

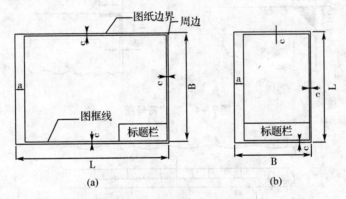

图 7 - 1　留有装订边的图幅

（a）横式图幅；（b）立式图幅

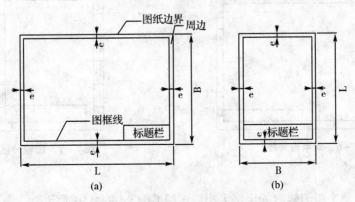

图 7 - 2　不留有装订边的图样的图框格式

（a）横式图幅；（b）立式图幅

表7-1 工程图纸尺寸　　　　　　　　　　单位:mm

幅面代号	A0	A1	A2	A3	A4
B×L	841×1 189	594×841	420×594	297×420	210×297
E	20			10	
C	10			5	
A	25				

注:在CAD绘图中对图纸有加长加宽的要求时,应按基本幅面的短边(B)成整数倍增加。

CAD工程图中可根据需要,设置方向符号(图7-3)、剪切符号(图7-4)、米制参考分度(图7-5)和对中符号(图7-6)。

对图形复杂的CAD装配图一般应设置图幅分区,其形式见图7-7。

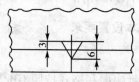

图7-3　方向符号图

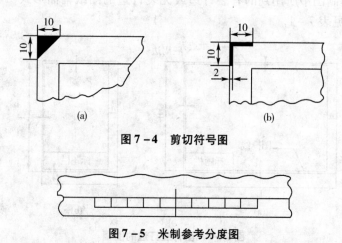

(a)　　　　　　　　　　　　　　(b)

图7-4　剪切符号图

图7-5　米制参考分度图

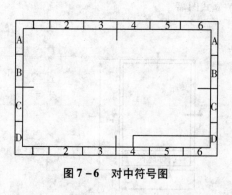

图7-6　对中符号图

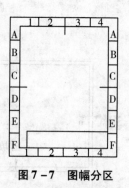

图7-7　图幅分区

2. 比例

用计算机绘制工程图样时的比例大小应按照 GB/T 14690 中规定。

在CAD工程图中需要按比例绘制图形时,按表7-2中规定的系列选用适当的比例。

表7-2 工程图比例表

种类	比 例		
原值比例	1:1		
放大比例	5:1	2:1	
	$5 \times 10^n:1$	$2 \times 10^n:1$	$1 \times 10^n:1$
缩小比例	1:2	1:5	1:10
	$1:2 \times 10^n$	$1:5 \times 10^n$	$1:10 \times 10^n$

注:n 为正整数。

必要时,也允许选取表7-3中的比例。

表7-3 工程图比例表

种类	比 例				
放大比例	4:1	2.5:1			
	$4 \times 10^n:1$	$2.5 \times 10^n:1$			
缩小比例	1:1.5	1:2.5	1:3	1:4	1:6
	$1:1.5 \times 10^n$	$1:2.5 \times 10^n$	$1:3 \times 10^n$	$1:4 \times 10^n$	$1:6 \times 10^n$

注:n 为正整数

3. 字体

CAD工程图中所用的字体应按国家标准 GB/T 13362.4～13362.5 和 GB/T 14691 要求,并应做到字体端正、笔画清楚、排列整齐、间隔均匀。CAD工程图的字体与图纸幅面之间的大小关系,见表7-4。

表7-4 CAD工程图的字体与图纸幅面之间的大小关系　　单位:mm

图幅字体	A0	A1	A2	A3	A4
字母数字			3.5		
汉　字			5		

CAD工程图中字体的最小字(词)距、行距以及间隔线或基准线与书写字体之间的最小距离见表7-5。

表7-5 工程图中字体、字距、行距要求　　单位:mm

字　体	最小距离	
汉　字	字距	1.5
	行距	2
	间隔线或基准线与汉字的间距	1
拉丁字母、阿拉伯数字、希腊字母、罗马数字	字符	0.5
	词距	1.5
	行距	1
	间隔线或基准线与字母、数字的间距	1

注:当汉字与字母、数字混合使用时,字体的最小字距、行距等应根据汉字的规定使用

CAD 工程图中的字体选用范围见表 7-6。

表 7-6 工程图中的字体选用范围

汉字字型	国家标准号	字体文件名	应用范围
长仿宋体	GB/T 13362.4 ~ 13362.5—1992	HZCF.*	图中标注及说明的汉字、标题栏、明细栏等
单线宋体	GB/T 13844—1992	HZDX.*	大标题、小标题、图册封面、目录清单、标题栏中设计单位名称、图样名称、工程名称、地形图等
宋体	GB/T 13845—1992	HZST.*	
仿宋体	GB/T 13846—1992	HZFS.*	
楷体	GB/T 13847—1992	HZKT.*	
黑体	GB/T 13848—1992	HZHT.*	

4. 图线

CAD 工程图中所用的图线,应遵照国家标准 GB/T 17450 中的有关规定。CAD 工程图中的基本线型见表 7-7。

表 7-7 工程图中的基本线型

代码	基本线型	名称
01	————————————————	实线
02	– – – – – – – – – – – – –	虚线
03	— – — – — – — – —	间隔画线
04	— · — · — · — · —	单点长画线
05	— · · — · · — · · —	双点长画线
06	— · · · — · · · — · · ·	三点长画线
07	··················	点线
08	— – — – — – — –	长画短画线
09	— · · — · · —	长画双点画线
10	— · — · — · —	点画线
11	– · – · · – · · –	单点双画线
12	– · · – · · – · · –	双点画线
13	· · – · · – · · –	双点双画线
14	– · · · – · · · –	三点画线
15	· · · – · · · – · · · –	三点双画线

CAD 工程图中的图线有些用基本图线表达不出来,需用一些复杂的变形图线,基本线型的变形见表 7-8。

表7-8　基本线型的变形

基本线型的变形	名称
 ～～～～～	规则波浪连续线
 ℓℓℓℓℓℓℓℓℓ	规则螺旋连续线
 ∧∧∧∧∧∧	规则锯齿连续线
 ～～～	波浪线

注:本表仅包括表7-7中No.01基本线型的类型,No.02~15可用同样方法的变形表示。

基本图线的颜色,屏幕上的图线一般应按表7-9中提供的颜色显示,相同类型的图线应采用同样的颜色。

表7-9　基本图线的颜色

图线类型		屏幕上的颜色	图线类型		屏幕上的颜色
粗实线	——	白色	虚线	---------	黄色
细实线	——		细点画线	—·—·—	红色
波浪线	～～～	绿色	粗点画线	━ ━ ━	棕色
双折线	⟋⟍⟋⟍		双点画线	—··—··—	粉红色

5. 剖面符号

CAD工程图需要对一些物体剖切面的剖面区域正确表示,CAD工程图中剖切面的剖面区域的表示见表7-10。

表7-10　工程图中剖切面的剖面区域

剖面区域的式样	名称	剖面区域的式样	名称
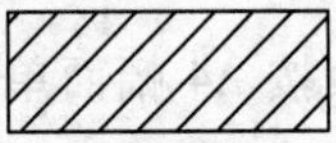 ⟋⟋⟋⟋	金属材料/普通砖	 ⨯⨯⨯⨯	非金属材料(除普通砖外)
 ⟋⟋⟋	固体材料	 ░░░	混凝土
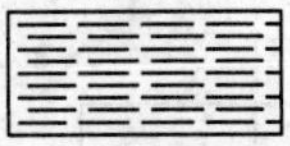 ≡≡≡	液体材料	 〰〰	木质件
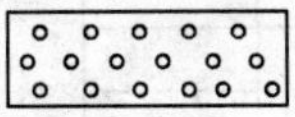 ○○○	气体材料	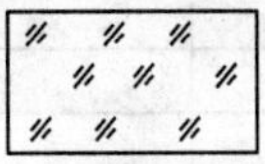 ∥∥∥	透明材料

6. 标题栏

CAD工程图中的标题栏,应遵守国家标准GB/T 10609.1中的有关规定,每张CAD工程图均应配置标题栏,并应配置在图框的右下角。标题栏一般由更改区、签字区、其他区、名称及代号区组成,标题栏的组成见图7-8。CAD工程图中标题栏的格式见图7-9。

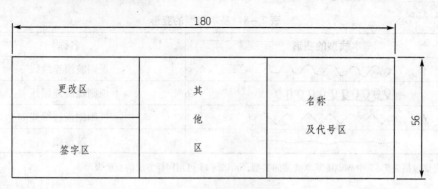

图7-8　标题栏组成

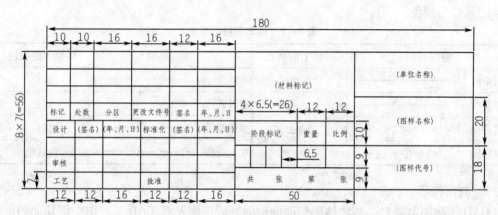

图7-9　工程图中标题栏的格式

7. 明细栏

CAD工程图中的明细栏应遵守国家标准GB/T 10609.2中的有关规定,CAD工程图中的装配图上一般应配置明细栏。明细栏一般配置在装配图中标题栏的上方,按由下而上的顺序填写,见图7-10。

装配图中不能在标题栏的上方配置明细栏时,可作为装配图的续页按A4幅面单独绘出,其顺序应是由上而下延伸。

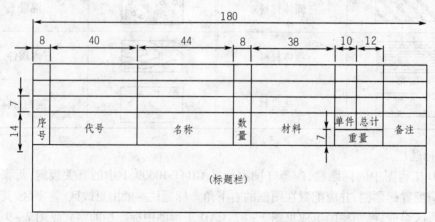

图7-10　工程图中的明细栏

任务二 通信工程制图基本知识

（一）通信工程制图的地位和作用

通信工程制图是在对通信施工现场仔细勘察和认真搜索资料的基础上，通过图形符号、文字符号、文字说明及标注来表达具体工程性质的一种图纸。它是通信工程设计的重要组成部分，是指导通信工程施工的主要依据。通信工程图纸里包含了如光、电缆路由走向、纤芯分配、管孔程式、管道高程、机房平面（设备安装位置）、基础数据、相关说明等内容。通信工程施工技术人员通过阅读图纸就能够了解工程规模、工程内容，统计出来工程量及编制工程概预算清单。只有绘制出准确的通信工程图纸，才能对通信工程施工具有正确的指导性意义。因此，通信工程技术人员必须要掌握通信工程制图的方法和要求。

（二）通信工程制图的总体要求和统一规定

1. 通信工程制图的总体要求

（1）各类图纸均应采用计算机制图，不得手工绘制。

（2）工程制图应根据表述对象的性质、论述的目的与内容，选取适宜的图纸及表达手段，以便完整地表述主题内容。当几种手段均可表达图纸内容含义时，应选取简洁易懂的方式，图纸易简不宜繁。例如：描述通信系统和网络结构时，应选择能够既清晰又简单的方式，推荐框图和拓扑图的方式。当单线表示法和多线表示法同时能明确表达时，宜使用单线表示法。

（3）图面应布局合理，排列均匀，轮廓清晰和便于识别。图形内容应均匀分布到图纸的整个幅面，避免某一部分过于密集而其他部分却大量空白的现象出现，系统图中的功能元素应按工作顺序排列，便于识别信息流向。图纸布局应满足从左到右、从上到下的视图习惯。文字标注应满足正确的看图方向和视角习惯，不能出现侧倒立的文字标注。

符合视角的文字标注见图7－11所示，下图中标"×"的为不符合视角的文字标注，见图7－12所示。视角的标注应选用合适的图线宽度，避免图中的线条过粗或过细。

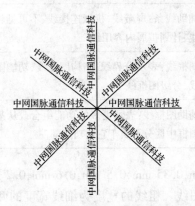

图7－11 符合视角的文字标注

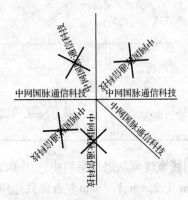

图7－12 不符合视角的文字标注

（4）要选用合适的图线宽度，避免图中的线条过粗或过细。

（5）正确使用国标和行标规定的图形符号，如果使用非标准图形符号，应集中在图纸边角的空白位置增加图例注释。

（6）在保证图面布局紧凑和使用方便的前提下，应选择合适的图纸幅面，使原图大小适中。

（7）应准确地按规定标注各种必要的技术数据和注释，并按规定进行书写或打印。

（8）图纸应按规定设置图衔，并按规定的责任范围签字，各种图纸应按规定顺序编号。

（9）总平面图、机房平面布置图、移动通信基站天线位置及馈线走向图应设置指北针。对于线路工程，设计图纸应按照从左往右的顺序制图，并设指北针；线路图纸分段按"起点至终点，分歧点至终点"的原则。

2. 通信工程制图的统一规定

（1）图幅尺寸

工程图纸幅面和图框大小应符合国家标准 GB 6988《电气制图一般规则》的规定，一般应采用 A0，A1，A2，A3，A4 及其加长的图纸幅面，图纸幅面尺寸及其代号与表 7-1 中的描述相同。图幅分为横式图幅和立式图幅，图纸四周要画出画框，以留出周边。图框分需要留装订边的图框和不留装订边的图框，见图 7-1、图 7-2。

当图纸幅面不能满足图形大小时，应考虑在不影响整体视图效果的情况下，可按照 GB 4457.1《机械制图图纸幅面及格式》的规定加大幅面。将过大的图形分割成若干张图纸进行绘制，各张图在分割的位置应使用统一的接图符号表达接图顺序，分割的若干张图纸的比例应保持统一，不允许分割统一图形内容的几张图使用不同的绘图比例。

根据表述对象的规模大小、复杂程度、所要表达的详细程度、有无图衔及注释的数量来选择较小的合适幅面。

（2）图线型式及其应用

通信工程制图中的线型分类及其用途应符合表 7-11 的规定：

表 7-11　线型分类及其用途

图线名称	图线型式	一般用途
实线	——————————	基本线条：图纸主要内容用线，可见轮廓线
虚线	- - - - - - - - - - - - -	辅助线条：屏蔽线，机械连接线、不可见轮廓线、计划扩展内容用线
点画线	— · — · — · —	图框线：表示分界线、结构图框线、功能图框线、分级图框线
双点画线	— · · — · · —	辅助图框线：表示更多的功能组合或从某种图框中区分不属于它的功能部件

图线宽度可从以下系列中选用：0.25 mm，0.3 mm，0.35 mm，0.5 mm，0.6 mm，0.7 mm，1.0 mm，1.2 mm，1.4 mm。通常只选用两种宽度的图线。粗线的宽度为细线宽度的两倍，主要图线粗些，次要图线细些。对复杂的图纸也可采用粗、中、细三种线宽，线的宽度按 2 的倍数依次递增，但线宽种类也不宜过多。

使用图线绘图时，应使图形的比例和配线协调恰当，重点突出，主次分明。在同一张图纸上,按不同比例绘制的图样及同类图形的图线粗细应保持一致。

细实线为最常用的线条。在以细实线为主的图纸上,粗实线主要用于主线路、图纸的图框及需要突出的线路等处。指引线、尺寸标注线应使用细实线。

当需要区分新安装的设备时,则粗线表示新建,细线表示原有设施,虚线表示规划预留部分。

平行线之间的最小间距不宜小于粗线宽度的两倍,且不能小于0.7 mm。在使用线型及线宽表示用途有困难时,可用不同颜色区分。

（3）图纸比例

对于建筑平面图、平面布置图、管道及光电缆线路图等图纸,一般按比例绘制;方案示意图、系统图、原理图等可不按比例绘制,但应按工作顺序、线路走向、信息流向排列。

对于平面布置图、线路图和区域规划性质的图纸,推荐比例为:1:10,1:20,1:50,1:100,1:200,1:500,1:1 000,1:2 000,1:5 000,1:10 000,1:50 000等。

应根据图纸表达的内容深度和选用的图幅,选择合适的比例。

光缆、电缆、管道等线路施工用路由图,推荐选用1:1 000和1:2 000两种比例中的一种,用来表达线路整体分布情况的路由图、规划图,一般可以选择在1:50 000的地形图或规划图上绘制出线路路由,也可以按照1:5 000或1:10 000的比例自行绘制街道建筑分布图,标出线路路由。同一类线路图的绘图比例应一致。

对于通信线路及管道类的图纸,为了更方便和清楚地表达周围环境情况,可采用沿线路方向按一种比例,而周围环境的横向距离采用另外的比例或基本按示意性绘制。

设备专业的机房平面图,推荐选用1:50、1:100、1:200三种比例中的一种。同一张机房平面图(设备布置图、设备连接缆线布放图)内只能使用一种绘图比例。

对于设备加固及零件加工图等图纸推荐的比例为1:2,1:4等。应根据图纸表达的内容深度和选用的图幅,选择合适的比例。

（4）尺寸标注

一个完整的尺寸标注应由尺寸数字、尺寸界线、尺寸线及其终端等组成。

图中的尺寸数字,一般应注写在尺寸线的上方或左侧,也允许注写在尺寸线的中断处,但同一张图样上注法尽量一致。尺寸数字应顺着尺寸线方向写并符合视图方向,数字高度方向和尺寸线垂直,并不得被任何图线通过。当无法避免时,应将图线断开,在断开处填写数字。在不致引起误解时,对非水平方向的尺寸,其数字可水平地注写在尺寸线的中断处。角度的数字应注写成水平方向,一般应注写在尺寸线的中断处。

图中的尺寸单位,除管线长度以米(m)为单位外,其他尺寸均以毫米(mm)为单位,按此原则标注尺寸可不加注单位的文字符号。若采用其他单位时,应在尺寸数值后加注计量单位的文字符号。图纸中的尺寸单位应填写在图衔内的对应位置,图中有多种单位的,都应在图衔内标示。

尺寸界线用细实线绘制。由图形的轮廓线、轴线或对称中心线引出,也可利用轮廓线、轴线或对称中心线作尺寸界线。尺寸界线一般应与尺寸线垂直,两端应画出尺寸箭头或斜线,指到尺寸界线上,表示尺寸的起止。但同一张图中只能采用一种尺寸线终端形式,不得混用。

采用箭头形式时,两端应画出尺寸箭头,指到尺寸界线上,表示尺寸的起止。尺寸箭头宜用实心箭头,箭头的大小应按可见轮廓线选定,其大小在图中应保持一致。

采用斜线形式时,尺寸线与尺寸界线必须互相垂直。斜线用细实线,且方向及长短应保持一致。斜线方向为以尺寸线为准,逆时针方向旋转45°,斜线长短约等于尺寸数字的高度。

有关建筑用尺寸标注,可按国家标准 GB/T 50104—2001《建筑制图标准》要求标注。

(5) 字体及写法

图中书写的文字(包括汉字、字母、数字、代号等)均应字体工整、笔画清晰、排列整齐、间隔均匀。其书写位置应根据图面妥善安排,文字多时宜放在图的下面或右侧。

文字内容从左向右横向书写,标点符号占一个汉字的位置。中文书写时,应采用国家正式颁布的简化汉字,字体宜采用宋体或仿宋体。

图中的"技术要求"、"说明"或"注"等字样,应写在具体文字的左上方,并使用比文字内容大一号的字体书写。具体内容多于一项时,应按下列顺序号排列:

1,2,3…

(1),(2),(3)…

①,②,③…

在图中所涉及数量的数字,均应用阿拉伯数字表示。计量单位应使用国家颁布的法定计量单位。

(6) 图衔

通信管道及线路工程图纸应有图衔,若一张图不能完整画出,可分为多张图纸,第一张图纸使用标准图衔,其后序图纸使用简易图衔。

通信工程常用标准图衔的规格要求如图 7 - 13 所示,简易图衔规格要求如图 7 - 14 所示。

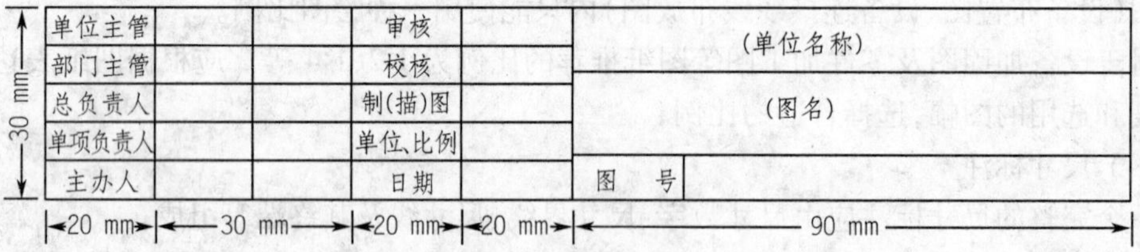

单位主管		审核		(单位名称)		
部门主管		校核				
总负责人		制(描)图		(图名)		
单项负责人		单位、比例				
主办人		日期		图 号		

⊢20 mm⊣⊢— 30 mm —⊣⊢20 mm⊣⊢20 mm⊣⊢———————— 90 mm ————————⊣

图 7 - 13 标准图衔

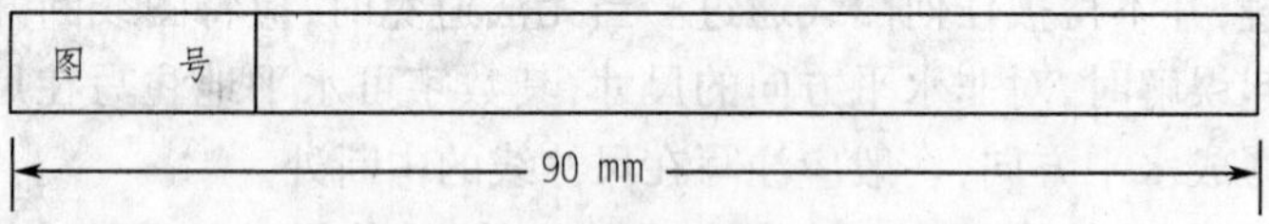

图 号	

⊢————————————— 90 mm —————————————⊣

图 7 - 14 简易图衔

图纸编号的组成可分为三段,按以下规则处理:

| 设计编号 |—| 图纸类别代号 |—| 此类图纸的顺序号 |

设计编号:按照公司有关部门给定的编号。

图纸类别代号:可以将一个设计的全部图纸按照属性或用途分为几类,每一类图取定一个类号。

顺序号:同一类图中的全部图纸按照顺序排列,推荐采用两部分编号,之间用斜线分割,斜线前面的数字表示这张图纸的序号,斜线后面的数字表示该类图的总数量。例如:

"12/20",表示此类图共计20张,本图为第12张。

图纸编号的编排应尽量简洁,设计阶段一般其组成按以下规则处理:

$$\boxed{工程计划号}\ \boxed{设计阶段代号}—\boxed{专业代号}—\boxed{图纸编号}$$

对于同计划号、同设计阶段、同专业而多册出版的为避免编号重复可按以下规则处理:

$$\boxed{工程计划号}\ \boxed{设计阶段代号}(A)—\boxed{专业代号}(B)—\boxed{图纸编号}$$

工程计划号:可使用上级下达、客户要求或自行编排的计划号。

设计阶段代号:应符合表7-12规定。

表7-12　设计阶段代号

设计阶段	代号	设计阶段	代号	设计阶段	代号
可行性研究	Y	初步设计	C	技术设计	J
规划设计	G	方案设计	F	设计投标书	T
勘察报告	K	初设阶段的技术规范书	CJ	修改设计	在原代号后加X
引进工程询价书	YX	施工图设计一阶段设计	S		

常用专业代号:应符合表7-13的规定。

表7-13　常用专业代号

名称	代号	名称	代号
长途明线线路	CXM	海底电缆	HDL
长途电缆线路	CXD	海底光缆	HGL
长途光缆线路	CXG 或 GL	市话电缆线路	SXD 或 SX
水底电缆	SDL	市话光缆线路	SXG 或 GL
水底光缆	SGL	通信线路管道	GD

(A)用于大型工程中分省、分业务区编制时的区分标志,可以是数字1,2,3或拼音字母的字头等。

(B)用于区分同一单项工程中不同的设计分册(如不同的站册),一般用数字(分册号)、站名拼音字头或相应汉字表示。

图纸代号:为工程计划号、设计阶段代号、专业代号相同的图纸间的区分号,应采用阿拉伯数字简单地编制(同一图号的系列图纸用括号内加注分号表示)。

(7)注释、标志和技术数据

当含义不便于用图示方法表达时,可以采用注释。当图中出现多个注释或大段说明性注释时,应当把注释按顺序放在边框附近。注释可以放在需要说明的对象附近;当注释不在需要说明的对象附近时,应使用指引线(细实线)指向说明对象。

标志和技术数据应该放在图形符号的旁边;当数据很少时,技术数据也可以放在图形符号的方框内(例如继电器的电阻值);数据多时可以用分式表示,也可以用表格形式列出。

当用分式表示时,可采用以下模式:

$$A{-}B$$
$$N{-}\!\!-\!\!-\!\!-\!\!-\!\!-\!\!-F$$
$$C{-}D$$

其中:N 为设备编号,一般靠前或靠上放;

A、B、C、D 为不同的标注内容,可增可减;

F 为敷设方式,一般靠后放。

当设计中需表示本工程前后有变化时,可采用斜杠方式:(原有数)/(设计数)。

当设计中需表示本工程前后有增加时,可采用加号方式:(原有数) + (增加数)。

常用的标注方式见表 7 – 14,表中的文字代号应以工程中的实际数据代替。

表 7 –14　常用标注方式

序号	标注方式	说明
1	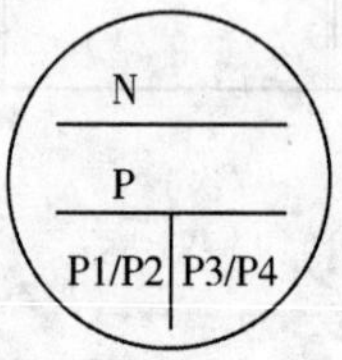	对直接配线区的标注方式 注:图中的文字符号应以工程数据代替(下同) 其中: N—主干电缆编号,例如,0101 表示 01 电缆上第一个直接配线区; P—主干电缆容量(初设为对数;施设为线序); P1—现有局号用户数; P2—现有专线用户数,当有不需要局号的专线用户时,再用 +(对数)表示; P3—设计局号用户数; P4—设计专线用户数
2	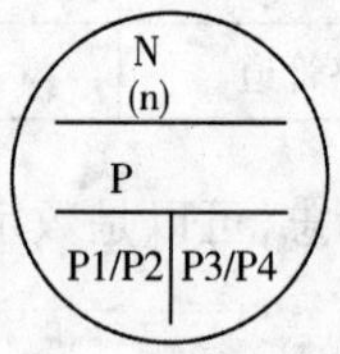	对交接配线区的标注方式 注:图中的文字符号应以工程数据代替(下同) 其中: N—交接配线区编号,例如,J22001 表示 22 局第一个交接配线区; n—交接箱容量,例如 2 400(对); P1、P2、P3、P4—含义同 01 注
3	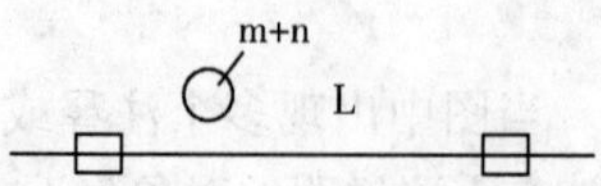	对管道扩容的标注 其中: m—原有管孔数,可附加管孔材料符号; n—新增管孔数,可附加管孔材料符号; L—管道长度; N1、N2—人孔编号

表7-14　（续）

序号	标注方式	说明
4	L H*Pn — d	对市话电缆的标注 其中： L—电缆长度；H*—电缆型号； Pn—电缆百对数；d—电缆芯线线径；
5	L N1　　　　N2	对架空杆路的标注 其中： L—杆路长度； N1、N2—起止电杆编号 （可加注杆材类别的代号）
6	L H*Pn — d N-X N1　　　　N2	对管道电缆的简化标注 其中： L—电缆长度；H*—电缆型号； Pn—电缆百对数；d—电缆芯线线径； X—线序； 斜向虚线—人孔的简化画法； N1 和 N2—表示起止人孔号； N—主杆电缆编号；
7	(L)　N-S L-P	加感线圈表示方式 其中： N—加感编号；S—荷距段长； L—加感量,mH；P—线对数；
8	$\frac{N-B}{C}$ │ $\frac{d}{D}$	分线盒标注方式 其中： N—编号；B—容量； C—线序；d—现有用户数； D—设计用户数；
9	$\frac{N-B}{C}$ │ $\frac{d}{D}$	分线箱标注方式 注:字母含义同08
10	$\frac{WN-B}{C}$ │ $\frac{d}{D}$	壁龛式分线箱标注方式 注:字母含义同08

在对图纸标注时,其项目代号的使用应符合国家标准 GB 5094—1985《电气技术中的项目代号》的规定;文字符号的使用应符合国家标准 GB 7159—1987《电气技术中的文字符号制定通则》的规定。

在通信工程设计中,由于文件名称和图纸编号多已明确,在项目代号和文字标注方面可适当简化,推荐如下:

① 平面布置图中可主要使用位置代号或用顺序号加表格说明;

② 系统方框图中可使用图形符号或用方框加文字符号来表示,必要时也可二者兼用。对安装方式的标注应符合表 7-15 的规定。

表 7-15 安装方式的标注

序号	代号	安装方式	英文说明
1	W	壁装式	WALL MOUNTED TYPE
2	C	吸顶式	CEILING MOUNTED TYPE
3	R	嵌入式	RECESSED TYPE
4	DS	管吊式	CONDUIT SUSPENSION TYPE

导线敷设方式的标注应符合表 7-16 的规定。

表 7-16 导线敷设方式的标注

序号	文字符号	敷设方式	英文说明
1	K	瓷瓶或磁珠敷设	WIRING ON PORCELAIN OR ISOLATOR
2	PR	塑料线槽敷设	INSTALLED IN P. V. C. RACEWAY
3	MR	金属线槽敷设	INSTALLED IN METALLIC RACEWAY
4	DB	直接埋设	DIRECT BURIAL
5	MT	穿金属管敷设	RUN IN METALLIC TUBING
6	PC	穿硬聚氯乙烯管敷设	RUN IN RIGID P. V. C. CONDUIT
7	FPC	穿阻燃半硬聚氯乙烯管敷设	RUN IN FLAME – RETARDANT SEMIFLEXIBLE P. V. C. CONDUIT
8	CT	电缆桥架敷设	INSTALLED IN CABLE TRAY
9	PL	瓷夹敷设	SECURED BY PORCELAIN CLIP
10	PCL	塑料夹敷设	SECURED BY P. V. C. CLIP
11	FMC	穿蛇皮管敷设	RUN IN FLEXIBLE METAL CONDUIT

对敷设部位的标注应符合表 7-17 的规定。

表7-17　敷设部位的标注

序号	文字符号	敷设方式	英文说明
1	M	钢索敷设	SUPPORTED BY MESSENGER WIRE
2	AB	沿梁或跨梁敷设	ALONG OR ACROSS BEAM
3	AC	沿柱或跨柱敷设	ALONG OR ACROSS COLUMN
4	WS	沿墙面敷设	ON WALL SURFACE
5	CE	沿天棚面顶板面敷设	ALONG CEILING OR SLAB
6	SC	吊顶内敷设	IN HOLLOW SPACES OF CEILING
7	BC	暗敷设在梁内	CONCEALED IN BEAM
8	CLC	暗敷设在柱内	CONCEALED IN COLUMN
9	BW	墙内埋设	BURIAL IN WALL
10	F	地板或地板下敷设	IN FLOOR
11	CC	暗敷设在屋面或顶板内	IN CEILING OR SLAB

（三）通信工程图形符号的使用

1. 认识通信工程制图中的常用符号

通信工程设计主要涉及到通信线路、通信管道、通信杆路、机房建筑及设施等方面的内容,通信工程的设计和施工人员应认识通信工程中的制图常用符号,详见附录中表1,4,5,6。

2. 图形符号的使用规则及派生方法

（1）通信工程制图中的符号使用规则

当标准中对同一项目给出几种形式时,选用应遵守以下规则:

① 优先使用"优选形式";

② 在满足需要的前提下,宜选用最简单的形式(例如"一般符号");

③ 在同一种图纸上应使用同一种形式。

一般情况下,对同一项目宜采用同样大小的图形符号;特殊情况下为了强调某方面或为了便于补充信息,允许使用不同大小的符号和不同粗细的线条。

绝大多数图形符号的取向是任意的。为了避免导线的弯折或交叉,在不引起错误理解的前提下,可以将符号旋转或取镜像形态,但文字和指示方向不得倒置。

标准中图形符号的引线是作为示例画上去的,在不改变符号含义的前提下,引线可以取不同的方向。但在某些情况下,引线符号的位置会影响符号的含义。

为了保持图画符号的布置均匀,围框线可以不规则地画出,但是围框线不应与元器件相交。

（2）图形符号的派生

标准中只是给出了图形符号有限的例子,如果某些特定的设备或项目标准中未作规定,允许根据已规定的符号组图规律进行派生。

派生图形符号,是利用原有符号加工成新的图形符号。应遵守以下规律:

① （符号要素）+（限定符号）→（设备的一般符号）;

② （一般符号）+（限定符号）→（特定设备的符号）;

③ 利用2~3个简单符号→(特定设备的符号);

④ 一般符号缩小后可作限定符号使用。

对急需的个别符号,如派生困难等原因,一时找不出合适的符号,允许暂时使用方框中加注文字符号的方式。

实 战 演 练

7-1 选择题

(1) 在通信工程设计中对安装方式的标注中表示壁装式的代号为_____。

A. W B. C C. R D. DS

(2) 通信工程图形符号" ——o—— "表示的含义是_____。

A. 直埋线路 B. 管道线路 C. 架空线路 D. 海底线路

(3) 通信杆路用文字符号$\dfrac{A-B}{C}$标注中,B 表示的含义_____。

A. 所属部门 B. 杆长 C. 杆号

(4) 通信杆路中引上杆图例中 ⊙● 小黑点表示_____。

A. 吊线 B. 夹板 C. 电缆或光缆

(5) 通信机房建筑及设施中表示可见检查孔的图例是_____。

A. ⊠ B. ⊡ C. ◪ ◪ D. ◹

7-2 简答题

(1) AutoCAD 工程制图的国家标准是什么?

(2) 通信工程制图的作用是什么?

(3) 通信工程制图中图线型式分几种,各自的用途是什么?

(4) 通信工程制图设计阶段图纸编号由哪四段组成?

(5) 通信工程制图中的符号使用规则是什么?

项目八　绘制工程图

任务一　通信机房平面图

　　通信机房是信息网络的心脏,为确保通信系统稳定可靠有效的运行,保障机房工作人员有良好的工作环境,高质量设计、管理、完成通信机房工程是很重要的。按照不同的功能和专业来分,通信机房一般可分为设备机房、配套机房和辅助机房。在绘制机房平面图前,首先要对机房进行勘察设计,然后画出机房的形状、标出机房的各种主要部件(如窗、门、机房孔洞等)、标注出机房的尺寸等。图8-1为某通信机房平面图,其绘制思路是,第一绘制出机房的轮廓和形状,其次按照定位尺寸绘制机房内的各种设备,第三选择合适的缩放比例,将机房平面图缩小并放入适当大小的图纸当中,第四为机房平面图添加必要的尺寸标注和文字注释,最后绘制指北针、图例及需要的工程量表。

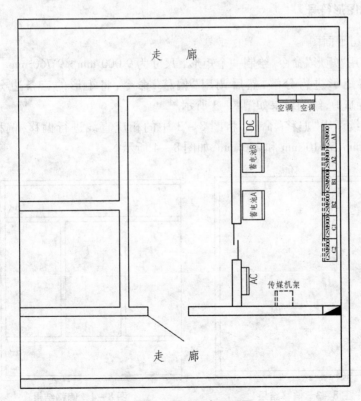

图8-1　通信机房平面图

（一）配置绘图环境

1. 建立新文件

打开 AutoCAD 应用程序,以"A3.dwt"样板文件为模板,建立新文件。

2. 设置图层

调用菜单命令"格式"|"图层",或者单击"图层管理器"图标 🐋，打开"图层特性管理器"，新建 3 个图层，分别为"机房平面层"、"设备层"和"定位线层"，并将"机房平面层"置为当前,设置好的各图层属性如图 8-2 所示。

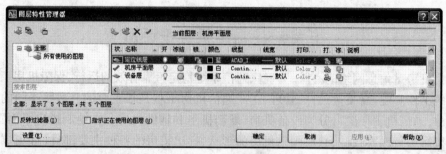

图 8-2　图层设置

3. 保存新文件

将新文件命名为"通信机房平面图.dwg"并保存。

（二）绘制图形符号

1. 绘制机房平面图

步骤①:调用"矩形"命令,绘制一个矩形, 尺寸为 9 000 mm×9 760 mm。

步骤②:将矩形进行分解,然后调用"偏移"命令,将矩形的三条边分别向内偏移 240 mm,并进行修剪,绘制结果如图 8-3 所示。

步骤③:继续调用"偏移"命令,将图 8-3 中的相应直线进行偏移,偏移距离分别为 1 550 mm、240 mm、5 610 mm 和 240 mm,如图 8-4 所示。

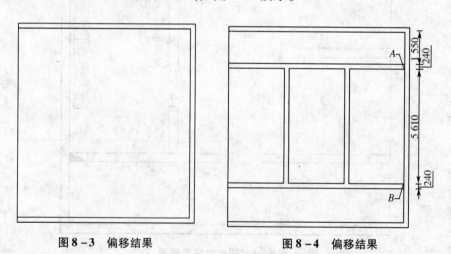

图 8-3　偏移结果　　　　　　图 8-4　偏移结果

步骤④:调用"打断"命令,于图 8-4 中 A、B 两点处进行打断,然后调用"偏移"命令,将直线 AB 连续向左偏移,偏移距离分别为 2 750 mm、240 mm、2780 mm 和 240 mm,然后调用"修剪"命令,将多余部分修剪掉,结果如图 8-5 所示。

步骤⑤:绘制"门"图形符号。依次调用"直线"命令、"打断于点"命令和"删除"命令绘制"门"符号,尺寸如图8-6所示。

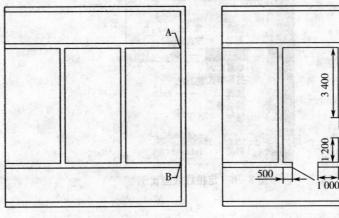

图8-5 修剪结果   图8-6 "门"示意图

2. 绘制定位线

步骤①:将当前图层改为"定位线层",在该层上绘制定位线。

步骤②:调用"矩形"命令,绘制5个矩形,尺寸分别为100 mm×500 mm,60 mm×200 mm,60 mm×500 mm,250 mm×300 mm 和 500 mm×800 mm,矩形之间的相对位置如图8-7所示。

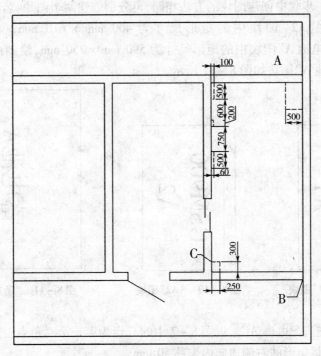

图8-7 设备定位图

步骤③:将上述已绘制的五个矩形选中,并单击菜单"修改"|"特性",打开"特性"对话框,将"线型比例"设置为5,如图8-8所示。

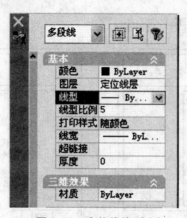

图 8 - 8   定位线线型比例

3. 绘制设备符号

步骤①:将当前图层改为"设备层",并绘制设备符号。

步骤②:在"工具"菜单中打开"块编辑器",并将块命名为"A1"。在块编辑器中绘制一个尺寸为 400 mm×600 mm 的矩形,并将左面的边向内侧偏移 50 mm,然后单击"多行文字"命令,在文本编辑器中输入"GSM900A1",并将文字旋转 90 度,然后保存并关闭块编辑器。绘制的"A1"图块如图 8 - 9 所示。

步骤③:与上一步骤中创建图块的方法相同,再分别创建两个图块,名称分别为"A2"和"蓄电池 A",其中"A2"图块中的矩形尺寸为 400 mm × 610 mm,文本注释内容为"GSM900A2";"蓄电池 A"图块中的矩形尺寸为 590 mm×750 mm,绘制的"A2"图块如图 8 - 10所示,"蓄电池 A"图块如图 8 - 11 所示。

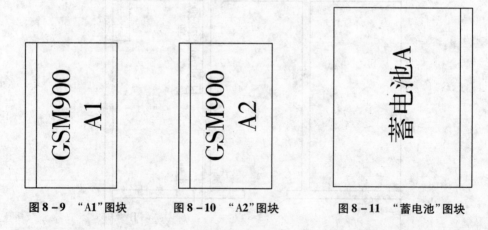

图 8 - 9   "A1"图块   图 8 - 10   "A2"图块   图 8 - 11   "蓄电池"图块

步骤④:绘制交流配电屏 AC。以图 8 - 7 中的 C 点为第一个对角点绘制一个 250 mm × 730 mm 的矩形,并将矩形的右侧边向内偏移 50 mm。

步骤⑤:绘制空调示意图。绘制两个 500 mm×200 mm 的矩形,并将一条边进行偏移,偏移距离为 50 mm,以此来代表空调的正面朝向。

（三）组合图形

步骤①:根据图 8 - 1 所示的通信机房平面图,将各个图块插入到图 8 - 7 的相应位置,并将空调示意图、交流配电屏、传输机架绘制到平面图的相应位置。然后将远期扩容设备示意图(如传输机架、GSM900A2、GSM900B2、GSM900C2 等)改为虚线。

步骤②:激活"比例缩放"命令,将整个图形进行缩小,比例缩放因子为 0.02。然后将缩小之后的图形放在 A3 图纸当中。

(四)添加注释和尺寸标注

为所绘制的通信机房平面图,添加文字注释和尺寸标注,如图 8–12 所示。

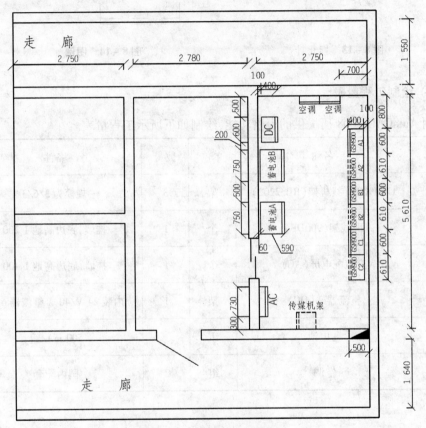

图 8–12　添加尺寸标注

(五)绘制指北针和图例

步骤①:绘制指北针。调用"直线"命令、"图案填充"命令、"多行文字"命令和"角度标注"命令,绘制如图 8–13 所示指北针。

步骤②:绘制如图 8–14 所示图例。

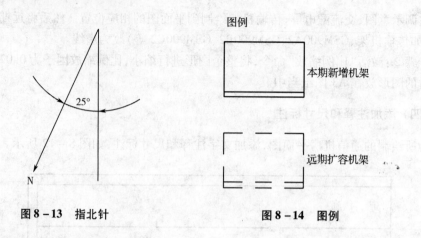

图例

本期新增机架

远期扩容机架

图 8 – 13　指北针　　　　　　　　　　图 8 – 14　图例

（六）绘制工程量表

使用 AutoCAD 2008 所提供的表格功能，绘制如下所示工程量表。

序号	名称	单位	数量	备注
1	GSM900 无线机架（RBS2202）	架	3	规模为 3/6/3
2	配线架（900DF）	个	1	挂墙，底边高地 1 200
3	交流配电屏（AC）	个	1	挂墙，底边高地 1 400
4	整流器架（OC）	架	1	内装 24 V/40 A 整流器 6 台
5	蓄电池	组		500 mA/组
6	空调	组	2	国内配套

任务二　通信线路施工图

通信线路工程设计是通信基本建设的一个重要环节。做好通信线路设计工作对保障通信畅通、提高通信质量，加快施工速度具有重大意义。本小节介绍通信线路施工图的绘制，其绘制思路是，首先绘制各种部件符号，然后设计图纸布局，确定各主要部件在图中的位置，第三步根据图形的需要绘制几条公路线，作为定位线，第四步将绘制好的部件符号放入到布局图中的相应位置，最后添加注释文字及标注，完成绘图。

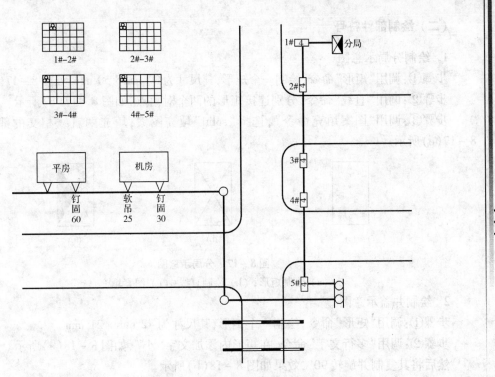

图 8-15 通信线路施工图

（一）配置绘图环境

1. 建立新文件

打开 AutoCAD 应用程序，以"A3. dwt"样板文件为模板，建立新文件。

2. 设置图层

调用菜单命令"格式"|"图层"，或者单击"图层管理器"图标 ，打开"图层特性管理器"，新建 3 个图层，分别为"部件层"、"线路层"和"公路线层"，并将"部件层"置为当前，设置好的各图层属性如图 8-16 所示。

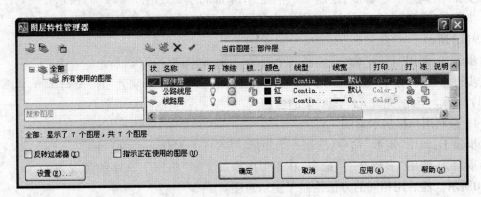

图 8-16 图层设置

3. 保存新文件

将新文件命名为"通信线路施工图.dwg"并保存。

（二）绘制部件符号

1. 绘制分局示意图

步骤①：调用"矩形"命令，绘制一个矩形，其尺寸为 30 mm ×50 mm，如图 8 – 17(a)所示。

步骤②：调用"直线"命令，分别连接矩形的两个对角点，如图 8 – 17(b)所示。

步骤③：调用"图案填充命令"，选择"solid"填充图案，填充两直线相交的部分，如图 8 – 17(c)所示。

(a)　　　　　　　(b)　　　　　　　(c)

图 8 – 17　分局示意图

（a）绘制矩形；（b）绘制直线；（c）图案填充

2. 绘制井盖示意图

步骤①：调用"矩形"命令，绘制一个矩形，其尺寸为 42 mm ×21 mm。

步骤②：调用"多行文字"命令，在矩形内添加文字"小"，如图 8 – 18(a)所示。然后将其复制并旋转90°，效果如图 8 – 18(b)所示。

(a)　　　　　　　　　　　　(b)

图 8 – 18　井盖示意图

（a）井盖示意图；（b）旋转90°

3. 绘制光纤配线架示意图

步骤①：调用"圆"命令，绘制一个半径为 14 mm 的圆，如图 8 – 19(a)所示。

步骤②：激活"复制"命令，以圆心为基点，进行复制，两个圆的圆心距为 42 mm，如图 8 – 19(b)所示。

步骤③：调用"直线"命令，绘制两个圆的切线，如图 8 – 19(c)所示。

步骤④：选择菜单"修改"|"拉长"命令，将两条切线的四个端分别拉长21 mm，如图 8 – 19(d)所示。至此，完成光纤配线架的绘制。

4. 绘制用户机房示意图

步骤①：调用"矩形"命令，绘制一个矩形，其尺寸为 150 mm ×90 mm。

步骤②：调用"多行文字"命令，在矩形内添加文字"机房"，文字的高度为 45 mm，如图 8 – 20所示。然后用相同的方法绘制平房示意图。

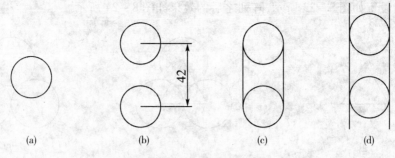

图8-19　光纤配线架示意图

（a）绘制圆；（b）复制圆；（c）绘制切线；（d）拉长结果

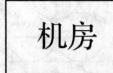

图8-20　机房示意图

5. 绘制铁路线图形符号

步骤①：调用"矩形"命令，绘制一个矩形，其尺寸为 60 mm×6 mm，如图8-21（a）所示。

步骤②：激活"复制"命令，以矩形的左上角点为基点，进行复制，将矩形复制为4个，效果如图8-21（b）所示。

步骤③：调用"图案填充"命令，选择"solid"填充图案，将第一个和第二个矩形进行填充，效果如图8-21（c）所示。至此，完成铁路线图形符号的绘制。

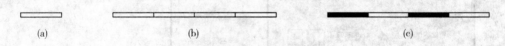

图8-21　铁路线图形符号

（a）绘制矩形；（b）多个复制；（c）图案填充

6. 绘制井内电缆占用位置图

步骤①：调用"正多边形"命令，绘制一个边长为 10 mm 的正三角形，如图8-22（a）所示。

步骤②：调用"圆"命令，分别以正三角形的三个顶点为圆心，绘制三个半径为 5 mm 的圆，效果如图8-22（b）所示。

步骤③：调用"删除"命令，将正三角形删除，效果如图8-22（c）所示。

步骤④：调用"直线"命令，过下面两个圆的圆心，绘制直线 AB，并将直线 AB 向下偏移 5 mm，效果如图8-22（d）所示。

步骤⑤：调用"直线"命令，过上面一个圆的圆心和直线 CD 的中点，绘制直线 EF，效果如图8-22（e）所示。

步骤⑥：调用"偏移"命令，以直线 AB 为源对象，通过点 E 进行偏移，偏移后删除源对象；然后以同样的方法，以直线 EF 为源对象，分别通过点 A 和点 B 进行偏移，偏移后删除源对象，结果如图8-22（f）所示。

步骤⑦：调用"矩形阵列"命令，对图8-22（f）中的矩形进行阵列，其中行、列偏移量分别为图8-22（e）中的直线 EF 和直线 AB 的长度（采用拾取行、列偏移量的方法进行设置），阵列的参数设置如图 8 – 23 所示,阵列之后的效果如图 8 – 24 所示。

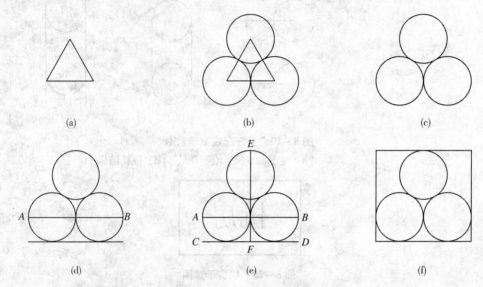

图 8 – 22　井内电缆示意图

（a）绘制正三角形；（b）绘制三个相切圆；（c）删除正三角形；（d）绘制直线并且偏移；
（e）绘制直线 EF；（f）偏移结果

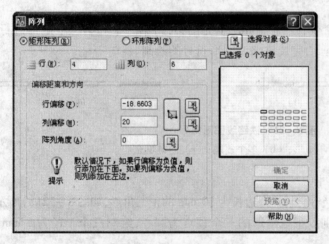

图 8 – 23　阵列参数设置图

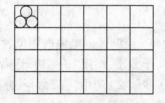

图 8 – 24　井内电缆占用位置图

（三）组合图形

步骤①:将图层切换至"公路线层",绘制公路线,结果如图 8 – 25 所示。

步骤②:根据图 8 – 15 所示,确定各部件的位置,进行组合图形。

步骤③:将图层切换至"线路层",进行线路连线,效果如图 8 – 15 所示。

（四）添加文字注释

按照图 8 – 15 所示,添加文字注释。

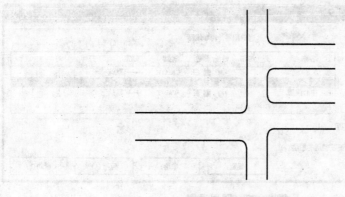

图 8－25 公路线图

任务三 架空光缆线路安装示意图

架空光缆线路工程就是将光缆架设在杆路上的一种光缆敷设方式,光缆的固定基本都是采用钢绞线支撑的吊挂方式。架空光缆线路具有投资省、工程建设期短和征地赔补少等优点,被广泛地运用于省内干线和本地网工程中。其绘制思路是:首先绘制电杆图形符号;其次绘制正吊线和辅吊线;第三绘制茶托拉板和扁钢,最后添加文字注释和说明。

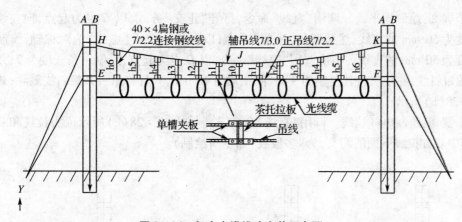

图 8－26 架空光缆线路安装示意图

(一)配置绘图环境

1. 建立新文件

打开 AutoCAD 应用程序,以"A4.dwt"样板文件为模板,建立新文件。

2. 设置图层

调用菜单命令"格式"|"图层",或者单击"图层管理器"图标 ✎ ,打开"图层特性管理器",新建两个图层,分别为"轮廓线层"和"中心线层",并将"轮廓线层"置为当前,设置好的各图层属性如图 8－27 所示。

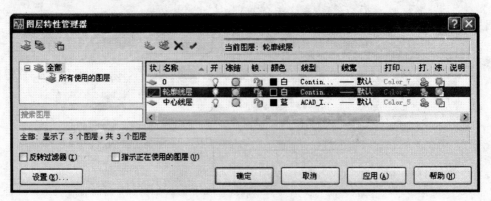

图 8-27   图层设置

3. 保存新文件

将新文件命名为"架空光缆线路图. dwg"并保存。

(二)绘制图形符号

1. 绘制电杆示意图

步骤①:绘制电杆主体。调用"矩形"命令,尺寸为 10 mm×120 mm,然后分解,并且将直线 *AB* 依次向下偏移,以绘制抱箍示意图,偏移距离依次为 12、4、20 和 4 mm,如图 8-28 (a)所示。

步骤②:绘制地平线。调用"直线"命令,打开"正交"方式,以 *C* 点为起点,向左绘制一条长度为 50 mm 的直线,然后调用"镜像"命令,以电杆的中线(虚线)为对称轴,绘制右边的长度为 50 mm 的直线。再次调用"直线"命令,以 *D* 点为起点,绘制一条长度为 7,角度为 240°的短斜线,并依次将其复制为 9 条,间距均为 10 mm,并且将第一条短斜线删除,效果如图 8-28(b)所示。

步骤③:绘制电杆拉线。调用"直线"命令,绘制如图 8-28(c)所示顶头拉线和双方拉线(其中双方拉线下面的箭头,为"多段线"命令所绘制)。

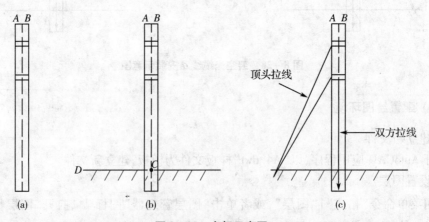

图 8-28   电杆示意图

(a) 电杆主体图;(b) 地平线图;(c) 电杆拉线图

步骤④:绘制另外一条电杆。调用"复制"命令,打开"正交"方式,以 *A* 点为基点,向右复制另外一条电杆,复制距离为 220 mm。然后调用"镜像"命令,将顶头拉线,以电杆中心线为对称轴做镜像,镜像后将源对象删除,效果如图 8 - 29 所示。

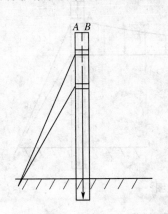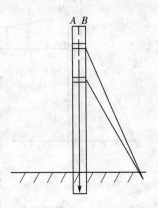

图 8 - 29　复制后电杆示意图

2. 绘制吊线

步骤①:绘制正吊线。调用"直线"命令,绘制正吊线,直线的起点和终点分别为点 E 和点 F,如图 8 - 30 所示。

步骤②:绘制辅吊线。调用"圆弧"命令,利用三点绘制圆弧的方法绘制辅吊线,圆弧的第一点、第二点和端点分别为点 H、J、K,如图 8 - 30 所示(其中点 J 与直线 EF 的中点位于同一条垂直方向上)。

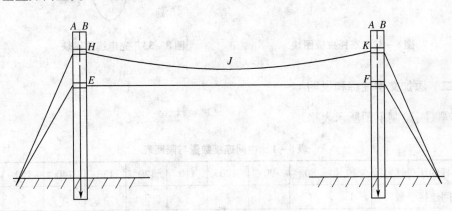

图 8 - 30　正、辅吊线图

3. 绘制连接钢绞线和茶托拉板

步骤①:选择菜单"绘图"|"点"|"定数等分"命令,将直线 EF 等分为 14 段,并将"草图设置"|"对象捕捉"对话框中的"节点"复选框选中。

步骤②:绘制连接钢绞线。调用"直线"命令,打开"正交"方式,将正吊线上的 13 个节点与辅吊线进行连接,然后调用"修剪"命令,以辅吊线为剪切边,将超出辅吊线的钢绞线剪切掉,效果如图 8 - 31 所示。

步骤③:绘制茶托拉板。调用"直线"命令,绘制三条直线,长度分别为 2、4、2 mm,如图 8 - 32 所示,然后调用"wblock"命令,将茶托拉板保存为图块,再按照图 8 - 26 所示的茶托拉板的位置进行插入块,并组合图形。

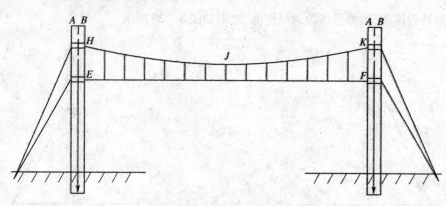

图8-31　连接钢绞线示意图

步骤④:绘制光电缆。调用"椭圆"命令,绘制光电缆,椭圆两个轴的长度分别为13 和6 mm,如图8-33 所示,并调用"wblock"命令保存成图块,然后照图8-26 所示的光电缆的位置进行插入块,并组合图形。

图8-32　茶托拉板图块　　　　　　　　图8-33　光电缆圈图块

(二)添加文字注释和说明

步骤①:绘制下图所示表格。

表8-1　中间连接数量与隔距表

电杆间距(m)	70	80	90	100	110	120	130	140	150	1
中间连接个数	1	1	1	3	3	3	5	5	5	7
中间连接间距(m)				25	27.5	30	21.6	23.3	25	20

步骤②:按照图8-26 所示,为整个图形添加文字注释和说明。

任务四　综合布线系统图

综合布线图指的是为楼宇进行网络和电话布线。如图8-34 所示为某栋大楼的综合布线图。该图包括了配线架、转化器和交换机示意图,以及楼层接线盒、出线座等各部件,各部件之间的相对位置关系较为清晰,但各楼层之间的配线关系较为复杂,下面将具体介绍此图的绘制方法。其绘制过程可以概述为:首先绘制电话间主配线架和内外网机房示意图;第二绘制某一层的配线结构图并复制出其它层的配线结构图;第三调整好各部分的相对位置并进行连线,最后为图形添加注释。

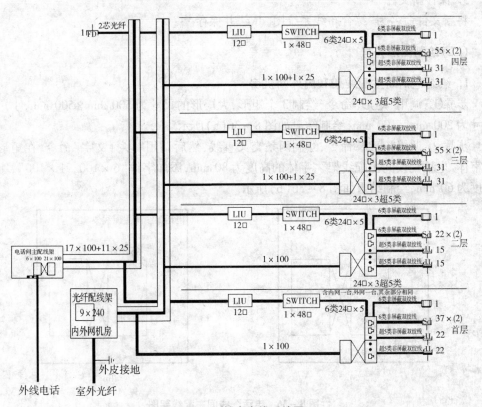

图 8 – 34 综合布线系统图

（一）配置绘图环境

1. 建立新文件

打开 AutoCAD 应用程序，以"A0. dwt"样板文件为模板，建立新文件。

2. 设置图层

调用菜单命令"格式"|"图层"，或者单击"图层管理器"图标 ，打开"图层特性管理器"，新建两个图层，分别为"母线层"和"电气线层"，并将"电气线层"置为当前，设置好的各图层属性如图 8 – 35 所示。

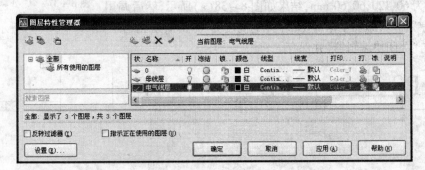

图 8 – 35 图层设置

3. 保存新文件

将新文件命名为"综合布线系统图.dwg"并保存。

(二)绘制图形符号

1. 绘制电话间主配线架和内外网机房

步骤①:调用"矩形"命令,绘制3个矩形,大矩形的尺寸为500 mm×500 mm,小矩形的尺寸为200 mm×100 mm,绘制结果如图8-36(a)所示。

步骤②:调用"直线"命令,绘制两条交叉直线,然后调用"多行文字"命令,在矩形内添加字体"电话配线间主配线架",字体的高度为80 mm,添加字体"6×100,21×100",字体的高度为60 mm,绘制结果如图8-36(b)所示。

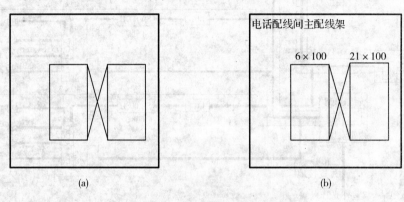

图8-36　电话配线间主配线架图

(a) 绘制矩形;(b) 添加多行文字

步骤③:内外网机房的绘制与电话间主配线架的绘制方法类似,其中大矩形的尺寸为200 mm×400 mm,小矩形的尺寸为100 mm×200 mm,然后调用"多行文字"命令,添加字体,字体的高度为40 mm,绘制结果如图8-37所示。

2. 绘制配线结构图

步骤①:绘制数据信息出线座。首先选择"工具"中的"块编辑器",将块的名字定义为"PS",点选"确定"按钮进入块编辑器中,在编辑器中编辑块。调用"直线"命令,绘制四条直线,直线的长度分别为60,120,60,60 mm,结果如图8-38(a)所示,然后调用

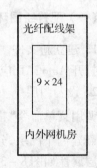

图8-37　内外网机房图

"多行文字"命令,添加字体"PS",字体的高度为45 mm,绘制结果如图8-38(a)所示,绘制完成后,点击"关闭块编辑器"并保存。

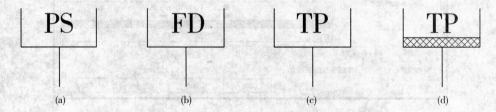

图8-38　出线座图

(a) 数据信息出线座;(b) 光纤信息出线座;(c) 外线电话出线座;(d) 内线电话出线座

步骤②:绘制光纤信息出线座。利用上一步骤中已经绘制好的数据信息出线座来进行绘制光纤信息出线座。仍然选择"工具"中的"块编辑器",创建新块,名称为"FD",然后将名称为"FD"的块编辑器关闭并保存,之后打开上一步绘制好的"PS"内部块,将该块复制,并粘贴至"FD"块编辑器当中,然后调用"多行文字"命令,将"PS"改为"FD",绘制结果如图8-38(b)所示,点击"关闭块编辑器"并保存。

步骤③:绘制外线电话出线座。该出现座的绘制方法如同光纤信息出现座的绘制方法,不再赘述。绘制结果如图8-38(c)所示。

步骤④:绘制内线电话出线座。该出线座的绘制方法是在数据信息出线座的基础之上,将长度为120 mm的水平直线向下偏移12 mm的距离,然后进行图案填充,填充图案选择"angle",结果如图8-38(d)所示。

步骤⑤:绘制预留接口图。调用"矩形"命令,绘制一个矩形,尺寸为120 mm×100 mm,然后将矩形分解,再调用"偏移"命令,将长度为120 mm的一条边向内侧偏移10 mm,结果如图8-39(a)所示。调用"直线"命令,绘制两条垂直直线,长度为80 mm,这两条直线到矩形两边的距离为20 mm,结果如图8-39(b)所示。调用"圆"命令,绘制两个小圆,直径为6 mm,两个小圆的位置如图8-39(b)所示。调用"圆角"命令,倒圆角,选择倒圆角的半径为30 mm,倒圆角后结果如图8-39(c)所示。

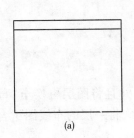
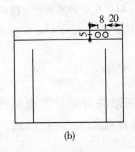
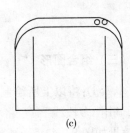

(a)　　　　　　　　　　(b)　　　　　　　　　　(c)

图8-39　预留接口图

(a)偏移结果;(b)绘制两个小圆;(c)倒圆角结果

步骤⑥:绘制楼层接线盒。调用"矩形"命令,绘制两个矩形,其中大矩形的尺寸为200 mm×800 mm,小矩形的尺寸为220 mm×440 mm,然后调用"直线"命令,绘制两条斜线,结果如图8-40(a)所示。调用"直线"命令,绘制8-40(b)接线盒中的插孔图形,插孔的尺寸和位置如图8-40(b)所示。调用"复制"命令,将插孔图形复制为两个,复制距离分别为140 mm和600 mm,然后调用"圆"命令和"图案填充"命令,绘制省略号图形,省略号的尺寸和位置如图8-40(c)所示。

步骤⑦:绘制光电转换器和交换机示意图。调用"矩形"命令,绘制两个矩形,尺寸分别为100 mm×200 mm和100 mm×300 mm,然后调用"多行文字"命令,在矩形内添加文字"LIU"和"SWITCH",字体高度为70 mm,"LIU"表示光电转换器,"SWITCH"表示交换机,结果如图8-41所示。

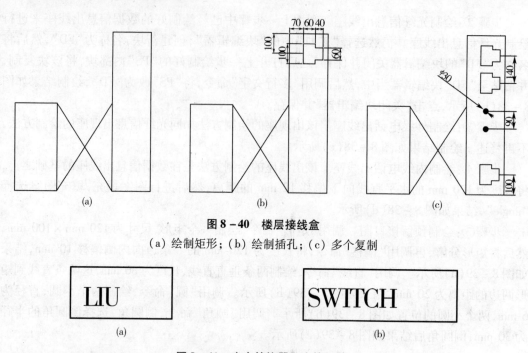

图 8 – 40　楼层接线盒

（a）绘制矩形；（b）绘制插孔；（c）多个复制

LIU　　　　　　　　SWITCH

（a）　　　　　　　　　　（b）

图 8 – 41　光电转换器和交换机图

（a）光电转换器示意图；（b）交换机示意图

（三）组合图形

步骤①:将以上所绘制的各个图形符号摆放至合适的位置,并且将图层更换至"母线层",调用"多段线"命令将各个部分连接起来,并且添加文字注释,将一层的布线图组合起来,效果如图 8 – 42 所示。

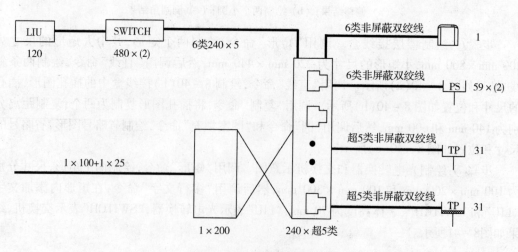

图 8 – 42　楼层接线图

步骤②:调用"复制"命令,将图 8 – 42 所示的楼层接线图复制为 4 个,然后摆放好电话配线间和光纤配线室的位置,结果如图 8 – 43 所示。

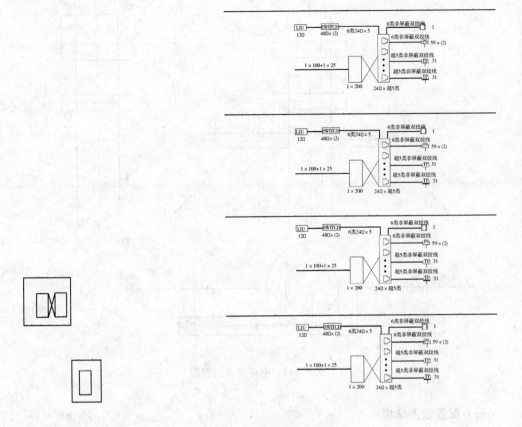

图 8 – 43　图纸布局

步骤③：将图层更换至"母线层"，调用"多段线"命令，根据图 8 – 34，绘制电话配线间及光纤配线室与各个楼层之间的连接母线。

（四）添加注释

按照图 8 – 34 所示，为整个图形添加文字注释和说明。

任务五　电杆安装三视图

在架空线路中，电杆是必不可少的电气设施，通过绘制本图，学习架空线路三视图的绘制方法。绘制思路是，首先根据三视图"长对正、高平齐、宽相等"的原则绘制主、左、俯视图的轮廓线，然后依次分别绘制主视图、左视图和俯视图。

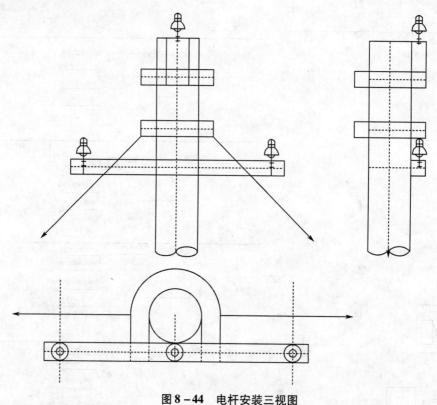

图 8-44 电杆安装三视图

（一）配置绘图环境

1. 建立新文件

打开 AutoCAD 应用程序，以"A0. dwt"样板文件为模板，建立新文件。

2. 设置图层

调用菜单命令"格式"|"图层"，或者单击"图层管理器"图标 ▧ ，打开"图层特性管理器"，新建三个图层，分别为"实体层"、"轮廓线层"和"中心线层"，并将"轮廓线层"置为当前，设置好的各图层属性如图 8-45 所示。

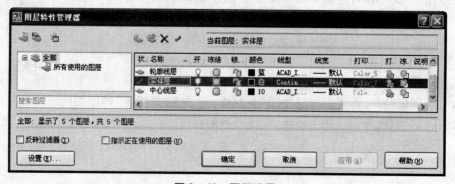

图 8-45 图层设置

3. 保存新文件

将新文件命名为"电杆安装三视图. dwg"并保存。

（二）绘制轮廓线

步骤①:调用"构造线"命令,在绘图区域绘制一条水平且两端无限延伸的构造线。

步骤②:调用"偏移"命令,以上一步骤中所绘制的那条构造线为起始,依次向下绘制13条构造线,每次均以上一条构造线为起始,偏移量依次为120,30,30,140,30,30,90,30,30,625,85,30 和 30 mm。结果如图 8 – 46 所示。

图 8 – 46　偏移结果

步骤③:调用"构造线"命令,绘制一条垂直构造线。

步骤④:调用"偏移"命令,以上一步骤中所绘制构造线为起始,依次向右绘制 12 条构造线,每次均以上一条构造线为起始,偏移量依次为 50,230,60,85,85,60,230,50,350,85,85 和 60 mm。结果如图 8 – 47 所示。

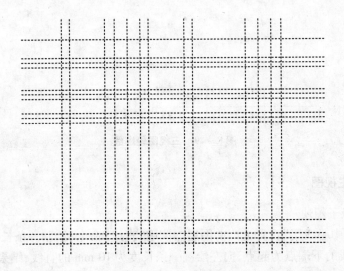

图 8 – 47　偏移结果

步骤⑤:调用"修剪"命令和"删除"命令,将图 8 – 47 修剪成三个区域,每个区域对应一个视图,结果如图 8 – 48 所示。

图 8 - 48　图纸布局

　　步骤⑥:继续调用"修剪"命令和"删除"命令,将图 8 - 48 的三个区域,分别修剪为主、左、俯视图的轮廓线图,结果如图 8 - 49 所示。

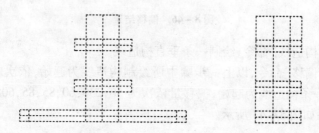

图 8 - 49　三视图轮廓线

(三) 绘制主视图

1. 绘制绝缘子图块

　　步骤①:将"中心线层"设置为当前图层。调用"直线"命令,绘制一条长度为110 mm 的直线,然后以直线的下端点为起点,向左绘制一条长度为 10 mm 的直线,结果如图 8 - 50(a) 所示。

　　步骤②:调用"偏移"命令,将直线 1,依次向上偏移,偏移量依次为 5,15,25,8,30 和12 mm,然后删除直线 1,结果如图 8 - 50(b) 所示。

　　步骤③:调用"拉长"命令,将直线 5 向左拉长 23 mm,将直线 6 和 7 分别向左拉长3 mm, 结果如图 8 - 50(c) 所示。

步骤④:调用"圆弧"命令,以直线 6 的左端点为起点,以直线 5 的左端点为终点,以 65 mm 为半径,绘制圆弧,结果如图 8 - 50(d)所示。然后调用"直线"命令,以直线 4 的左端点为起点,绘制一条长度为 18 mm,角度为 135°的直线,该直线与直线 5 相交,最后调用"修剪"命令,修剪掉多余部分,结果如图 8 - 50(d)所示。

步骤⑤:调用"直线"命令,连接直线 6 和直线 7 的两个端点,绘制直线 8,并调用"拉长"命令,将直线 8 向上拉长 5 mm,结果如图 8 - 50(d)所示。

步骤⑥:调用"圆弧"命令,以中心线的上端点为起点,以直线 8 的上端点为终点,以 10 mm 为半径,绘制圆弧,结果如图 8 - 50(e)所示。

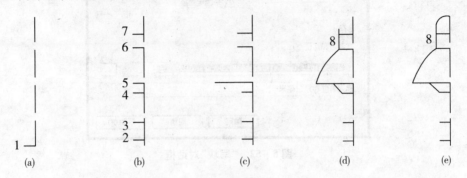

图 8 - 50 绝缘子左半部分示意图

(a) 绘制直线;(b) 偏移结果;(c) 拉长结果;(d) 绘制圆弧和直线;(e) 绘制圆弧

步骤⑦:调用"镜像"命令,以图 8 - 50(e)为对象,以绝缘子中心线为镜像线,做镜像操作,结果如图 8 - 51(a)所示。

步骤⑧:调用"圆"命令,以中心线的上端点为圆心,以 2.5 mm 为半径,绘制圆,结果如图 8 - 51(b)所示。

步骤⑨:调用"图案填充"命令,选择"solid"图案,将圆进行填充,结果如图 8 - 51(c)所示。

步骤⑩:在命令行输入"wblock"的"写块"命令,弹出如图 8 - 52 所示的"写块"对话框。在"源"选项组下选择"对象"单选按钮,用鼠标捕捉中心线的下端点为基点,单击"选择对象"前面的 按钮,暂时回到绘图窗口中进行选择,选择图 8 - 51(c)中的绝缘子,按下 Enter 键,回到"写块"对话框。输入文件名和路径,也可以单击"文件名和路径"下面的 按钮,选择路径,在路径后面输入文件名。在"插入单位"下拉列表中选择"毫米",单击"确定"按钮,将绝缘子存储为图块。

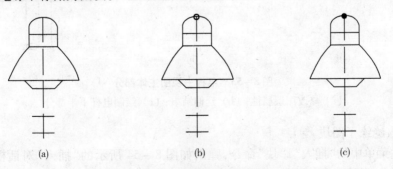

图 8 - 51 绝缘子图块完成图

(a) 镜像命令;(b) 绘制圆;(c) 填充结果

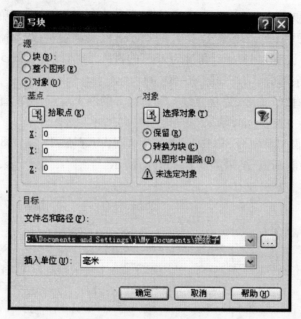

图 8-52　"写块"对话框

2. 绘制顶杆支座抱箍

步骤①：选中图 8-49 主视图轮廓线中的实体图形，将其图层属性设置为"实体层"。单击"图层"工具栏的下拉按钮，弹出下拉菜单，单击鼠标左键选择"实体层"，将其图层属性设置为"实体层"，结果如图 8-53(a)所示。然后调用"偏移"命令，将矩形 1 中的左竖直边和右竖直边分别向内侧偏移 115 mm 的距离，结果如图 8-53(a)所示。

步骤②：调用"延伸"命令，将上一步骤中偏移得到的两条竖直边分别延伸至电杆主视图的上边界，结果如图 8-53(b)所示。

步骤③：调用"拉长"命令，将电杆主视图的两条竖直边，分别向下拉长 300 mm，然后调用"圆弧"命令，在最下端绘制 3 段圆弧，结果如图 8-53(c)所示。

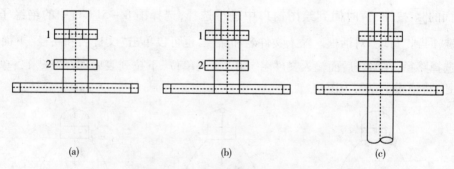

(a)　　　　　　　　　　　(b)　　　　　　　　　　　(c)

图 8-53　电杆主视图主体部分

(a) 修改图层属性；(b) 延伸结果；(c) 绘制电杆下半部分

3. 插入绝缘子图块

选择主菜单中的"插入"|"块"命令，弹出如图 8-54 所示的"插入"对话框。单击"名称"右侧的"浏览"按钮，选择前面存储的"绝缘子"图块，在图 8-53(c)中添加绝缘子，结果如图 8-55 所示。

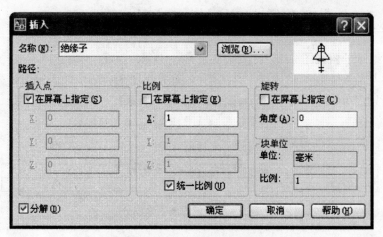

图 8-54 "插入"对话框

4. 绘制拉线

步骤①:调用"直线"命令,在"极轴"和"对象捕捉"的方式下,以矩形 2 的左下角点为直线的起点,角度为225°,直线的下端点与电杆中心线的下端点在同一条水平线上,绘制左边的拉线。然后调用"镜像"命令,以左边拉线为对象,以电杆中心线为镜像线,绘制右边的拉线。

步骤②:调用"多段线"命令,绘制拉线箭头,命令行提示如下:

命令:_PLINE

指定起点:

当前线宽为 12.0000

指定下一个点或［圆弧(A)/半宽(H)/长度(L)/放弃(U)/宽度(W)］:W∥选择"线宽"模式

指定起点宽度 <12.0000>:0∥指定起点线宽

指定端点宽度 <0.0000>:18∥指定端点线宽

指定下一个点或［圆弧(A)/半宽(H)/长度(L)/放弃(U)/宽度(W)］:150∥指点箭头长度150

结果如图 8-56 所示。至此,完成电杆主视图的绘制。

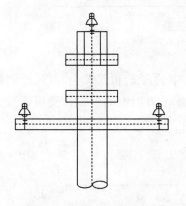

图 8-55 添加"绝缘子"

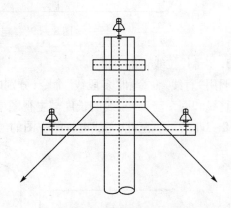

图 8-56 绘制"拉线"

（三）绘制俯视图

1. 绘制绝缘子俯视图

步骤①：与绘制主视图时的操作方法类似，首先将图 8-49 中的俯视图轮廓线的主体部分，由"轮廓线层"更换至"实体层"，结果如图 8-57 所示。

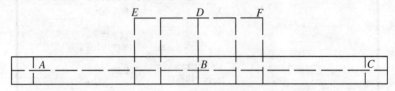

图 8-57　俯视图主体部分

步骤②：调用"圆"命令，分别以图 8-57 中的点 A、B、C 为圆心，绘制两个同心圆，其中大圆的半径为 33 mm，小圆的半径为 13 mm，结果如图 8-58 所示。

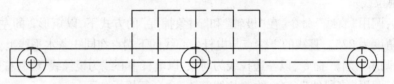

图 8-58　"绝缘子"俯视图

2. 绘制电杆、抱箍俯视图

调用"圆"命令，以图 8-57 中的点 D 为圆心，分别以 85 mm 和 145 mm 为半径，绘制同心圆，然后调用"修剪"命令，修剪图中多余的圆弧及直线，结果如图 8-59 所示。

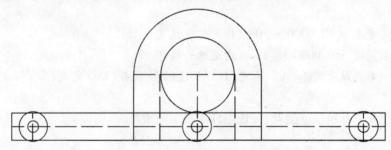

图 8-59　"电杆、抱箍"俯视图

3. 绘制"拉线"俯视图

调用"直线"命令和"多段线"命令，分别以图 8-57 中的点 E 和点 F 为起点，绘制两条水平直线和两个箭头（拉线的长度与主视图中的拉线在水平方向上的投影长度相等），结果如图 8-60 所示。至此，完成电杆俯视图的绘制。

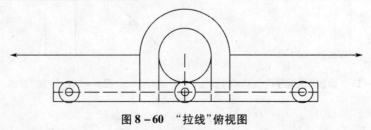

图 8-60　"拉线"俯视图

（四）绘制左视图

左视图的绘制过程，可以参考前面绘制主视图和俯视图的步骤，所以不作详细介绍，只简单介绍左视图的大致步骤。

步骤①：将图 8-49 中的左视图轮廓线的主题部分，更换至"实体层"，结果如图 8-61 所示。

步骤②：调用"拉长"命令，将电杆左视图的两条竖直边分别向下拉长 300 mm，然后调用"圆弧"命令，绘制 3 条圆弧，构成电杆的底端。

步骤③：调用"矩形"命令，分别以图 8-61 中的矩形 1 和矩形 2 的左上角定点为第一个角点，向左绘制两个 60 mm×60 mm 的矩形。然后调用"修剪"命令，将矩形 3 中的多余直线修剪掉，结果如图 8-62 所示。

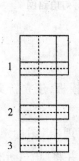

图 8-61　修改图层属性

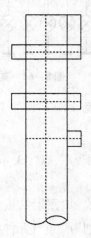

图 8-62　电杆主体左视图

步骤④：选择主菜单中的"插入"|"块"命令，插入绝缘子图块。

步骤⑤：绘制"拉线"左视图。至此，完成电杆左视图的绘制，结果如图 8-63 所示。

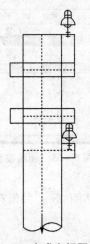

图 8-63　完成左视图绘制

任务六　汽车信号灯电路图

图 8-64 为某型号货运汽车的信号灯原理图。其绘制思路是：首先观察图纸的结构与布局，以选择适当大小的图纸；其次绘制图纸中的各个电气元件；第三步根据图纸布局绘制线路图；最后组合图形并且添加文字注释。

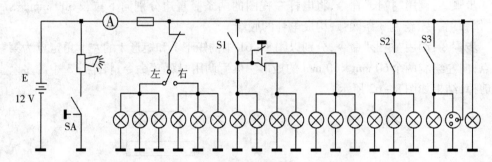

图 8-64　某型号货运汽车信号灯电路图

（一）配置绘图环境

1. 建立新文件

打开 AutoCAD 应用程序，以"A3. dwt"样板文件为模板，建立新文件。

2. 设置图层

调用菜单命令"格式"|"图层"，或者单击"图层管理器"图标 ≥，打开"图层特性管理器"，新建两个图层，分别为"电气元件层"、"线路层"，并将"电气元件层"置为当前，设置好的各图层属性如图 8-65 所示。

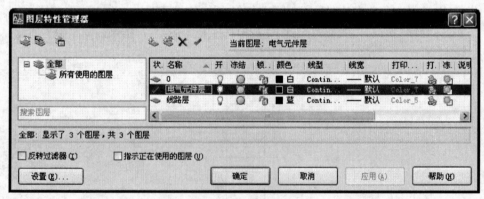

图 8-65　图层设置

3. 保存新文件

将新文件命名为"汽车信号灯电路图. dwg"并保存。

（二）绘制电气元件符号

1. 绘制信号灯符号

步骤①：调用"圆"命令，绘制一个半径为 4 mm 的圆，然后调用"直线"命令，过圆心绘制两条直径,结果如图8－66(a)所示。

步骤②:调用"旋转"命令,以圆心为基点,将图8－66(a)中的两条直径旋转45°,结果如图8－66(b)所示。

图8－66　信号灯

(a)圆和两条直径;(b)旋转

2. 绘制电源符号

步骤①:打开"正交"方式,调用"直线"命令,绘制一条长度为5 mm的水平直线,结果如图8－67(a)所示。

步骤②:调用"偏移"命令,将上一步骤中绘制的直线向下偏移3 mm,结果如图8－67(b)所示。

步骤③:选择菜单"绘图"|"点"|"定数等分"命令,将直线2等分为4段,然后将第一段和最后一段删除,结果如图8－67(c)所示。(注意:删除第一段和最后一段直线之前,应事先将"工具"|"草图设置"|"对象捕捉"选项卡中"节点"前面的复选框勾上,结果如图8－68所示。)

步骤④:将图8－67(c)中的图形进行复制,复制距离为6 mm,至此完成电源符号的绘制,结果如图8－67(d)所示。

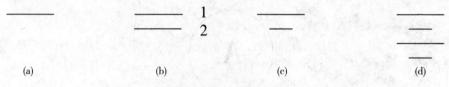

(a)　　　　　　　(b)　　　　　　　(c)　　　　　　　(d)

图8－67　电源符号

(a)绘制直线;(b)偏移结果;(c)删除结果;(d)复制结果

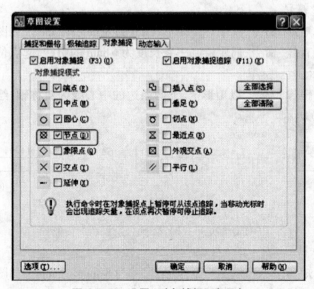

图8－68　设置"对象捕捉"选项卡

3. 绘制转向开关符号

步骤①:在"正交"状态下,调用"正多边形"命令,绘制一个边长为 6 mm 的正三角形;然后调用"圆"命令,分别以正三角形的三个顶点为圆心,绘制三个半径为 1 mm 的圆,结果如图 8-69(a)所示。

步骤②:删除正三角形。

步骤③:将"草图设置"选项卡中的"切点"复选框勾上(设置方法在项目一中已经介绍过,这里不再赘述),然后调用"直线"命令,分别捕捉直线与两个圆的两个切点,绘制一条直线,结果如图 8-69(b)所示。

(a)   (b)

图 8-69　转向开关

(a) 绘制正三角形和圆;(b) 绘制切线

4. 绘制电流表符号

步骤①:调用"圆"命令,绘制一个半径为 4 mm 的圆。

步骤②:调用"多行文字"命令,输入文字内容"A"。文字样式为:SHX 字体选择 gbenor. shx,大字体选择 gbcbig. shx,文字高度为 5 mm。结果如图 8-70 所示。

图 8-70　电流表

5. 绘制保险丝符号

步骤①:调用"矩形"命令,绘制一个矩形,尺寸为 8 mm×4 mm。如图 8-71(a)所示。

步骤②:调用"直线"命令,向左绘制一条长度为 6 mm 的引线,起点位于矩形的中心点,如图 8-71(b)所示。

步骤③:调用"镜像"命令,以矩形上、下两条边的中心线为对称轴,绘制另外一条引线,结果如图 8-71(c)所示。

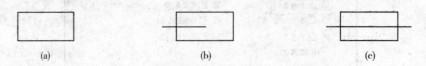

(a)   (b)   (c)

图 8-71　保险丝

(a) 绘制矩形;(b) 绘制左引线;(c) 镜像

6. 绘制电喇叭符号

步骤①:调用"矩形"命令,绘制一个矩形,尺寸为 8 mm×4 mm。如图 8-72(a)所示。

步骤②:调用"直线"命令,绘制如图 8-72(b)所示图形。

步骤③:调用"直线"命令,绘制一组短斜线,斜线长度均为 2 mm,如图 8-72(c)所示。

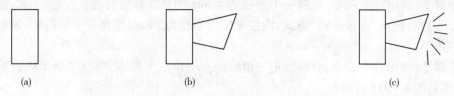

图 8-72 电喇叭

(a)绘制矩形;(b)绘制直线;(c)结果

7. 绘制喇叭按钮符号

步骤①:调用"直线"命令,绘制图 8-73 中所示的直线 1、2、3、4。其中,直线 1 和 2 的长度均为 6 mm;直线 3 的长度为 10 mm,角度与 x 轴正方向成 120°角;直线 4 的长度为 8 mm,线型选择虚线,线型比例设置为 0.4,选中直线 4,单击鼠标右键,打开"特性"选项卡,其具体设置如图 8-74 所示。

步骤②:调用"多段线"命令,绘制直线 5,多段线的宽度为 1,长度为 4 mm。

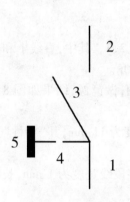

图 8-73 喇叭按钮

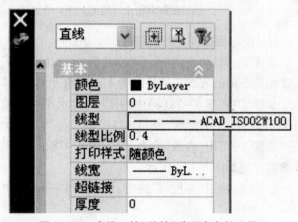

图 8-74 直线 4 的"特性"选项卡参数设置

8. 绘制开关符号

调用"直线"命令,绘制图 8-89 中所示的直线 1、2、3。其中,直线 1 和 2 的长度均为 6 mm;直线 3 的长度为 10 mm,角度与 x 轴正方向成 120°角。

9. 绘制闪光继电器符号

其绘制方法与上面绘制开关符号的方法类似,如图 8-90 所示,直线 1 和 2 的长度均为 6 mm;直线 3 的长度为 12 mm,角度与 x 轴正方向成 60°角;直线 4 的长度为 8 mm。

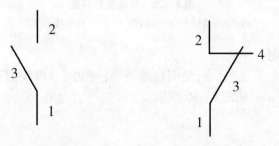

图 8-75 信号灯开关　　　　**图 8-76 闪光继电器**

10. 绘制插座符号

步骤①:调用"圆"命令,绘制一个半径为 4 mm 的圆。然后打开"正交"方式,调用"正多边形"命令,选择"内接于圆"方式,内接于圆的半径为 2 mm,绘制一个如图 8-77(a)所示的正三角形。

步骤②:调用"圆"命令,分别以正三角形的三个顶点为圆心,绘制三个半径为 1 mm 的圆,结果如图 8-91(b)所示。

步骤③:删除正三角形,结果如图 8-77(c)所示。

　　　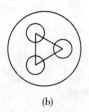　　　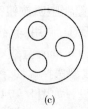

(a)　　　　　　　　　　(b)　　　　　　　　　　(c)

图 8-77　插座

(a)绘制圆和正三角形;(b)绘制三个小圆;(c)删除正三角形

11. 绘制脚踏变光开关符号

步骤①:调用"直线"命令,绘制图 8-78(a)中所示的直线 1、2、3。其中,直线 1 和 2 的长度均为 3 mm;直线 3 的长度为 4 mm,角度与 x 轴正方向成 30°角。

步骤②:将图 8-78(a)中的图形,以水平方向直线为对称轴,做镜像,结果如图 8-78(b)所示。

步骤③:调用"直线"命令,绘制图 8-78(c)中的直线 4,长度为 11 mm,其"特性"选项卡参数设置如图 8-79 所示。

步骤④:调用"多段线"命令,绘制图 8-78(c)中的直线 5,多段线宽度为 1 mm,长度为 4 mm。

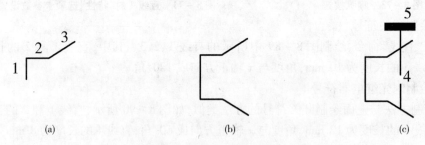

(a)　　　　　　　　　　(b)　　　　　　　　　　(c)

图 8-78　脚踏变光开关

(a)绘制直线;(b)镜像;(c)绘制虚线和多段线

12. 绘制接地符号

调用"多段线"和"直线"命令,绘制接地符号。其中,多段线的宽度为 1 mm,长度为 5 mm;直线的长度为 2 mm,如图 8-80 所示。

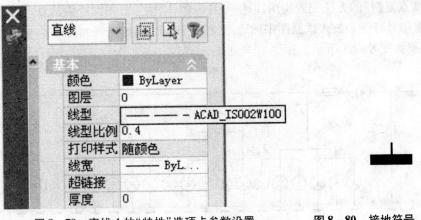

图 8 – 79　直线 4 的"特性"选项卡参数设置　　　　图 8 – 80　接地符号

（三）绘制线路图

（1）将当前图层切换至"线路层"。然后按照图 8 – 81 中所标注的尺寸,调用"直线"和"偏移"等命令绘制一组直线。

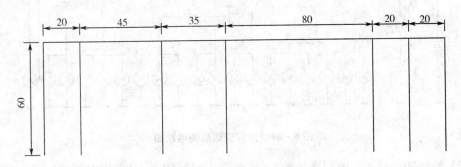

图 8 – 81　绘制一组直线

（2）继续绘制主线路图,按照图 8 – 82 中所标注的尺寸,调用"直线"、"偏移"、"打断于点"等命令完成绘图(详细过程不再进行具体介绍)。

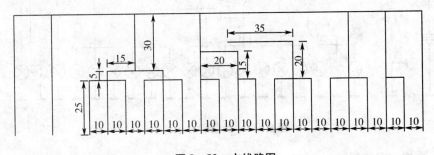

图 8 – 82　主线路图

（四）组合图形

（1）将前面所绘制的电气元件放到图 8 – 82 所示的主线路图中的适当位置。本图中编者采用"带基点复制"的方法完成绘图,以信号灯为例,以信号灯的圆心为基点,选择"多个"复制模式,将信号灯逐一放入线路图中的适当位置。这里,其他电气元件的置入方法就不再赘述了。结果如图 8 – 83 所示。

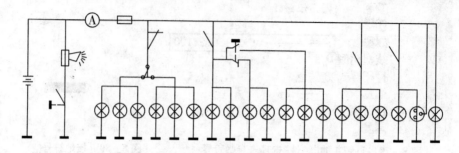

图 8 – 83 将各个电气元件放入线路图中的适当位置

(2)调用"打断"、"修剪"、"删除"等命令,对图 8 – 83 进行整理,整理后的结果如图 8 – 84 所示。

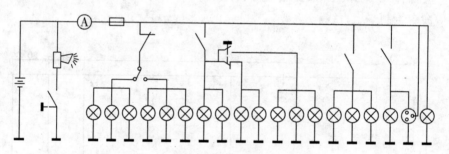

图 8 – 84 修剪整理后的电路图

(3)绘制圆点接头。绘制半径为 1 mm 的圆,再选择 SOLID 图案对圆进行图案填充,完成绘制圆点接头。然后进行多个复制,结果如图 8 – 85 所示。

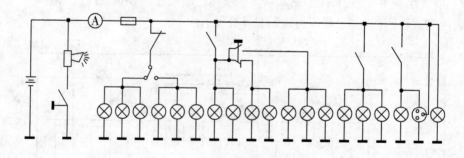

图 8 – 85 绘制圆点接头

(五)添加文字注释

按照图 8 – 64 所示,为整个图形添加文字注释和说明。

任务七　台式电脑外观设计图

图 8 – 86 是某品牌台式电脑的外观设计平面图,本项目详细介绍了该图的绘制过程。其绘制思路是,首先绘制显示器及其底座的外观形状,然后绘制机箱面板和箱体的二维平面图,最后组合图形并且为整个图纸添加文字注释和相关说明。

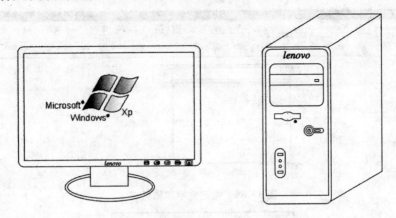

图 8 – 86　某品牌台式电脑外观设计图

（一）配置绘图环境

1. 建立新文件
打开 AutoCAD 应用程序,以"A0. dwt"样板文件为模板,建立新文件。
2. 保存新文件
将新文件命名为"台式电脑外观设计图. dwg"并保存。

（二）绘制显示器及其底座

1. 绘制显示器外观形状
步骤①:调用"矩形"命令,绘制一个矩形,尺寸为 440 mm × 280 mm,然后将矩形分解。
步骤②:调用"偏移"命令,将矩形的四条边分别向内侧偏移 10 mm,结果如图 8 – 87(a)所示。
步骤③:调用"修剪"命令,将多余部分修剪掉,结果如图 8 – 87(b)所示。
步骤④:调用"圆角"命令,对大矩形的四个角进行倒圆角,圆角的半径为 10 mm,结果如图 8 – 87(c)所示。

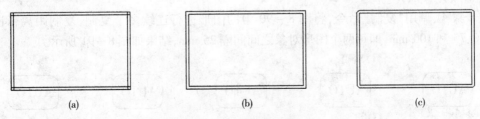

图 8 – 87　绘制显示器
（a）偏移结果;（b）修剪结果;（c）圆角结果

2. 绘制前控制面板按键

步骤①:调用"矩形"命令,绘制一个矩形,尺寸为 12 mm × 8 mm。

步骤②:调用"多行文字"命令,文字编辑区域的第一角点和对角点分别指定上一步骤中所绘制矩形的左上角点和右下角点,如图 8-88 所示。在文字编辑区域中输入文字内容"AUTO",并且将文字内容"居中",文字对齐方式选择"正中",文字高度为 3 mm,结果如图 8-89 所示。

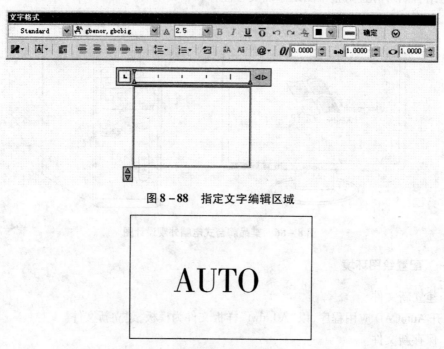

图 8-88　指定文字编辑区域

AUTO

图 8-89　输入文字

步骤③:调用"圆角"命令,将矩形的四个角进行倒圆角,圆角的半径为 2 mm。结果如图 8-90 所示。

AUTO

图 8-90　倒圆角结果

步骤④:调用"复制"命令,将图 8-90 中的图形进行连续多个复制,复制距离依次为 25、50、75 和 100 mm,即每两个图形对象之间间隔 25 mm,结果如图 8-91 所示。

图 8-91　"多个"模式复制结果

步骤⑤:调用"圆"命令,绘制一个半径为1 mm的圆。然后调用"直线"命令,打开"正交"方式,绘制一条长度为1 mm的竖直直线,结果如图8-92(a)所示。

步骤⑥:选择长度为1 mm的直线为对象,作环形阵列,环形阵列的中心点为圆心,阵列对话框设置如图8-93所示。阵列后的结果如图8-92(b)所示。

步骤⑦:调用"图案填充"命令,选择"SOLID"图案,对圆进行图案填充,结果如图8-92(c)所示。

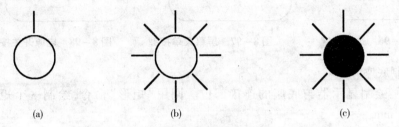

图8-92 绘制选择按键图案

(a)绘制圆和直线;(b)环形阵列结果;(c)图案填充结果

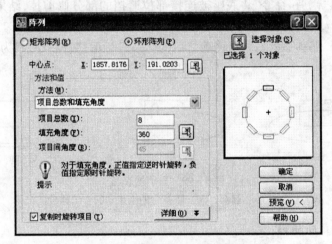

图8-93 环形阵列对话框参数设置

步骤⑧:调用"正多边形"命令,绘制一个边长为2 mm的正三角形,然后调用"图案填充"命令,选择"SOLID"图案,将正三角形进行填充,结果如图8-94所示。

步骤⑨:将图8-91中的第二个图形中的文字内容"AUTO"删除,然后将图8-92(c)和图8-94中的图形移动至其中,结果如图8-95所示。

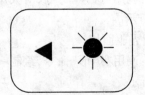

图8-94 绘制三角形及图案填充　　　　**图8-95 选择按键**

步骤⑩:将图8-91中后三个图中的文字内容"AUTO"删除,然后与上述步骤类似,依次绘制其他三个按键。各按键中的图形尺寸和文字高度与前面步骤中的描述相同即可。电源开关按键中的圆半径为 1.5 mm,包含角度为 300°,竖线的长度为 2 mm。结果分别如图 8-96、8-97、8-98 所示。

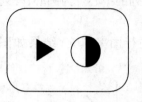

图 8-96　选择按键　　　　图 8-97　屏幕菜单按键　　　图 8-98　电源开关按键

3. 绘制底座

步骤①:绘制显示器与底座的连接部位。调用"矩形"命令,绘制一个矩形,尺寸为 90 mm ×45 mm。

步骤②:调用"椭圆"命令,以上一步骤中所绘制矩形的下边长的中点为椭圆的中心,椭圆的长轴长度为 100 mm,短轴长度为 28 mm,结果如图 8-99(a)所示。

步骤③:调用"修剪"命令,将底座被连接部位遮挡的部分修剪掉,结果如图 8-99(b)所示。

步骤④:调用"偏移"命令,将被修剪之后的椭圆进行偏移,偏移距离为 6 mm,结果如图 8-99(c)所示。

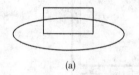
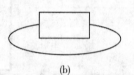
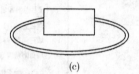

(a)　　　　　　　　　(b)　　　　　　　　　(c)

图 8-99　显示器底座
(a)绘制矩形和椭圆;(b)修剪后的结果;(c)偏移后的结果

(三)绘制计算机机箱

1. 绘制机箱正面形状

步骤①:调用"矩形"命令,绘制一个矩形,尺寸为 370 mm ×160 mm,然后将矩形分解。接着调用"偏移"命令,将矩形的上、左、右边长分别向内侧偏移 5 mm,下边长向上偏移 20 mm,结果如图 8-100(a)所示。

步骤②:调用"修剪"命令,将多余部分修剪掉,结果如图 8-100(b)所示。

步骤③:调用"圆角"命令,对大矩形的四个角进行倒圆角,圆角半径为 8 mm,结果如图 8-100(c)所示。

2. 绘制光驱面板

步骤①:调用"矩形"命令,绘制一个矩形,尺寸为 130 mm ×100 mm,矩形的定位尺寸如图 8-101 所示。

步骤②:将矩形分解,然后选择菜单"绘图" I "点" I "定数等分"命令,将矩形的左边长等分为四等份。接着在"对象捕捉"对话框中选中"节点"复选框,再调用"直线"命令,绘制两条直线,结果如图 8-102(a)所示。

步骤③:对矩形进行倒圆角,圆角半径为 8 mm,结果如图 8-102(b)所示。

步骤④:绘制光驱开关按钮,其尺寸如图8-102(c)所示。

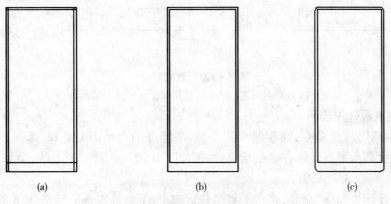

(a)　　　　　　　　　　(b)　　　　　　　　　　(c)

图8-100　机箱正面形状

(a)偏移结果;(b)修剪结果;(c)圆角结果

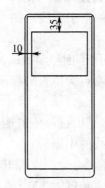

图8-101　矩形定位尺寸

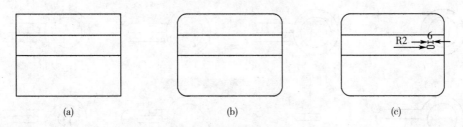

(a)　　　　　　　　　　(b)　　　　　　　　　　(c)

图8-102　光驱面板

(a)绘制直线;(b)圆角结果;(c)绘制光驱开关按钮

3.绘制软驱面板

步骤①:调用"矩形"命令,绘制一个矩形,尺寸为60 mm×12mm,并且将矩形分解。

步骤②:调用"定数等分"命令,将矩形的上边长等分为四份。然后调用"圆弧"命令,采用三点法绘制圆弧,圆弧的第一点、第二点和第三点分别如图8-103(a)中所示。

步骤③:调用"镜像"命令,以矩形左、右边长的中点所在直线为对称轴,将圆弧进行镜像,结果如图8-103(b)所示。

步骤④:调用"修剪"命令,将直线多余部分修剪掉,结果如图8-103(c)中所示。

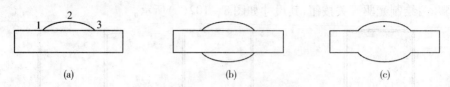

图 8 - 103　软驱面板

（a）绘制圆弧；（b）镜像结果；（c）修剪结果

4. 绘制电源开关按钮

步骤①：调用"圆"命令，绘制两个同心圆，半径分别为 8 mm 和 12 mm。然后调用"直线"命令，过大圆水平直径的右端点，绘制一条长度为 20 mm 的水平直线，结果如图 8 - 104（a）所示。

步骤②：调用"偏移"命令，将水平直线分别向上、下偏移 5 mm，结果如图 8 - 104（b）所示。然后调用"延伸"命令，将偏移后的两条直线延伸至与大圆相交，结果如图 8 - 104（c）所示。再调用"圆弧"命令，绘制一条半圆弧，结果如图 8 - 104（d）所示。

步骤③：调用"修剪"命令，将大圆位于直线之间的部分修剪掉，结果如图 8 - 104（e）所示。

步骤④：调用"直线"命令，绘制两条间距为 4 mm 的水平直线，直线长度为 10 mm，然后调用"圆弧"命令，分别以直线的四个端点为圆弧的起点和端点，绘制两条半圆弧，结果如图 8 - 104（f）所示。

步骤⑤：调用"移动"命令，将图 8 - 104（f）中的图形移动至图 8 - 104（g）中的适当位置，图中的 A 点和 B 点分别为两条直线的中点。

步骤⑥：调用"圆弧"和"直线"命令，绘制电源开关按钮标志图形，结果如图 8 - 104（h）。其中圆弧的半径为 3.5 mm，半含角度为 300°，直线的长度为 4.9 mm。

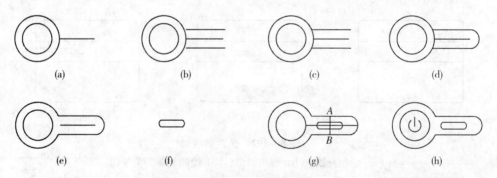

图 8 - 104　绘制机箱电源开关按钮

（a）绘制同心圆和直线；（b）偏移结果；（c）延伸结果；（d）绘制半圆弧

（e）修剪结果；（f）绘制直线和半圆弧；（g）移动结果；（h）绘制电源开关标志

5. 绘制耳机和 USB 插口

步骤①：调用"直线"和"圆弧"命令，绘制两条竖直平行线和两条半圆弧，结果如图 8 - 105（a）所示。其中直线的长度为 48 mm，平行线间距为 22.5 mm。

步骤②：调用"矩形"命令，绘制一个矩形，尺寸为 12 mm × 5 mm，并且将矩形放至图 8 - 105（a）中的适当位置，结果如图 8 - 105（b）所示。

步骤③：调用"镜像"命令，将矩形以两条竖直直线中点的连线为对称轴进行镜像，结果如图 8 - 105(c)所示。

步骤④:与步骤②和步骤③类似,绘制耳机和麦克插孔,结果如图 8 - 105(d)所示。其中两个同心圆的半径分别为 3 mm 和 2 mm。

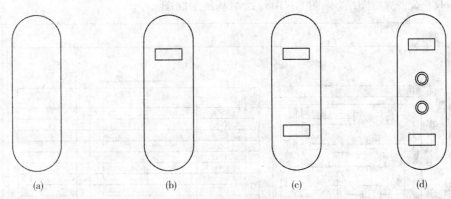

(a)   (b)   (c)   (d)

图 8 - 105 绘制 USB 和耳机插孔

(a)绘制直线和半圆弧;(b)绘制矩形;(c)镜像结果;(d)绘制耳机和麦克插孔

（四）组合图形

(1)根据图 8 - 86,将显示器和底座进行组合,并且将显示器前控制面板中的各个按键移动至适当位置。

(2)将计算机机箱面板中的各个图形进行组合,结果如图 8 - 106 所示。

(3)绘制计算机机箱箱体。

步骤①:在状态栏的"对象捕捉"选项卡上单击鼠标右键,打开"对象捕捉"对话框,将"切点"前的复选框勾上,然后调用"直线"命令,以机箱右下方圆角上的切点为起点,绘制一条长度为 148 mm,角度为 30°的直线 1。

步骤②:调用"复制"命令,将直线 1 进行复制,得到直线 2 和直线 3,然后调用"直线"命令,将直线 1、2 和 3 的端点进行连接,结果如图 8 - 107 所示。

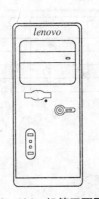

图 8 - 106 机箱正面图形

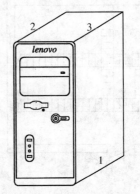

图 8 - 107 机箱箱体二维图形

（五）添加文字注释

按照图 8 - 86 所示,为整个图形添加文字注释和说明。

实 战 演 练

8-1 依照所给图纸(见图8-108)绘制基站平面图。

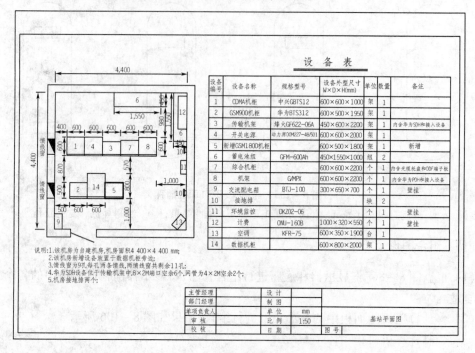

设 备 表

设备编号	设备名称	规格型号	设备外型尺寸 W×D×H(mm)	单位	数量	备注
1	CDMA机柜	中兴GBTS12	600×600×1000	架	1	
2	GSM900机柜	华为BTS312	600×500×1950	架	1	
3	传输机架	烽火GF622-06A	450×600×2200	架	1	内含华为SDH和接入设备
4	开关电源	动力源DOM227-48/501	600×600×2000	架	1	
5	新增GSM1800机柜		600×500×1800	架	1	新增
6	蓄电池组	GFM-600Ah	450×1550×1000	组	2	
7	综合机柜		600×600×2200	个	1	内含光缆托盘和DDF端子板
8	机架	G/MPX	600×600×2200	个	1	内含华为PDH和接入设备
9	交流配电箱	BTJ-100	300×650×700	个	1	壁挂
10	接地排			块	2	
11	环境监控	DKZ02-06		个	1	壁挂
12	计费	ONU-160B	1000×320×550	个	1	壁挂
13	空调	KFR-75	600×350×1900	台	1	
14	数据机柜		600×800×2000	架	1	

说明:1.该机房为自建机房,机房面积4 400×4 400 mm;
2.该机房新增设备放置于数据机柜旁边;
3.馈线窗为9孔,每孔两条馈线,两馈线窗共剩余11孔;
4.华为SDH设备位于传输机架中,8×2M端口空余6个,网管为4×2M空余2个;
5.机房接地排两个;

主管经理		设 计		
部门经理		制 图		
单项负责人		单 位	mm	基站平面图
审 核		比 例	1:50	
校 核		日 期		图 号

图 8-108

8-2 依照所给图纸(见图8-109)绘制基站走线架平面布置图。

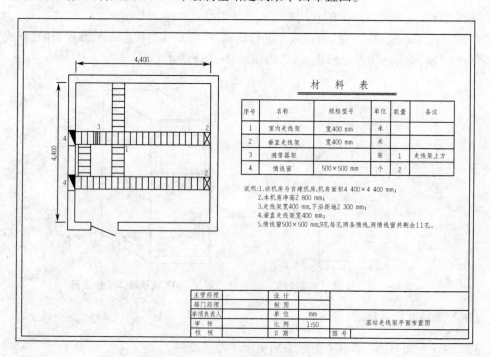

材 料 表

序号	名称	规格型号	单位	数量	备注
1	室内走线架	宽400 mm	米		
2	垂直走线架	宽400 mm	米		
3	避雷器架		架	1	走线架上方
4	馈线窗	500×500 mm	个	2	

说明:1.该机房为自建机房,机房面积4 400×4 400 mm;
2.本机房净高2 800 mm;
3.走线架宽400 mm,下沿距地2 300 mm;
4.垂直走线架宽400 mm;
5.馈线窗500×500 mm,9孔每孔两条馈线,两馈线窗共剩余11孔。

主管经理		设 计		
部门经理		制 图		
单项负责人		单 位	mm	基站走线架平面布置图
审 核		比 例	1:50	
校 核		日 期		图 号

图 8-109

8-3 依照所给图纸(见图8-110)绘制视频监控工程光缆图。

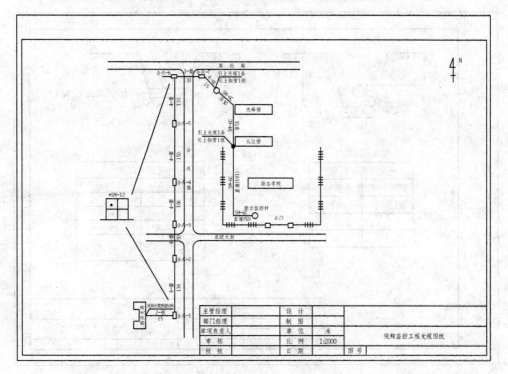

图 8-110

8-4 依照所给图纸(见图8-111)绘制小号人孔通用图。

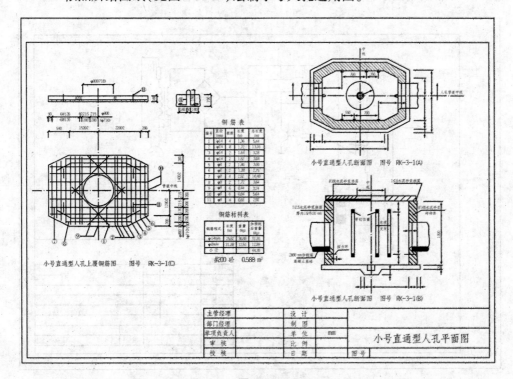

图 8-111

8－5　依照所给图纸(见图8－112)绘制光缆沟挖沟深度及沟底处理图。

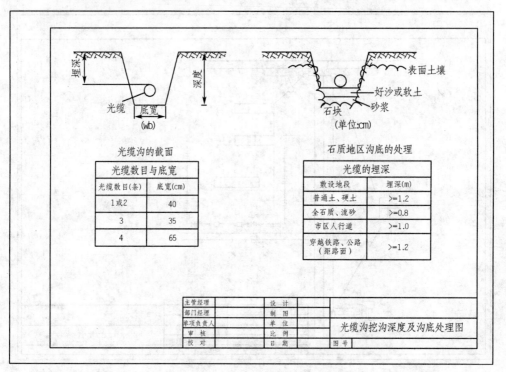

光缆数目与底宽	
光缆数目(条)	底宽(cm)
1或2	40
3	35
4	65

光缆沟的截面

光缆的埋深	
敷设地段	埋深(m)
普通土、硬土	>=1.2
全石质、流砂	>=0.8
市区人行道	>=1.0
穿越铁路、公路 （距路面）	>=1.2

石质地区沟底的处理

图 8－112

8－6　依照所给图纸(见图2－113)绘制简易录音机电路图。

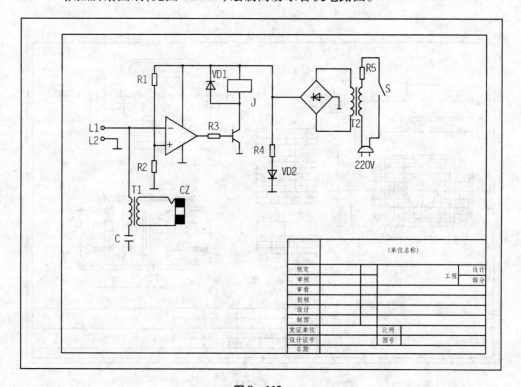

图 8－113

8-7 依照所给图纸(见图8-114)绘制微波炉电路图。

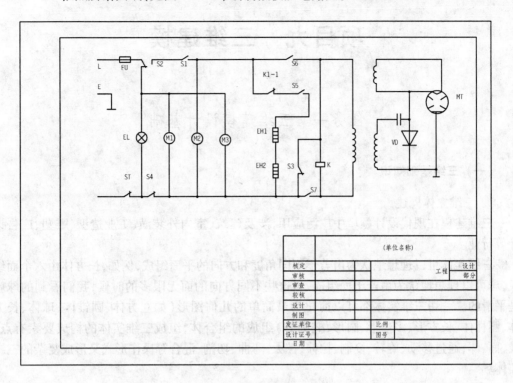

图 8-114

项目九 三维建模

任务一 三维建模设计基础

（一）三维基础知识

1. 三维立体概述

三维建模在现代设计领域中广泛应用,涉及建筑、室内外装潢、工业造型、雕塑、广告设计等行业。

三维实体可以理想地认为由若干不同角度和方向的平面组成,例如,长方体由六个面组成,球可以理想地认为由若干面组成,当这些不同方向的面无限多的时候,我们看到的球就是平滑的。一切三维实体都可以简化为最简单的几何图形(如立方体、圆锥体、球体、长方体、圆柱体、长方形、多边形、圆形、椭圆等)组成的组合体,组成三维实体的构成要素有点、线、面、体,通过移动、旋转、复制、拉伸、扩大、弯曲、切割、混合等操作形式又形成复杂的三维实体。

2. 三维实体的坐标特征

任何一个三维实体都具有空间位置和形状大小等外部特征。AutoCAD 设置世界坐标系(WCS)、用户坐标系(UCS)定位实体上各个点,坐标系中实体的每一个点 AutoCAD 都能用三维坐标描述,任意两个点之间的位置关系可以用尺寸数据表达,尺寸数据可以通过坐标来计算,所以 AutoCAD 坐标体系通过坐标点最终表示了实体的外表特征,包括位置、大小、形状等。

3. 三维坐标系

AutoCAD 2008 系统提供的三维坐标系由一个原点(坐标为(0,0,0))和三个通过原点且相互垂直的坐标轴构成。三维空间中任何一点 P 都可以由 X 轴、Y 轴和 Z 轴的坐标来定义,即用坐标值(x,y,z)来定义一个点。例如,图 9-1 中 P 点的三维坐标为$(0,3,6)$。

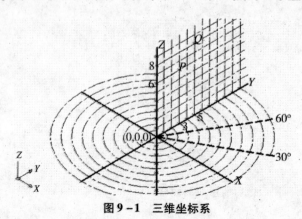

图 9-1 三维坐标系

AutoCAD 提供世界坐标系(WCS)、用户坐标系(UCS)定位实体上各个点,每一个点都有一个固定的坐标值。可以依据 WCS 定义 UCS,用户坐标系(UCS)可以随时变换坐标原点、旋转坐标轴以方便绘图。

（1）新建 UCS

图 9-2 所示为应用"工具"|"新建 UCS"后打开的下拉菜单列表。

"原点"表示重新指定用户坐标系 UCS 原点;选定"X"(或"Y"或"Z")时表示用户坐标系将绕 X(或 Y 或 Z)轴旋转相应角度。

新建用户坐标系 UCS 的命令调用以定义新的 UCS 原点为例。

方法 1:选择菜单"工具"|"新建 UCS"|"原点"命令;指定新的原点,坐标(0,0,0)被重新定义到指定点处。

方法 2:"UCS"工具栏。

方法 3:命令行:UCS。

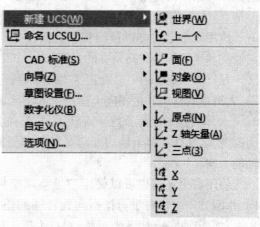

图 9-2　新建用户坐标系

（2）恢复 WCS

当指定用户坐标系 UCS 后需要恢复 WCS 世界坐标系时,操作方法如下:

选择菜单"工具"|"命名 UCS"命令,在弹出的"UCS"对话框"命名 UCS"选项卡中,选择"世界",单击"置为当前",再单击"确定",如图 9-3 所示。

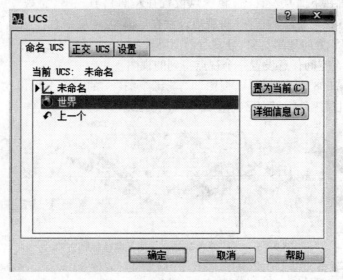

图 9-3　"命名 UCS"对话框

4. 三维绝对坐标与相对坐标

与二维坐标表示方法类似,三维绝对坐标相对于三维坐标系原点来定位坐标值。如图 9-1 所示 P 点的三维坐标为(0,3,6),假定 P 点为三维绘图时的上一操作点,下一操作点为 Q,则 Q 相对于原点的绝对坐标为(0,5,8),Q 相对于上一操作点 P 在 X、Y、Z 三个方向的位移分别为 0,2,2(注意:Q 点相对于 P 点向 Y、Z 轴的正方向移动,所以为正值,若向负方向位移则为负值),Q 相对于 P 点的相对坐标可以表示为"@0,2,2"。

在二维绘图中,若考虑点的 Z 坐标,值为0。在三维坐标系中调整用户坐标系 XY 平面到操作对象平面应用极坐标绘图也很方便。

5. 右手定则

应用右手定则可以帮助我们理解三维坐标系轴的指向情况和坐标旋转方向角度的判断。

在三维坐标系中,过沿正 X 轴方向到正 Y 轴方向握拳,大拇指的指向就是相应坐标系统的正 Z 轴的指向。图 9-4 显示了这种坐标系统。旋转手,X、Y 和 Z 轴随着旋转而改变,已知任意两个轴的方向可以很方便地判断另一个轴的方向。

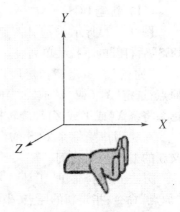

图 9-4 右手笛卡儿坐标系

使用右手定则也可以确定三维空间坐标轴旋转的方向,判断方向时将右手拇指指向旋转轴的正方向(例如以 Y 轴为旋转轴旋转 UCS 坐标系,则右手拇指指向 Y 轴正方向),卷曲右手四指握紧旋转轴,四指所指的方向为轴的旋转正方向。

6. 三维视图

三维视图是在三维空间中从不同视点方向上观察到的三维模型的投影,我们可以通过指定不同视点得到三维视图。根据视点位置的不同,可以把投影视图分为标准视图、等轴测视图和任意视图。

标准视图即为制图学中所说的"正投影视图",分别指俯视图(将视点设置在上面)、仰视图(将视点设置在下面)、左视图(将视点设置在左面)、右视图(将视点设置在右面)、主视图(将视点设置在前面)、后视图(将视点设置在后面)。等轴测视图是指将视点设置为等轴测方向,即从 45°方向观测对象,分别有西南等轴测、东南等轴测、东北等轴测和西北等轴测。任意视图是在空间任意设置一个视点得到的视图。

在 AutoCAD 2008 中选择菜单"视图"|"三维视图"中的子菜单可以切换到上述视图。图 9-5 所示是机械零件"轴"的不同侧面等轴测图图示。

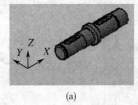 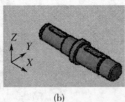 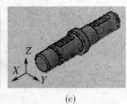 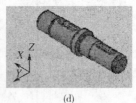

(a)　　　　　　　　(b)　　　　　　　　(c)　　　　　　　　(d)

图 9-5　"轴"零件等轴测视图及其坐标轴方向

(a)西南等轴测视图;(b)东南等轴测视图;(c)东北等轴测视图;(d)西北等轴测视图

(二)三维建模界面

在"工作空间"对话框的显示窗内选择"三维建模"选项后,会进入三维建模界面。如图 9-6 所示。

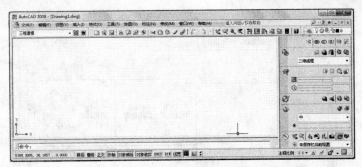

图 9 – 6   三维建模界面

1. 自定义面板

三维建模界面是针对与三维相关操作的界面。其中一个控制面板包含用于创建和修改三维实体的命令（如图 9 – 7 所示）；另一个控制面板（默认状态下为"建模"面板）包含最常用的建模命令（如图 9 – 8 所示）。

图 9 – 7   面板

图 9 – 8   工具选项板

面板自定义使用户可以通过添加或删除"面板"窗口上显示的按钮和控件来创建和修改面板。用户可以组织常用的命令，并从"面板"窗口访问这些命令。这样可以增大可用的绘图区域。

2. 编辑视口

在创建三维模型时，仅使用一个视图很难准确地观察和编辑对象，所以首先需要设置视图。每个视图都可以显示不同的缩放比例、冻结指定图层等。在工程中，用户如果绘制的图形比较复杂，或者三维模型为了方便观察这些图形的不同部分、各个不同侧面，用户可以根据需要创建、划分多个视口在模型中来观察。在菜单栏选择"视图"|"视口"|"新建视口"命令，可以打开"视口"对话框，如图 9 – 9 所示。

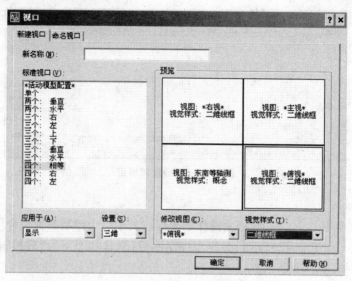

图 9 - 9 "视口"对话框

下面我们就对"视口"对话框中的选项进行逐一介绍：

（1）"新名称"文本框用于设置新建的模型空间视口的名称。

（2）"标准视口"列表框用于列出并设置标准视口配置。

（3）"预览"显示窗可以显示选定配置的预览图像,以及在配置中被分配到每个单独视口的视图。

（4）"应用于"下拉列表框内有"显示"和"当前视口"两个选项。选择"显示"选项后,会将视口配置应用到整个"模型"选项卡中的显示窗口,默认设置选项是"显示";选择"当前视口"选项后,仅将视口配置应用到当前视口。

（5）"设置"下拉列表内有"二维"和"三维"两个选项,在该下拉列表框内,可以指定"二维"或"三维"设置。如果选择"二维"选项,新的视口配置将通过所有视口中的当前视图来创建;如果选择"三维"选项,一组标准正交三维视图将被应用到配置中的视口。

（6）"修改视图"下拉列表框用从列表中选择的视图替换选定视口中的视图。

（7）"视觉样式"下拉列表框中的选项用于编辑当前选择视图的视觉样式。

（8）"命名视口"选项卡用于显示图形中任意已保存的视口配置。选择视口配置时,已保存配置的布局将显示在"预览"显示窗中。

在本项目中,视图通常使用的设置是将视口均匀划分为 4 个视图,左上角的视图为右视图,右上角的视图为主视图,右下角的视图为俯视图,这三个视图均使用二维线框显示,左下角的视图使用当前视图,使用概念方式显示。

（三）三维创建和编辑工具

AutoCAD 2008 的三维创建和编辑工具主要位于"建模"工具栏和"实体编辑"工具栏中。在本节中,将为读者介绍这些工具。

1. "建模"工具栏

"建模"工具栏主要用于基础实体形的创建。右键单击任意工具栏,在弹出的快捷菜单中选择"建模"选项,使"建模"选项前面出现√,这时会出现"建模"工具栏,如图 9 - 10 所示。

图9-10 "建模"工具栏

以下为"建模"工具栏内各种工具的名称和功能：

(1) 多段体 通过多段体工具,用户可以将现有直线、二维多线段、圆弧或圆转换为具有矩形轮廓的实体。多线段可以包含曲线线段,但是默认情况下轮廓始终为矩形。

(2) 长方体 使用该工具可以创建实体长方体。长方体的底面总与当前 UCS 的 XY 平面平行。

(3) 楔体 使用该工具可以创建楔体。楔体的底面平行于当前 UCS 的 XY 平面。

(4) 圆锥体 使用该工具可以创建一个三维实体。该实体是以圆或椭圆为底,以对称方式形成锥体表面,最后交于一点。圆锥体是由圆或椭圆底面以及顶点所定义的。默认情况下,圆锥体的底面位于当前 UCS 的 XY 平面上。其高度可以为正值或负值,且平行于 Z 轴。顶点确定圆锥体的高度或方向。

(5) 球体 使用该工具可以创建三维实体球体。

(6) 圆柱体 使用该工具可以创建以圆或椭圆为底面的实体圆柱体。圆柱的底面位于当前 UCS 的 XY 平面上。

(7) 圆环体 使用该工具可以创建圆环形实体。圆环体与当前 UCS 的 XY 平面平行且被该平面平分。圆环体由两个半径值定义,一个是圆管的半径,另一个是从圆环体中心到圆管中心的距离。

(8) 棱锥体 使用该工具可以创建棱锥体。可以定义棱锥体的侧面数(介于 3~32 之间)。

(9) 螺旋 使用该工具可以创建二维螺旋或三维螺旋。

(10) 平面曲面 使用该工具可以创建平面曲面。

(11) 拉伸 使用该工具可以通过拉伸现有二维对象来创建三维实体。

(12) 按住并拖动 使用该命令可以按住或拖动有限区域。

(13) 扫掠 使用扫掠工具可以通过沿路径扫掠二维曲线来创建三维实体或曲面。

(14) 旋转 使用旋转工具可以通过绕轴旋转二维对象来创建三维实体或曲面。

(15) 放样 使用该命令可以通过一组(两个或多个)曲线之间放样来创建三维实体或曲面。

(16) 三维移动 使用该命令可以在三维视图中显示移动夹点工具,并沿指定方向将对象移动指定距离。

(17) 三维旋转 使用该命令可以在三维视图中显示旋转夹点工具并围绕基点旋转对象。

(18) 三维对齐 使用该命令可以指定至多三个点以定义源平面,然后指定至多三个点以定义目标平面。

2. "实体编辑"工具栏

"实体编辑"工具栏主要用于对基础实体形的修改编辑。右键单击任意工具栏,在弹出的快捷菜单中选择"实体编辑"选项,使"实体编辑"选项前面出现√,这时会出现"实体编辑"工具栏,如图9-11所示。

图9-11 "实体编辑"工具栏

(1) ◎◎ 并集 使用该命令可以合并两个或多个实体(或面域),构成一个组合对象,如图9-12所示。

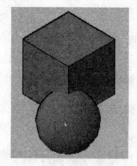
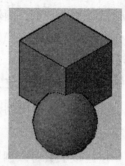

图9-12 使用"并集"命令编辑对象

(2) ◎◎ 差集 使用该命令可以删除两个实体间的公共部分,如图9-13所示。

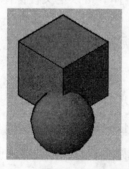
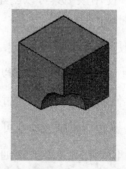

图9-13 使用"差集"命令编辑对象

(3) ◎◎ 交集 使用该命令可以用两个或多个重叠实体的公共部分创建组合实体,如图9-14所示。

(4) ◎ 拉伸面 使用该命令可以通过拉伸选定的对象来创建实体,可以拉伸闭合的对象,例如多段线、多边形、矩形、圆、椭圆、闭合的样条曲线、圆环和面域。不能拉伸三维对象、包含在块中的对象、有交叉或横断部分的多段线或非闭合多段线。可以沿路径拉伸对象,也可以指定高度值和斜角。

(5) ◎ 移动面 使用该命令可以沿指定的高度和距离移动选定的三维实体对象的面,

一次可以选择多个面。

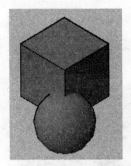

图 9-14 使用"交集"命令编辑对象

(6) ⬚ 偏移面 使用该命令可以按指定的距离或通过指定的点,将面均匀地偏移。正值增大实体尺寸或体积,负值减小实体尺寸和体积。

(7) ⬚ 删除面 使用该命令可以从选择集中删除以前选择的面。

(8) ⬚ 旋转面 使用该命令可以绕指定的轴旋转一个或多个面或实体的某些部分。

(9) ⬚ 倾斜面 使用该命令可以按一个角度将面进行倾斜。倾斜角度的旋转方向由选择基点和第二点(沿选定矢量)的顺序决定。

(10) ⬚ 复制面 使用该命令可以将面复制为面域或体。如果指定两个点,将使用第一个点作为基点,并相对于基点放置一个副本。如果指定一个点(通常输入为坐标),然后按Enter 键,将使用此坐标作为新位置。

(11) ⬚ 着色面 使用该命令可以通过"选择颜色"对话框修改面的颜色。

(12) ⬚ 复制边 使用该命令可以复制三维边。所有三维实体边被复制为直线、圆弧、圆、椭圆或样条曲线。

(13) ⬚ 着色边 使用该命令可以通过"选择颜色"对话框修改边的颜色。

(14) ⬚ 压印 使用该命令可以在选定的对象上压印一个对象。为了使压印操作成功,被压印的对象必须与选定对象的一个或多个面相交。"压印"工具仅限于以下对象执行——圆弧、圆、直线、二维和三维多段线、椭圆、样条曲线、面域、体和三维实体。

(15) ⬚ 清除 使用该命令可以删除共享边以及那些具有相同表面或曲线定义的边或顶点,删除所有多余的边和顶点、压印的以及不使用的几何图形。

(16) ⬚ 分割 分割命令可以将组合在一起的三维实体对象分解成最初的独立实体对象,将三维实体分割后,独立的实体将保留原来的图层和颜色。所有嵌套的三维实体对象都将分割成最简单的结构。

(17) ⬚ 抽壳 抽壳命令通过将现有面,向原位置的内部或外部偏移来创建新的面。偏移时,将连续相切的面看作一个面。一个三维实体只能有一个壳。

(18) ⬚ 选中 验证三维实体对象是否为有效的实体。

(四)AutoCAD 2008 三维设计流程

在本任务的最后,将通过一个丝杠扳手的创建,为读者讲解 AutoCAD 2008 三维设计流程。本节将分为创建前的准备工作和模型的创建两部分来进行。图9-15为本节练习完成后的效果图(丝杠扳手模型)。

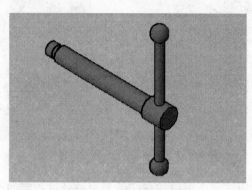

图9-15　丝杠扳手模型

1. 创建前的准备工作

首先需要进行创建前的准备工作,这部分工作包括设置标准单位和视图。

(1) 运行 AutoCAD 2008,这时会弹出"工作空间"对话框。在该对话框内选择"三维建模"选项,单击"确定"按钮,进入三维建模界面。

(2) 选择菜单"格式"|"单位"命令,打开"图形单位"对话框,在"类型"下拉列表框内选择"小数"选项,在"精度"下拉列表框内选择0,在"用于缩放插入内容的单位"下拉列表框内选择"毫米"选项。

(3) 在菜单栏选择"视图"|"视口"|"新建视口"命令,打开"视口"对话框。

(4) 在"新名称"文本框内输入"三维视口",在"设置"下拉列表框内选择"三维"选项。

(5) 在"标准视口"显示窗内选择"四个:相等"选项。在"预览"窗口内选择左上角的视图,在"修改视图"下拉列表框内选择"右视图"选项,将其设置为右视图,在"视觉样式"下拉列表框内选择"二维线框"选项;选择右上角的视图,在"修改视图"下拉列表框内选择"主视图"选项,将其设置为主视图,在"视觉样式"下拉列表框内选择"二维线框"选项;选择右下角的视图,在"修改视图"下拉列表框内选择"俯视图"选项,将其设置为俯视图,在"视觉样式"下拉列表框内选择"二维线框"选项;选择左下角的视图,在"修改视图"下拉列表框内选择"当前"选项,将其设置为当前视图,在"视觉样式"下拉列表框内选择"概念"选项。单击"确定"按钮,退出"视口"对话框。视图中出现四个视口,如图9-16所示。

2. 创建模型

接下来开始创建模型。在本节创建的模型中,使用了 AutoCAD 2008 常用的工作流程。

(1) 激活右下角的俯视图,单击"圆柱体"按钮 或者在命令行直接输入"CYLINDER"。命令提示过程如下:

命令:_CYLINDER

指定底面的中心点或 [三点(3P)/两点(2P)/相切、相切、半径(T)/椭圆(E)]:1000,12,0 //输入圆柱体底面中心点的三维绝对坐标

指定底面半径或 [直径(D)]:4 //输入圆柱体底面的半径为4 mm

指定高度或 [两点(2P)/轴端点(A)]:8 //输入圆柱体的高度为8 mm

结果如图9-17所示。

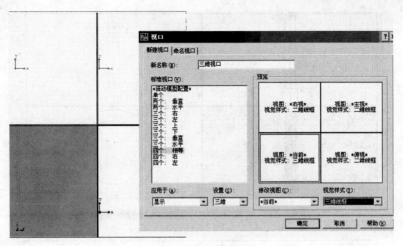

图 9－16　4 个视口

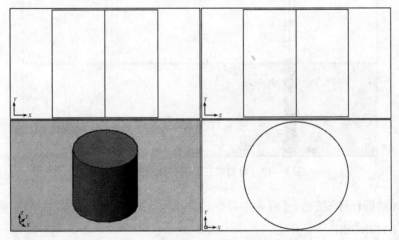

图 9－17　绘制完第一个圆柱体后的效果图

（2）单击"圆柱体"按钮 或者在命令行直接输入"CYLINDER"。命令提示过程如下：

命令:_CYLINDER

指定底面的中心点或 [三点(3P)/两点(2P)/相切、相切、半径(T)/椭圆(E)]:1000,12,8 //输入圆柱体底面中心点的三维绝对坐标

指定底面半径或 [直径(D)]:3 //输入圆柱体底面的半径为 3 mm

指定高度或 [两点(2P)/轴端点(A)]:40 //输入圆柱体的高度为 40 mm

结果如图 9－18 所示。

（3）单击"圆柱体"按钮 或者在命令行直接输入"CYLINDER"。命令提示过程如下：

命令:_CYLINDER

指定底面的中心点或 [三点(3P)/两点(2P)/相切、相切、半径(T)/椭圆(E)]:1000,12,48 //输入圆柱体底面中心点的三维绝对坐标

指定底面半径或 [直径(D)]:2 //输入圆柱体底面圆的半径为 2 mm

指定高度或 [两点(2P)/轴端点(A)]:2 //输入圆柱体的高度为 2 mm

结果如图 9－19 所示。

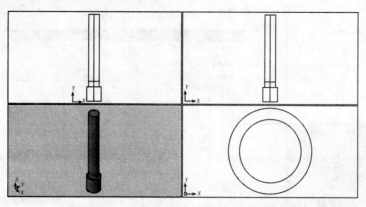

图 9 – 18　绘制完第二个圆柱体后的效果图

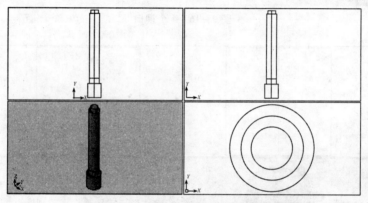

图 9 – 19　绘制完三个圆柱体后的效果图

（4）单击"圆柱体"按钮 或者在命令行直接输入"CYLINDER"。命令提示过程如下：

命令：_CYLINDER

指定底面的中心点或［三点（3P）/两点（2P）/相切、相切、半径（T）/椭圆（E）］：1000,

12,50

//输入圆柱体底面中心点的三维绝对坐标

指定底面半径或［直径（D）］：2.5 //输入圆柱体底面圆的半径为 2.5 mm

指定高度或［两点（2P）/轴端点（A）］：2.5 //输入圆柱体的高度为 2.5 mm

结果如图 9 – 20 所示。

（5）在命令行输入"UNION"命令，或者选择菜单"修改"|"实体编辑"|"并集"命令。

选择对象：选取所有实体。

（6）接下来进行三维旋转处理，将该实体绕 Y 轴逆时针旋转 90 度。首先激活右上角的主视图，然后选择菜单"修改"|"三维操作"|"三维旋转"命令。命令提示过程如下：

命令：_3DROTATE

当前正向角度：ANGDIR = 逆时针 ANGBASE = 0

选择对象：指定对角点：找到 4 个 //选取所有圆柱体

选择对象：//右击或回车确认并结束指定

指定基点：1000,12,8 //指定旋转参考点的三维绝对坐标

指定旋转角度，或［复制（C）/参照（R）］<0>：90 //指定旋转角度为 90 度，若不指定

系统默认角度为0度

结果如图9-21所示。

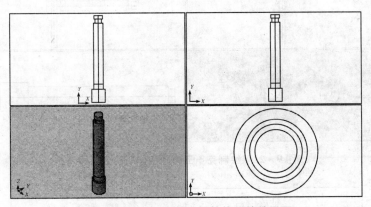

图9-20 绘制完四个圆柱体后的效果图

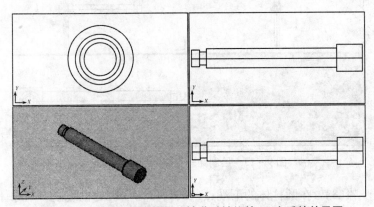

图9-21 合并后的实体绕 y 轴逆时针旋转 90 度后的效果图

（7）激活右下角的俯视图。单击"圆柱体"按钮 ，或者在命令行直接输入"CYLINDER"。命令提示过程如下：

命令：_CYLINDER

指定底面的中心点或 [三点(3P)/两点(2P)/相切、相切、半径(T)/椭圆(E)]：1004，12，-12 //输入圆柱体底面中心点的三维绝对坐标

指定底面半径或 [直径(D)]：1.5 //输入圆柱体底面半径为1.5 mm

指定高度或 [两点(2P)/轴端点(A)]：50 //输入圆柱体高度为50 mm

结果如图9-22所示。

（8）单击"球体"按钮 ，或者在命令行直接输入"SPHERE"。命令提示过程如下：

命令：_SPHERE

指定中心点或 [三点(3P)/两点(2P)/相切、相切、半径(T)]：1004，12，38 //输入球体中心点的三维绝对坐标

指定半径或 [直径(D)]：3 //输入球体半径为3 mm

结果如图9-23所示。

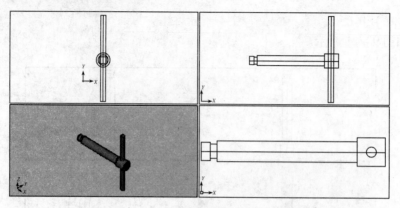

图 9-22　绘制完第五个圆柱体后的效果图

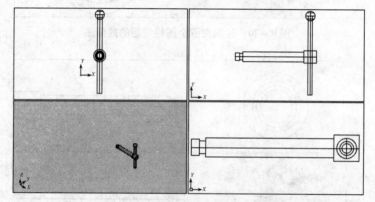

图 9-23　绘制完一个球体后的效果图

（9）重复步骤（8），在圆柱体的下端点（1004,12，−12）处也绘制一个球体，如图 9-24 所示。

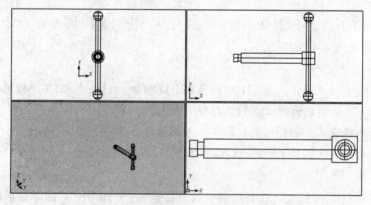

图 9-24　绘制完两个球体后的效果图

（10）在命令行输入"UNION"或者选择菜单"修改"|"实体编辑"|"并集"命令。命令提示过程如下：

命令：UNION

选择对象：指定对角点：找到 3 个 //选择两个球体及圆柱体

选择对象： //右击或者回车确认并结束选择，完成并集结果如图 9-25 所示。

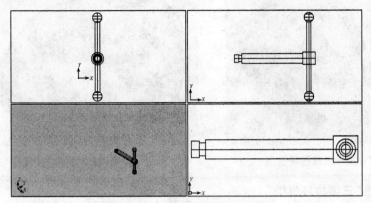

图 9-25 完成并集后的效果图

(11) 消隐处理。分别激活四个视口,并单击"渲染"工具栏中的"隐藏"按钮 ![按钮] 或者在命令行直接输入"HIDE"或者选择菜单"视图(V)"|"消隐(H)"命令,得到的结果如图 9-26 所示。

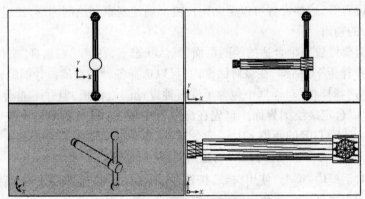

图 9-26 消隐处理后的效果图

(12) 渲染处理。激活左下角的东南等轴测视图,单击"渲染"工具栏中的"渲染"按钮 ![按钮] 或者选择菜单"视图(V)"|"渲染(E)"|"渲染(R)"命令。

(13) 保存文件。

任务二 二维辅助建模

二维辅助建模是指将二维图形通过"拉伸"、"旋转"等工具创建三维模型的方法。这种方法的优势在于,如果在拥有二维图形的情况下,能够保证绘制的准确性,同时效率也较高,在这一部分中,建模之前需要首先绘制二维图形。

本任务将指导读者创建"凸轮"、"拉环"等模型,在建模过程中,主要使用了将二维圆形、矩形以及面域拉伸或旋转成为实体的建模方法。通过这两个模型的创建,读者可以了解二维辅助建模的工作流程。图 9-27、图 9-28 为模型创建完成后的效果。

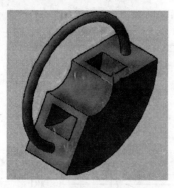

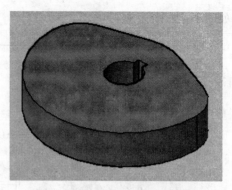

图9-27 三维拉环模型   图9-28 三维凸轮模型

（一）创建"三维拉环模型"

三维模型的创建过程是较为复杂的，所以在创建之前需要做一些准备工作，例如设置坐标系、设置视图等，以便更好地创建和编辑模型。

1. 创建前的准备工作

在绘制二维图形之前，需要进行一些准备工作，这些准备工作包括页面设置、单位设置和图形界限的设置等，这些设置可以帮助用户更准确地观察和绘制图形，使模型使用正确的单位，便于文件的输出。

（1）首先需要设置一个合适的绘图页面，默认状态下，在菜单栏选择"文件"|"新建"命令，会打开"选择样板"对话框，在该对话框内，可以选择各种类型的设计图纸样板。

（2）虽然"选择样板"对话框中包含了许多种设计图纸样板，但并不能满足所有人的绘图要求，这时可以自定义绘图界面。首先在命令行中输入"STARTUP"，并按 Enter 键；在命令行出现"输入 STARTUP 的新值 <0>"命令时，在命令行中输入1，并按 Enter 键；在菜单栏选择"文件"|"新建"命令。可以打开"创建新图形"对话框。

（3）在该对话框内，单击"使用向导"按钮，在"选择向导"列表框中选择"快速设置"选项。如图9-29所示，单击"确定"按钮。

注意：如果需要恢复到"选择样板"对话框，可以再次执行"STARTUP"命令，并键入 0。

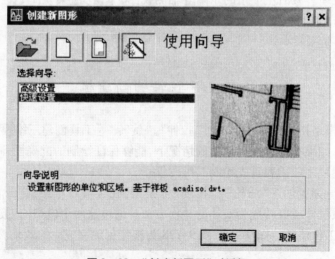

图9-29 "创建新图形"对话框

（4）在"创建新图形"对话框内，单击"确定"按钮，开启"快速设置"对话框，选"小数"单选按钮，将单位设置为小数。如图9－30所示。

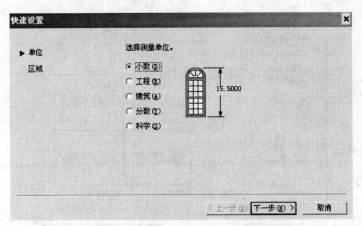

图9－30　"快速设置"对话框（单位设置）

（5）在"快速设置"对话框内单击"下一步"按钮，开启"区域"按钮，开启"区域"页面，在该页面的"宽度"文本框内输入420，在"长度"文本框内输入297，设置页面的范围。如图9－31所示，单击"完成"按钮，进入绘图页面。

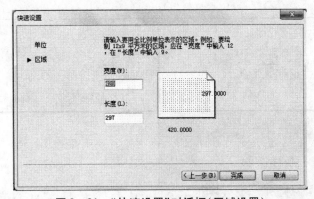

图9－31　"快速设置"对话框（区域设置）

（6）设置页面的标准单位，在菜单栏选择"格式"|"单位"命令，打开"图形单位"对话框，在"类型"下拉列表内选择"小数"选项，在"精度"下拉列表内选择0，在"用于缩放插入内容的单位"下拉列表内选择"毫米"选项。

2．设置视口

在创建三维模型时，仅使用一个视图是很难全面地对模型进行观察和编辑的，所以通常会使用多个视图来创建，为了在二维部分绘制完成后，能够更好地进行三维模型的创建。

（1）在菜单栏选择"视图"|"视口"|"新建视口"命令，打开"视口"对话框（如图9－9）。

（2）在"视口"对话框内"新建视口"选项卡下的"新名称"文本框内输入"三维拉环模型"，为当前视图命名；在"设置"下拉列表框内选择"三维"选项，在"标准视口"列表框内选择"四个：相等"选项，在"预览"窗口会显示视口的布局和名称，激活左下角的视口，在"修改视图"下拉列表框选择"东南等轴测"选项，在"视觉样式"下拉列表框选择"概念"选项，如图9－32所示。

注意：如果不输入名称,则新建的视口配置只能应用而不保存。如果视口配置未保存,将不能在布局中使用。

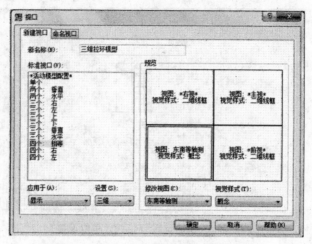

图9-32 三维拉环模型"视口"对话框

（3）单击"确定"按钮,退出"视口"对话框,可以看到设置后的视口显示,如图9-33所示。

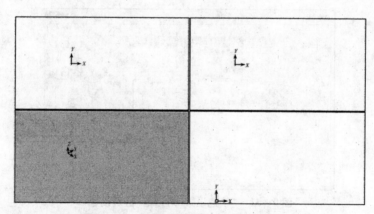

图9-33 设置后的三维拉环模型"视口"

3. 创建模型

（1）将左下角视口设置为西南等轴测视图。单击选中左下角视口,选择菜单"视图"|"三维视图"|"西南等轴测"命令,设置后的视口如图9-34所示。

（2）激活右下角的俯视图,在命令行直接输入"ISOLINES",设其值为10,然后单击"矩形"按钮 ☐ ,或者在命令行直接输入"RECTANG"。命令提示过程如下：

命令：RECTANG

指定第一个角点或[倒角(C)/标高(E)/圆角(F)/厚度(T)/宽度(W)]:0,0,0
//指定世界坐标系原点为矩形左下角点

指定另一个角点或[面积(A)/尺寸(D)/旋转(R)]:@80,75 //输入矩形右上角点相对于左下角点的相对位移

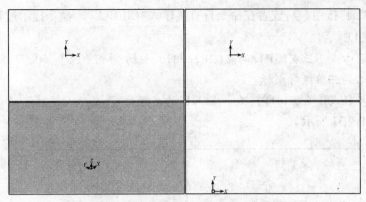

图 9 - 34　左下角视口设置为西南等轴测视图

结果如图 9 - 35 所示。

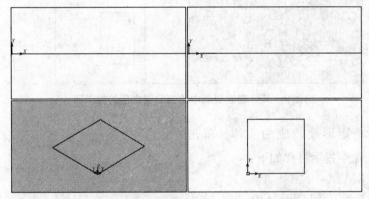

图 9 - 35　在俯视图中绘制完矩形后的效果图

（3）单击"矩形"按钮 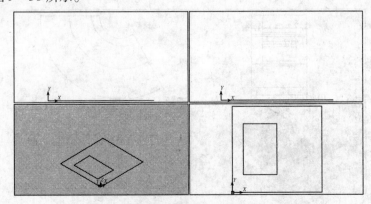，或者在命令行直接输入"RECTANG"。命令提示过程如下：

命令：RECTANG

指定第一个角点或 [倒角（C）/标高（E）/圆角（F）/厚度（T）/宽度（W）]：10,15,0
//输入矩形左下角点的三维绝对坐标

指定另一个角点或 [面积（A）/尺寸（D）/旋转（R）]：@30,45 //输入矩形右上角点相
对于左下角点的相对位移

结果如图 9 - 36 所示。

图 9 - 36　在俯视图中绘制完两个矩形后的效果图

（4）单击"圆"按钮 ⊘，或者在命令行直接输入"CIRCLE"。命令提示过程如下：

命令：CIRCLE

指定圆的圆心或 [三点(3P)/两点(2P)/相切、相切、半径(T)]：60,37,5
//输入圆的圆心的三维绝对坐标

指定圆的半径或 [直径(D)]：6 //输入圆的半径为 6 mm

结果如图 9 - 37 所示。

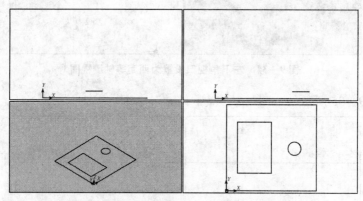

图 9 - 37　在俯视图中绘制完圆之后的效果图

（5）将两个矩形旋转成为实体。单击"旋转"按钮 ，或者在命令行直接输入
"REVOLVE"。命令提示过程如下：

命令：REVOLVE

当前线框密度：ISOLINES = 10

选择要旋转的对象：指定对角点：找到 2 个 //选择两个矩形

选择要旋转的对象：//右击或者回车确认并结束选择

指定轴起点或根据以下选项之一定义轴 [对象(O)/X/Y/Z] <对象>：- 30,0
//输入旋转轴起点的坐标

指定轴端点：@0,100 //输入旋转轴端点相对于起点的相对位移

指定旋转角度或 [起点角度(ST)] <360>：120 //输入旋转角度为 120 度,若不输入
系统默认为 360 度

结果如图 9 - 38 所示。

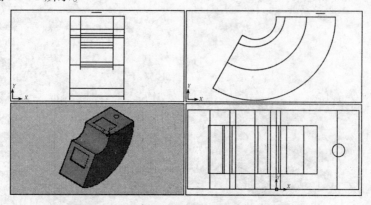

图 9 - 38　两个矩形旋转成为实体后的效果图

（6）将圆旋转成为圆环实体。单击"旋转"按钮 ，或者在命令行直接输入
"REVOLVE"。命令提示过程如下：

命令：REVOLVE

当前线框密度：ISOLINES = 10

选择要旋转的对象：找到 1 个 //选择圆

选择要旋转的对象：//右击或回车确认并结束选择

指定轴起点或根据以下选项之一定义轴 ［对象(O)/X/Y/Z］ ＜对象＞：－30,0

// 输入旋转轴起点的坐标

指定轴端点：@0,100 //输入旋转轴端点相对于起点的相对位移

指定旋转角度或 ［起点角度(ST)］ ＜360＞：//右击或回车确认并将圆旋转360度成
为圆环体

结果如图9－39所示。

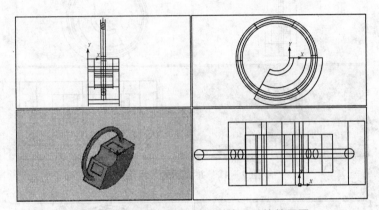

图9－39　将圆旋转成为圆环体之后的效果图

（7）单击"差集"按钮 ，或者在命令行直接输入"SUBTRACT"。命令提示过程如下：

命令：SUBTRACT

选择要从中减去的实体或面域…

选择对象：找到 1 个 //选择大扇形体。

选择对象：//右击或回车确认并结束被减实体的选择

选择要减去的实体或面域 ..

选择对象：找到 1 个 //选择小扇形体。

选择对象：//右击或者回车确认并结束要减去实体的选择

结果如图9－40所示。

（8）单击"并集"按钮 ，或者在命令行直接输入"UNION"，将图形并集，结果如图
9－41所示。

（9）消隐处理。分别激活4个视口，并单击"渲染"工具栏中的"隐藏"按钮 或者在
命令行直接输入"HIDE"，或者单击"视图(V)"|"消隐(H)"命令，得到的结果如图9－42
所示。

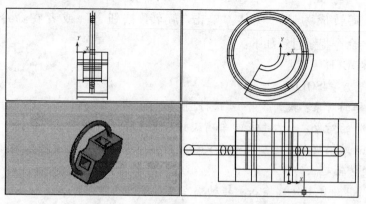

图 9 – 40 大扇形体减去小扇形体后的效果图

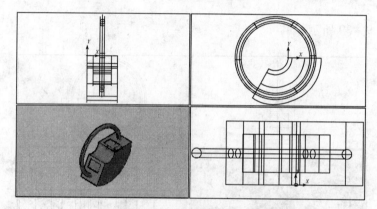

图 9 – 41 并集后的效果图

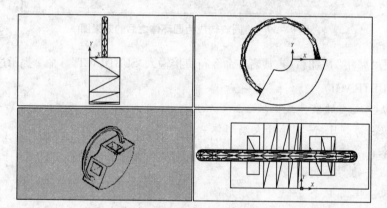

图 9 – 42 消隐后的效果图

（10）渲染处理。激活左下角的西南等轴测视图，然后单击"渲染"工具栏中的"渲染"
按钮 或者单击"视图（V）" | "渲染（E）" | "渲染（R）"命令。

（11）保存文件。

（二）创建"三维凸轮模型"

1. 创建前的准备工作

参照上一节中创建"三维拉环模型"绘图前的准备工作即可，此处不再赘述。

2. 设置视口

与上一节中创建"三维拉环模型"中的步骤类似,创建一个名称为"三维凸轮模型"的视口。具体参数设置如图 9-43 所示。

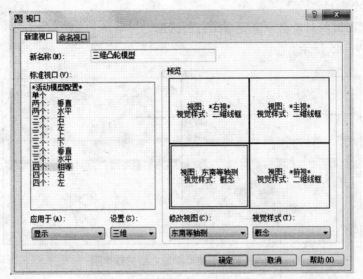

图 9-43 设置"三维凸轮模型"视口

单击"确定"按钮,退出"视口"对话框,可以看到设置后的视口显示。

3. 创建模型

(1) 激活右下角视口即俯视图,设置三个图层(轮廓线、辅助线、标注),并画出图 9-44 所示图形。先将"辅助线"图层置为当前并绘制辅助线(即如图所示虚线部分),再将"轮廓线"图层置为当前并按所给尺寸绘制轮廓线(即如图所示实线部分),最后将"标注"图层置为当前并按照如图所示进行标注。

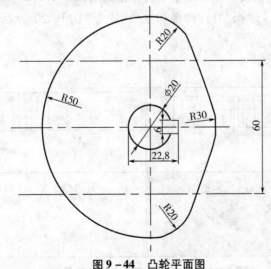

图 9-44 凸轮平面图

(2) 创建面域。将其他图层关闭,只留轮廓线层。单击"面域"按钮 ,或者在命令行直接输入"REGION"命令。命令提示过程如下:

命令:REGION

选择对象：指定对角点：找到 10 个 //选择所有的轮廓线

选择对象：//右击或者回车确认并结束选择

已提取 2 个环。

已创建 2 个面域。

注意：创建面域的对象必须是完全闭合的图形。

结果如图 9 - 45 所示。

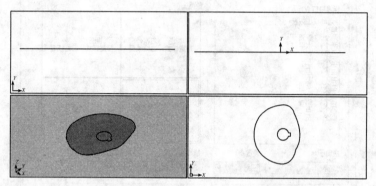

图 9 - 45 创建成面域之后的效果图

（3）拉伸成实体。单击建模工具栏中的"拉伸"按钮 ，或者选择菜单"绘图（D）"|"建模（M）"|"拉伸（X）"命令，或者在命令行直接输入"EXTRUDE"命令。命令提示过程如下：

命令：EXTRUDE

当前线框密度：ISOLINES = 4

选择要拉伸的对象：找到 1 个 //选择 2 个面域

选择要拉伸的对象：找到 1 个，总计 2 个

选择要拉伸的对象：//右击或者回车确认并结束选择

指定拉伸的高度或 ［方向（D）/路径（P）/倾斜角（T）］：20 //输入要拉伸的高度为20 mm

结果如图 9 - 46 所示。

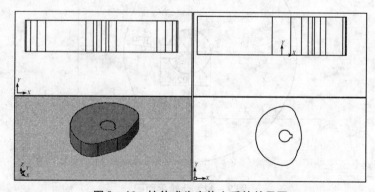

图 9 - 46 拉伸成为实体之后的效果图

（4）减去内孔。单击"差集"按钮 ，或者在命令行直接输入"SUBTRACT"。命令提示过程如下：

命令：_SUBTRACT

选择要从中减去的实体或面域...

选择对象：找到 1 个 //选择外圈轮廓线

选择对象：//右击或者回车确认并结束被减实体的选择

选择要减去的实体或面域 ..

选择对象：找到 1 个 //选择内圈轮廓线

选择对象：//右击或者回车确认并结束要减去实体的选择,减去内孔

结果如图 9 – 47 所示。

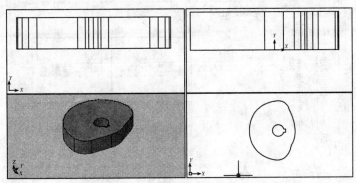

图 9 – 47　减去内孔之后的效果图

（5）渲染处理。激活左下角的西南等轴测视图,单击"渲染"工具栏中的"渲染"按钮或者单击"视图（V）"|"渲染（E）"|"渲染（R）"命令。

（6）保存文件。

任务三　三维实体建模

本任务将重点讲解三维实体建模。借助二维图形来创建模型,虽然能够便于建模、更加准确,但会使三维模型的创建更为复杂,而且很多时候或许没有时间和条件去制作平面图,这时就需要使用三维实体建模方法。三维实体是直接从三维模型开始创建,并使用专门的三维编辑工具对模型进行编辑,是一种相对于借助二维图形建模更为高级的建模方法。在这一部分将为读者详细介绍相关工具和操作流程。

本任务通过运用实体建模的方法来创建实体模型,通过创建"烟灰缸"实体来向读者详细讲解三维创建和编辑工具的运用。图 9 – 48 为模型创建完成后的效果。

1. 创建前的准备工作

（1）运行 AutoCAD 2008,这时会弹出"工作空间"对话框,在该对话框内选择"三维建模"选项,单击"确定"按钮,进入三维建模界面。

（2）设置图形单位。在菜单栏选择"格式"|

图 9 – 48　三维烟灰缸模型

"单位"命令,打开"图形单位"对话框,在"类型"下拉列表框内选择"小数"选项,在"精度"

下拉列表框内选择0,在"用于缩放插入内容的单位"下拉列表框内选择"毫米"选项,单击"确定"按钮,退出该对话框。

(3)创建一个名称为"三维烟灰缸模型"的视口,在"设置"下拉列表框内选择"三维"选项,在"标准视口"列表框内选择"四个:相等"选项,在"预览"窗口会显示视口的布局和名称,选中左下角视口,在"修改视图"下拉列表框选择"西南等轴测"选项,在"视觉样式"下拉列表框选择"概念"选项,如图9-49所示。

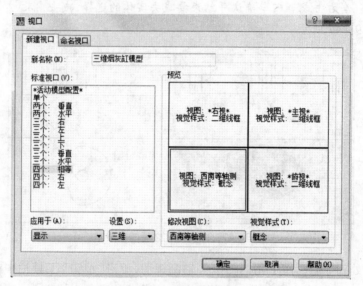

图9-49 设置"三维烟灰缸模型"视口

(4)单击"确定"按钮,退出"视口"对话框,可以看到设置后的视口显示。

2. 创建模型

(1)激活左下角的西南等轴测视图,单击"圆柱体"按钮 或者在命令行直接输入"CYLINDER"。命令提示过程如下:

命令:CYLINDER

指定底面的中心点或[三点(3P)/两点(2P)/相切、相切、半径(T)/椭圆(E)]:0,0,0
//将世界坐标系原点指定为圆柱体的底面中心点

指定底面半径或[直径(D)]:45 //输入圆柱体的底面半径为45 mm

指定高度或[两点(2P)/轴端点(A)]:30 //输入圆柱体的高度为30 mm

结果如图9-50所示。

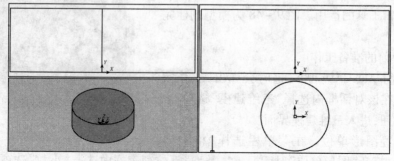

图9-50 绘制完外圆柱体后的效果图

（2）单击"圆柱体"按钮![圆柱体]或者直接在命令行直接输入"CYLINDER"。命令提示过程如下：

命令：CYLINDER

指定底面的中心点或［三点（3P）/两点（2P）/相切、相切、半径（T）/椭圆（E）］：0，0，5 //输入圆柱体底面中心点的三维绝对坐标

指定底面半径或［直径（D）］<45.0000>：40 //输入圆柱体的底面半径为 40 mm

指定高度或［两点（2P）/轴端点（A）］<30.0000>：25 //输入圆柱体的高度为 25 mm

结果如图 9 - 51 所示。

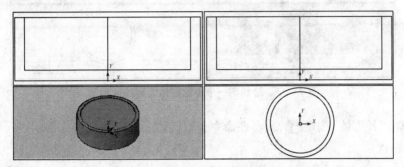

图 9 - 51 绘制完内圆柱体后的效果图

（3）设置用户坐标系。在命令行直接输入"UCS"。命令提示过程如下：

命令：UCS

当前 UCS 名称：＊世界＊

指定 UCS 的原点或［面（F）/命名（NA）/对象（OB）/上一个（P）/视图（V）/世界（W）/X/Y/Z/Z 轴（ZA）］<世界>：n //更改模式为新建坐标系

指定新 UCS 的原点或［Z 轴（ZA）/三点（3）/对象（OB）/面（F）/视图（V）/X/Y/Z］<0,0,0>：X //指定新的用户坐标系将绕 X 轴进行旋转

指定绕 X 轴的旋转角度 <90>： //右击或者回车确认，UCS 绕 X 轴逆时针旋转 90 度

结果如图 9 - 52 所示。

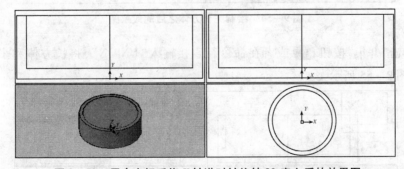

图 9 - 52 用户坐标系绕 X 轴逆时针旋转 90 度之后的效果图

（4）单击"圆柱体"按钮![圆柱体]或者直接在命令行直接输入"CYLINDER"。命令提示过程如下：

命令：CYLINDER

指定底面的中心点或［三点(3P)/两点(2P)/相切、相切、半径(T)/椭圆(E)］：－5，24，35 //输入圆柱体底面中心点的三维绝对坐标

指定底面半径或［直径(D)］：5 //输入圆柱体的底面半径为 5 mm

指定高度或［两点(2P)/轴端点(A)］：30 //输入圆柱体的高度为 30 mm

结果如图 9 –53 所示。

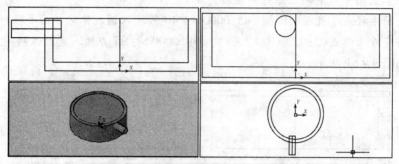

图 9 –53　绘制完一个小圆柱体之后的效果图

(5) 单击"长方体"按钮，或者在命令行直接输入"BOX"。命令提示过程如下：

命令：BOX

指定第一个角点或［中心(C)］：－10,24,35 //输入长方体左下角点的三维绝对坐标

指定其他角点或［立方体(C)/长度(L)］：0,44,65 //输入长方体右上角点的三维绝对坐标

结果如图 9 –54 所示。

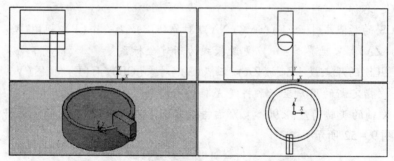

图 9 –54　绘制完长方体之后的效果图

(6) 单击"并集"按钮 或者在命令行直接输入"UNION"，将长方体和小圆柱体合并，结果如图 9 –55 所示。

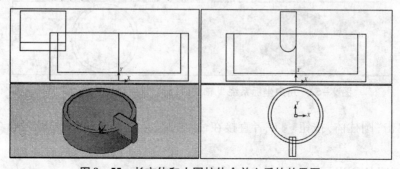

图 9 –55　长方体和小圆柱体合并之后的效果图

(7) 三维阵列处理。单击"修改(M)"|"三维操作(3)"|"三维阵列(3)"命令或者在命令行直接输入"3DARRAY"。命令提示过程如下：

命令：3DARRAY

选择对象：找到1个 //选择并集后的图形

选择对象： //右击或者回车确认并结束选择

输入阵列类型［矩形(R)/环形(P)］＜矩形＞:P //选择环形阵列

输入阵列中的项目数目：3 //指定环形阵列的数目为3

指定要填充的角度（＋＝逆时针，－＝顺时针）＜360＞： //指定旋转角度为360度

旋转阵列对象？［是(Y)/否(N)］＜Y＞： //指定旋转阵列对象

指定阵列的中心点：0,30,0 //输入阵列中心点的三维绝对坐标

指定旋转轴上的第二点：0,0,0 //指定原点为旋转轴上的第二点，即以Y轴为旋转轴

结果如图9－56所示。

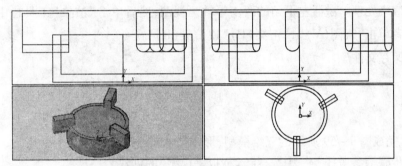

图9－56　阵列处理之后的效果图

(8) 单击"差集"按钮 或者在命令行直接输入"SUBTRACT"。命令提示过程如下：

命令：SUBTRACT

选择要从中减去的实体或面域...

选择对象：找到1个 //选择最大的圆柱体

选择对象： //右击或者回车确认并结束被减实体的选择

选择要减去的实体或面域 ..

选择对象：找到1个 //选择小圆柱体

选择对象：找到3个 //依次选择阵列生成的各个实体

选择对象： //右击或者回车确认并结束要减去实体的选择，完成差集

结果如图9－57所示。

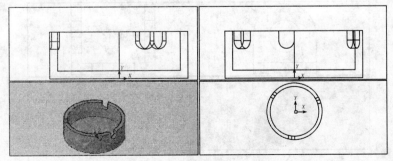

图9－57　差集之后的效果图

（9）消隐处理。分别激活 4 个视口，并单击"渲染"工具栏中的"隐藏"按钮 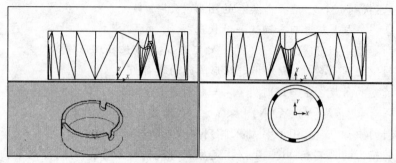 或者在命令行直接输入"HIDE"或者单击"视图（V）"|"消隐（H）"命令，得到的结果如图 9 – 58 所示。

图 9 – 58　消隐处理之后的效果图

（10）渲染处理。激活左下角的西南等轴测视图，然后单击"渲染"工具栏中的"渲染"按钮 或者单击"视图（V）"|"渲染（E）"|"渲染（R）"命令。

（11）保存文件。

实 战 演 练

9 – 1　完成图 9 – 59 所示的三维模型，形体尺寸自己确定。

（操作步骤请参考任务一中"三维丝杠扳手模型"的创建）

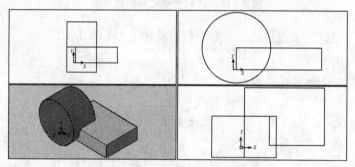

图 9 – 59　圆柱体与长方体的并集

9 – 2　完成图 9 – 60 所示的三维模型，形体尺寸自己确定。

（操作步骤请参考任务一中"三维丝杠扳手模型"的创建）

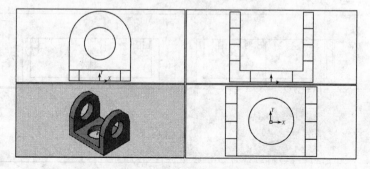

图 9 – 60　U 形连接片

9-3 完成9-61效果所示图形,厚度20 mm,其平面图如图9-62所示。
(操作步骤参考任务二中"三维凸轮模型"的创建)

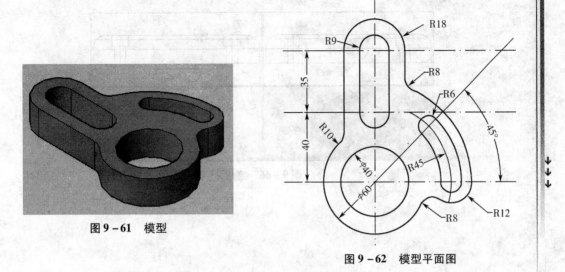

图9-61 模型

图9-62 模型平面图

9-4 完成图9-63效果所示图形,厚度20 mm。其截面图如图9-64所示,螺纹尺寸按图9-65所示画出。

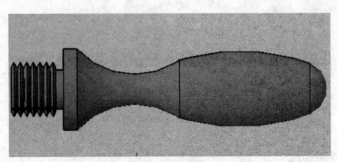

图9-63 手柄

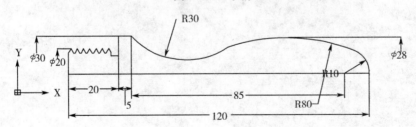

图9-64 手柄截面图

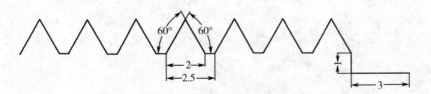

图9-65 螺纹部分放大图

9-5 完成图9-66所示效果,用R5对底板上边缘进行圆角,形体尺寸自己确定。
(操作步骤请参考任务三中"三维烟灰缸模型"的创建)

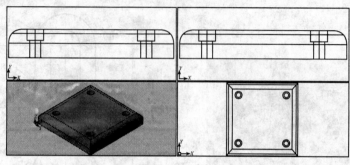

图9-66 底板

项目十　图纸布局和输出打印

在现今信息社会的需求下,随着计算机制图 AutoCAD,CAE,CAPP,CAM 一体化技术的整合,在产品的设计、制造过程中实现无图纸化已经成为可能,但在大多数情况下,产品制造过程主要还是以图纸作为指导性技术文件。而 AutoCAD 仅仅是一个设计绘图软件,用它进行设计最终还需要用图纸的形式来表达。因此,需要对设计图纸进行打印输出,以方便工程人员在各种施工条件下进行工作及相关产品的生产制造。

任务一　布局空间

启动 AutoCAD 2008 后,绘图区域下方的"模型"选项卡处于激活状态,即通常情况下,用户在模型空间中进行设计绘图,而在布局空间中对图纸进行布局和打印输出。使用布局空间可以方便地设置打印设备、纸张、比例尺、图纸布局,并预览实际出图的效果。

(一)进入布局空间

布局空间又称为图纸空间,是设置、管理视图的 AutoCAD 环境,如图 10–1 所示。它相当于手工绘图中的图纸页面,在绘制图形前后安排图形的输出布局。其中可以按模型对象不同方位显示视图,按合适的比例在图纸上表示出来,同时可以自定义图纸的大小、生成图框和标题栏。平时工作时用到的只是模型空间。而在模型空间中可以创建物体的视图模式,建模时所处的 AutoCAD 2008 环境,可以按物体的实际尺寸绘制、编辑二维或三维图形,也可以进行三维实体造型,还可以全方位的显示图形对象,它是一个三维环境。所以模型空间中的三维对象在图纸空间中使用二维空间平面上的投影来表示,图纸空间就是二维空间环境。

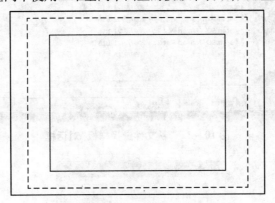

图 10–1　布局空间

在窗口中,虚线部分为图纸边界,黑色线框为可打印区域边界。

(二)创建布局

尽管 AutoCAD 模型空间只有一个,但是用户可以为图形创建多个布局图。这样可以用多张图纸多侧面的反映同一个实体或图形对象。例如,工程的总图纸拆成多张不同专业图纸。

AutoCAD 提供了多种用于创建新布局的方法和管理布局的方法,用户最常用的启用"新建布局"命令有以下两种:

(1) 选择菜单"插入"|"布局"|"新建布局"子菜单项;

(2) 选择菜单"工具"|"向导"|"创建布局"子菜单项。

在命令行中输入"LAYOUT"命令,命令行提示如下:

命令: LAYOUT

输入布局选项 [复制(C)/删除(D)/新建(N)/样板(T)/重命名(R)/另存为(SA)/设置(S)/?] <设置>: new

提示中其他选项的含义如下:

① 复制(C)　用于复制已有的布局来创建新的布局。

② 删除(D)　用于删除一个布局。在选择该项后,将提示输入删除布局的名称。如果选择所有的布局,将删除所有布局,但删除后依然保留一个"布局1"的图纸空间。

③ 新建(N)　用于创建一个新布局,选择后输入新布局名称。

④ 样板(T)　用于利用模板文件(.dwt)或图形文件(.dwg)中已有的布局来创建新的布局。在选择该项后将弹出如图 10－2 所示的对话框。在该对话框中选择一个合适的模块文件后,将弹出如图 10－3 所示的对话框,在该对话框中选择一个或多个布局进行插入,最后单击 确定(O) 即可。

图 10－2　"从文件选择样板"对话框

图 10－3　"插入布局"对话框

⑤ 重命名（R） 用于重新给一个布局的命名。选择该项后，AutoCAD 将提示输入的旧布局与新布局名称。（注：布局名称最多有 255 个字符，不区分大小写。显示在绘图区标签中只有 32 位）

⑥ 另存为（SA） 选择该项后，需要输入要保存到样板的布局。输入布局名称后，将弹出如图 10 - 4 所示对话框，在对话框中输入要保存的文件名即可完成操作。

图 10 - 4 "创建图形文件"文件框

⑦ 设置（S） 用于设置当前布局。在选择该项后，输入设置当前布局的名称。

⑧ ？ 该选项用于显示当前所有布局。

注意：在 AutoCAD 中提供两个名称为"布局 1"和"布局 2"的默认布局，所以新创建时，默认布局名称为"布局 3"。

（三）创建浮动视口

在 AutoCAD 中，视口可以分为在模型空间创建的平铺视口和在布局图形空间创建的浮动窗口。前者在项目九当中已经有过具体介绍，此处不再赘述。当界面为平铺视口时，各视口间必须要相邻，视口只能为标准的矩形图形，而用户无法调整视口边界。相反对于浮动视口而言，它是用于建立图形最终布局的，其形状可以为矩形、任意多边形、圆形等，图形相互之间可以重叠，并能同时打印，而且还可以调整视口边界形状，可以通过浮动视口安排视图。图纸空间布局上的浮动视口就是查看模型空间的一个窗口，通过它们就可以看到图形。而且，通过浮动视口可以调整模型空间的对象在图纸显示的具体位置、大小、控制现实的图层、视图等。系统在创建布局时自动创建一个浮动视口。

下面具体介绍一下创建浮动视口的方法。

1. 添加单个视口（即在已创建的布局中再建立其他视口）

首先将"布局 1"设置为当前图样空间，进入"布局 1"，然后选择菜单"视图"|"视口"|"单个视口"子菜单项，并任意指定两个对角点的坐标，完成添加一个视口的操作，结果如图 10 - 5 所示。

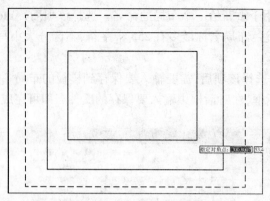

图10-5 添加单个视口

2. 添加多边形视口

首先将"布局2"设置为当前图样空间,进入"布局2",然后选择菜单"视图"|"视口"|"多边形视口"子菜单项,并依次指定多边形的各个顶点的坐标,完成创建一个正六边形视口的操作,结果如图10-6所示。

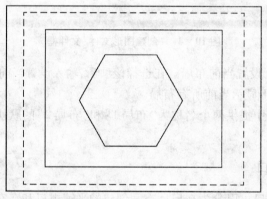

图10-6 新创建的多边形视口

注意:为了使布局在输出打印时只打印视图不打印视口边框,可以将所在图层设置为不打印。这样虽然在布局上可以看到视口边框,但打印时边框不会出现。

3. 删除和调整视口

在删除视口的时候,首先用户要单击视口边界,再按 Del 键操作,就可以执行删除了。

对于调整视口比例同样可以在"视口"工具栏中下拉列表选择浮动窗口与模型空间图形的比例,如果没有所需比例,还可以在视口工具栏的比例编辑框中直接输入比例值。如比例为2:1,输入值为2。

任务二 打印输出

通常,用户绘图的最终目的是打印出图,以便工程人员按图纸进行加工或施工。在 AutoCAD 中绘制完图形之后,可以通过打印机将文件打印输出。对于一般的二维工程图纸,可以在 AutoCAD 的模型空间中进行打印,而对于较为复杂的二维图形或三维模型,可以在布局中打印输出,以获得最佳视觉效果。在输出图形前,通常要进行页面设置和打印设置,这样能保证图形输出的正确性。

（一）页面设置

页面设置是指设置打印图形时所用的图纸、规格、打印设备等。页面设置分别针对布局（图纸空间）和模型空间来进行的。常用打开"页面管理器"的方法有以下四种：

（1）选择"文件"|"页面设置管理器"子菜单项；

（2）单击"布局"工具栏中的"页面设置管理器"按钮；

（3）在命令行输入"PAGESETUP"命令；

（4）在"快捷菜单"布局选项卡中打开"页面设置管理器"。

执行该命令后，将打开如图10-7所示"页面设置管理器"对话框。用户可以在该对话框中完成新布局、修改原有布局、输入存在的布局和将布局置为当前等操作。

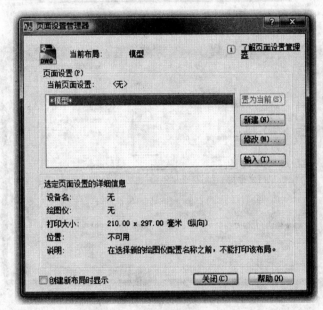

图10-7 "页面设置管理器"

图10-7对话框中几个关键选项的含义如下：

① "页面设置"列表 显示出当前图形已有的页面设置，在"选定页面设置的详细信息区"显示所指出指定的页面设置相关信息。

② 新建(N)... 按钮 创建新的页面，单击该按钮，打开如图10-8所示的"新页面设置"对话框，利用它来新建一个页面设置。

③ 修改(M)... 按钮 单击该按钮将会打开如图10-9所示"页面设置-模型"对话框，在该对话框中修改页面设置中的选项。

④ 输入(I)... 按钮 单击该按钮将会打开"从文件选择页面设置"对话框，选择输入页面设置方案的图形文件后，点击 打开(0) 按钮，这时系统将打开"输入页面设置"对话框。在该对话框中选择希望输入的页面设置方案，在点击 确定(0) 按钮后，此后该页面方案将会出现在"页面设置"选项组的"页面设置名"下拉列表中。此按钮的功能就是导入

其他图形中的页面设置。

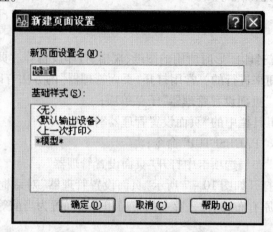

图 10 – 8　"新页面设置"对话框

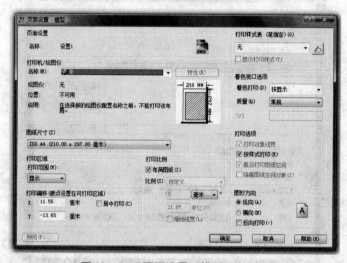

图 10 – 9　"页面设置 – 模型"对话框

图 10 –9 对话框中几个关键选项的含义如下：

①"打印机/绘图仪"　设置用于出图的绘图仪或打印机。用户可以根据需要在"名称"下拉列表中选择打印机的名称。单击 **特性 (R)** 按钮后，打开如图 10 – 10 所示的"绘图仪配置编辑器"对话框，在该对话框中查看或修改打印机的设置。

②"图纸尺寸"　指定某一规格的图纸。用户可以通过其后下拉列表来选择图纸幅面的大小。

③"打印区域"　确定图形中需要打印的区域。该下拉列表框中各选项的含义如下：

（a）"窗口"　指定打印矩形窗口中的图形，可以通过鼠标和键盘来定义窗口；

（b）"范围"　打印图形中的所有对象；

（c）"显示"　打印当前显示图形；

（d）"图形界限"　打印位于由"Limits"命令设置的图形界限范围内的全部图形。

④"打印偏移"　确定打印区域相对于图纸的位置。"X"和"Y"文本框是指定打印区域左下角点的偏移量，一般情况下，X 和 Y 偏移量均为0；"居中打印"复选文本框是系统自动

计算输入的偏移量以便居中打印。

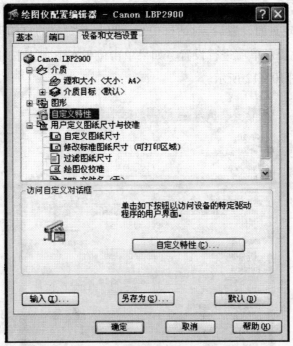

图10-10 "绘图仪配置编辑器"对话框

⑤ "打印比例" 设置图形的打印比例。"布满图纸"复选框是将打印区域自动缩放到布满整个图样;"比例"下拉列表框用户可以选择标准比例,或自定义输入比例值。

⑥ "打印样式表" 用于选择已存在的打印样式,从而非常方便地用设置好的打印样式替代图形对象原有的属性,并体现到出图格式中。

⑦ "着色视口选项" 用于指定着色和渲染窗口的打印方式。确定它们的分辨率级别和每英寸点数(DPI)。其中"着色打印"用于指定视图的打印方式,"质量"用于指定着色和渲染视口的打印分辨率。

⑧ "打印选项" 该选项主要用于指定打印样式、打印对象的线宽以及打印样式表等相关属性。如选择"隐藏图纸空间对象"复选框,则打印时只打印消隐后的效果,不打印布局环境对象的消隐线。

⑨ "图形方向" 确定图形在纸上的打印方向,图纸本身不改变方向。"纵向"单选框是纵向打印;"横向"单选框是横向打印;"反向打印"复选框是选中后将图形旋转180°打印。

(二)打印设置

页面设置结束之后,就可以打印输出了。根据布局与模型空间的不同,打印分为两种方法。

1. 打印模型空间中的图形

如果用户只需要打印模型空间中的图形,也可不创建布局,直接从模型空间中打印图形。执行该命令有以下三种方法:

(1)选择菜单"文件"|"打印"子菜单项;

(2)单击标准工具栏中的"打印" 按钮;

（3）在命令行输入"Plot"命令。

执行上述命令后，将打开"打印－模型"对话框（如图 10－11）。在该对话框中的"名称"下拉列表框里指定页面设置后，对话框中显示出与其对应的打印设置。用户同时可以按照对话框中的其它提示单项进行设置。如果单击位于右下角⊗按钮，还可以展开"打印－模型"对话框，如图 10－12 所示。

图 10－11 "打印－模型"对话框

图 10－12 展开"打印－模型"对话框

对话框中的"预览"用于浏览打印效果。通过预览观察一下是否满足打印要求，按"Esc"键退出浏览状态，单击"确定"即可完成图形的输入打印。

2. 打印布局中的图形

如果用户在布局中打印，打印方法、调用命令和设置与在模型空间中的方法相同，执行打印命令后，在打开"打印－布局"对话框中设置打印相关参数即可。

（三）打印样式表

打印样式表主要用于对图形对象的打印颜色、线性、线宽、抖动和填充样式等进行设置。

1. 打印样式表分类

打印样式表主要有两种，一种是对于颜色的相关打印样式表，一种是命名打印样式表。选择菜单"文件"|"打印样式管理器"命令，或者在命令行输入"Stylesmanager"命令，系统会自动弹出"Plot Styles"对话框（如图 10-13），在该对话框中，有两种文件，其中颜色相关打印样式表的文件扩展名是".ctb"，命名打印样式表的文件扩展名是".stb"。

图 10-13　"Plot Styles"对话框

（1）颜色相关打印样式表

该打印样式表里包含了 255 个打印样式，每个打印样式对应一种颜色，使用这种打印样式表以后，图纸文件里的各种颜色的图形对象就按照打印样式表里面对应颜色的样式进行打印。比如黄色打印样式设置为打印成黑色、打印出的线条宽度是 0.4 mm，则图纸文件里的黄色图形对象就被打印成线宽 0.4 mm 的黑色图形。

（2）命名打印样式表

该打印样式表里包含若干命名的打印样式，如"实线"打印样式、"细实线"打印样式等等，这些打印样式可以任意增添或删减。画图的时候将命名打印样式表里的某个打印样式指定给某个图层，打印的时候被指定图层上的图形对象就按照指定的打印样式进行打印。也可以在画图的时候将命名打印样式表里的某个打印样式指定给某个图形对象，打印的时候被指定的图形对象也就按照指定的打印样式进行打印。

2. 创建和编辑打印样式表

（1）创建打印样式表

在图 10-13 所示的"Plot Styles"对话框中双击"添加打印样式表向导"图标，根据流程提示操作，即可创建一个新的打印样式表。

　　双击后系统会自动打开"添加打印样式表"对话框(如图 10 - 14(a)),单击"下一步",打开"添加样式表 - 开始"对话框(如图 10 - 14(b)),在该对话框中提供了四种创建方式,这里选中"创建新打印样式表"复选按钮,再单击"下一步"继续打开"添加打印样式表 - 选择打印样式表"对话框(如图 10 - 14(c)),用户可以根据需要选择所需要的样式(在实际的工作中,用户更加侧重于选择颜色相关打印表),再次单击"下一步",打开"添加打印样式表 - 文件名"对话框(如图 10 - 14(d)),然后在"文件名"文本框中输入"打印样式 1"名称,单击"下一步",打开"添加打印样式表 - 完成"对话框(如图 10 - 14(e)),在该对话框中,单击"打印样式表编辑器"按钮,在"打印样式表编辑器 - 打印样式 1"对话框(如图 10 - 14(f))中进行相关参数的设置,设置完成后单击"完成"即可。

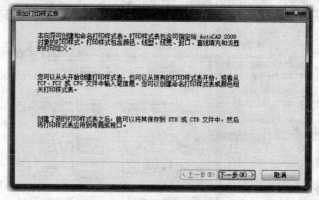

(a)"添加打印样式表"对话框

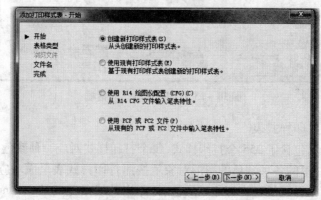

(b)"添加样式表 - 开始"对话框

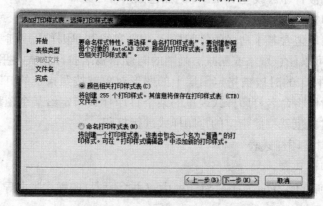

(c)"添加打印样式表 - 选择打印样式表"对话框

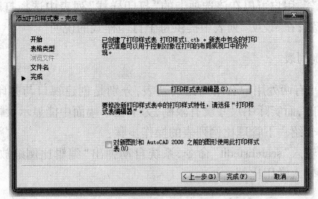

（d）"添加打印样式表 – 文件名"对话框

（e）"添加打印样式表 – 完成"对话框

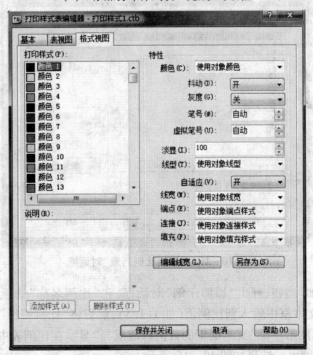

（f）"打印样式表编辑器 – 打印样式 1"对话框

图 10 – 14 "创建打印样式表"的图示步骤

（2）编辑打印样式表

如果要对已经存在于图10－13"Plot Styles"对话框中的打印样式表进行编辑的话，可以在该对话框中单击任意一个打印样式文件，系统都会自动弹出"打印样式表编辑器"对话框（如图10－14(f)）。该对话框中包含"基本"、"表示图"和"格式视图"三个选项卡，通过对各个选项卡中的相关参数进行设置，来完成对打印样式表的编辑操作。下面具体介绍各个选项卡的含义：

①"基本"　该选项卡主要包含了打印样式表的基本信息，如打印样式表文件名和文件信息等。

②"表视图"　在该选项卡中可以设置打印样式表颜色、线型、线宽、启动抖动、淡显等。具体操作方法是先要单击需要设置的选项，然后在弹出的下拉表中进行相关的设置即可。

③"格式视图"　用户可以在该选项卡的"打印样式"列表中选择打印样式；在"特性"中进行修改特性设置；在"说明"列表中提供每个打印样式的说明。

（四）管理比例列表

在 AutoCAD 中，有两处用户会用到比例列表，分别是创建视口与打印输出。工程图纸的大小幅面是有限的，而实际中尺寸没有限制，为了在小幅面中能显示大幅面图形而设置了比例尺。下面具体介绍一下管理比例列表的操作步骤：

（1）在命令行输入"scalelistedit"命令，系统自动弹出"编辑比例缩放表"对话框（如图10－15），在列表中输入常用比例。

图 10－15　"编辑比例列表"对话框

（2）单击"添加"按钮，弹出"添加比例"对话框，在"比例名称"选项区域中的"显示在比例表中的名称"文本框中输入新比例值（如1:1.5），然后将"比例特性"选项区域中的"图纸单位"文本框和"图形单位"文本框里的数值修改成与"显示在比例表中的名称"文本框中输入的比例值相同即可。结果如图 10－16 所示。

图 10 - 16　"添加比例"对话框

（3）单击"确定"返回"编辑比例缩放表"对话框，此时"比例缩放列表"中添加了新比例值。结果如图 10 - 17 所示。

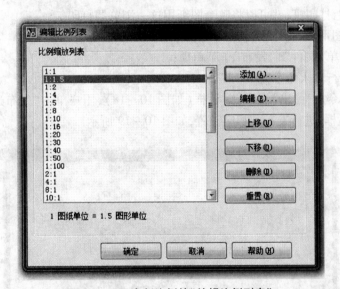

图 10 - 17　含新比例的"编辑比例列表"

这样，在添加视口或打印图形时，比例列表就会有相应比例列表项可以进行选择输出。

（五）电子打印

为了配合现代网络信息的共享特性，很多用户选择在互联网上分享产品工程设计图形，为了迎合用户的多种不同需求，将互联网技术融合至 AutoCAD 中，使 Internet 能阅读 AutoCAD 文件，同时 AutoCAD 能访问 Internet 站点。因此，从 AutoCAD 2000 开始至 AutoCAD 2008 都提供了新的图形输出方式，就是用户可以进行电子打印，可以把图形打印成一个 DWF 文件，还可以用特定的浏览器浏览。

1．电子打印的特点

电子打印的特点有多个方面，首先矢量图文小巧，便于在网络中交流和共享；通过特定的浏览器浏览方便；智能多页面设计；更为安全、快速、节约。

2. 电子打印步骤

（1）打开"文件"|"打印"子菜单；

（2）在"打印机/绘图仪"选项"名称"下拉列表中选择打印设备"DWF6ePlot. PC3"；

（3）单击"确定"，打开"浏览打印文件"对话框。输入文件名，后缀为". dwf"，确定好文件目录后，单击"保存"，完成电子打印操作。

（六）文件发布

1. 图形发布

在打印时选择"DWF6ePlot. PC3"电子打印机的方式可以将图纸打印到单页 DWF 文件中，AutoCAD 中的发布图形集技术还可以将一个文件的多个布局，甚至是多个文件的多个布局发布到一个图形集中。这个图形集可以是一个多页的 DWF 文件或多个单页 DWF 文件。如果涉及到商业机密，用户还可以为图形集设计保密口令，用于确保安全性，同时还可以供有关人员查阅。

对于异机或异地接收到的 DWF 图形集，使用 Autodesk Express Viewer 浏览器，用户可浏览图形，如若接上打印机，就可以将整套图纸用这一浏览器打印。

激活"发布图形集"命令的方法有以下两种：

（1）选择菜单"文件"|"发布"子菜单项；

（2）在命令行输入命令"publish"。

执行上述命令后，弹出"发布"对话框（如图 10－18），用户单击"发布选项"按钮，打开"发布选项"对话框，进行发布的相应设置，如图 10－19 所示。

图 10－18 "发布"对话框

2. 网上发布

网上发布向导为创建包含 AutoCAD 图形的 DWF、JPEG、PNG 图像的格式化网页提供了简化的界面。其中 DWF 格式不会压缩图形文件；JPEG 格式有损压缩，即故意丢失抛弃一些数据以显著减小压缩文件大小；PNG 格式采用无损压缩，文件不丢失抛弃数据。

使用网上发布向导，即使不熟悉 HTML 编码，也可以快速、轻松的创建出精彩的格式化网页。创建网页后，可以将其发布到 Internet 上。

激活"网络发布向导"的方法有以下两种：

（1）选择菜单"文件"|"网上发布"子菜单项；

（2）在命令行中输入"publishtoweb"命令。

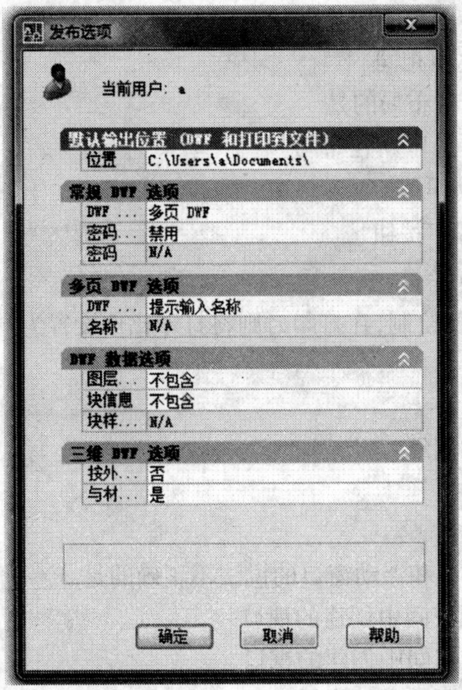

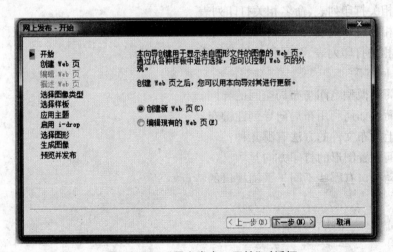

图 10 – 19　"发布选项"对话框

执行上述命令后,弹出"网上发布 – 开始"对话框(如图 10 – 20)。用户单击 下一步(N) > 可进行网上发布的相关设置及预览,准备好后立即发布即可。

图 10 – 20　"网上发布 – 开始"对话框

实 战 演 练

10 – 1　选择题

(1) 下面说法不正确的是_____。

A. 图纸空间称为布局空间

B. 图纸空间完全模拟图纸页面

C. 图纸空间用于在绘图前后安排图形位置

D. 图纸空间与模型空间相同

（2）下列情况不能创建布局的是_____。

A. 选择"插入"|"布局"|"新建布局"

B. 在命令行输入"Layout"命令

C. 单击"图纸集管理器"按钮

D. 利用布局样板创建

（3）图形以 1∶1 的比例绘制,在打印时则将打印比例设置为"按图纸空间缩放",输出图形时_____。

A. 以 1∶1 的比例输出

B. 缩放以适合指定的图纸

C. 以样板比例输出

D. 以上都不对

（4）下面关于平铺视口和浮动窗口的说法不正确的是_____。

A. 平铺视口是在模型空间中创建的视口

B. 浮动视口是在布局空间中创建的视口

C. 平铺视口可以方便调整视口边界

D. 浮动视口可以方便调整视口边界

（5）打印样式表一般可分为_____。

A. 颜色相关打印列表、图形相关打印列表

B. 图形相关打印列表、命名相关打印列表

C. 颜色相关打印列表、命名相关打印列表

D. 命名相关打印列表、图层相关打印列表

10－2　问答题

（1）请简述模型空间与布局空间的异同。

（2）请简述如何利用布局向导创建键布局。

（3）网上发布文件的方法有哪几种?

（4）如何设置图形的打印方向?

（5）浮动视口有哪些不同于平铺视口的特点?

附　　录

附表 1　光　　缆

序号	名称	图例	说明
1−1	光缆		光纤或光缆的一般符号
1−2	光缆参数标注	a/b	a——光缆芯数 b——光缆长度
1−3	永久接头		
1−4	可拆卸固定接头		
1−5	光连接器（插头−插座）		

附表 2   通 信 线 路

序号	名称	图例	说明
2-1	通信线路	——————————	通信线路的一般符号
2-2	直埋线路	或	
2-3	水下线路、海底线路		
2-4	架空线路	——○——	
2-5	管道线路	或	管道数量、应用的管孔位置、截面尺寸或其他特征(如管孔排列形式)可标注在管道线路的上方 虚斜线可作为人(手)孔的简易画法
2-6	直埋线路接头连接点		
2-7	接图线		

附表 3　线路设施与分线设备

序号	名称	图例	说明
3－1	埋式光缆电缆穿管保护		可加文字标注表示管材规格及数量
3－2	埋式光缆电缆上方敷设排流线		
3－3	埋式光缆电缆铺砖、铺水泥盖板保护		可加文字标注明铺砖为横铺、竖铺及铺设长度或注明铺水泥盖板及铺设长度
3－4	光缆电缆预留		
3－5	光缆电缆蛇形敷设		
3－6	电缆充气点		
3－7	直埋线路标石		直埋线路标石的一般符号 加注 V 表示气门标石 加注 M 表示监测标石
3－8	光缆电缆盘留		

附表3(续)

序号	名称	图例	说明
3 – 9	电缆气闭套管		
3 – 10	电缆气闭绝缘套管	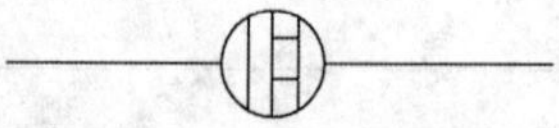	
3 – 11	电缆绝缘套管	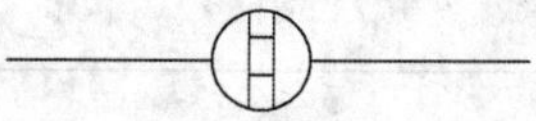	
3 – 12	电缆平衡套管	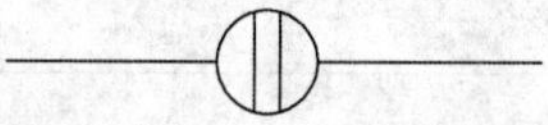	
3 – 13	水线房		
3 – 14	水线标志牌	 或 	单杆及双杆水线标牌
3 – 15	通信线路巡房		
3 – 16	电缆交接间		
3 – 17	架空交接箱		

附表 3（续）

序号	名称	图例	说明
3－18	落地交接箱		
3－19	壁龛交接箱		
3－20	分线盒	 简化形 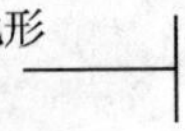	分线盒一般符号 注:可加注 其中:N—编号 　　　B—容量 　　　C—线序 　　　d—现有用户数 　　　D—设计用户数
3－21	室内分线盒		
3－22	室外分线盒		
3－23	分线箱	 简化形 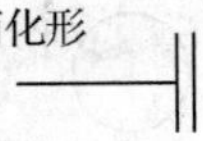	分线箱的一般符号 加注同 3－20
3－24	壁龛分线箱	 简化形 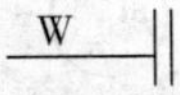　W	壁龛分线箱的一般符号 加注同 3－20

附表4 通信杆路

序号	名称	图例	说明
4－1	电杆的一般符号	○	可以用文字符号标注 其中:A—杆路或所属部门 B—杆长 C—杆号
4－2	单接杆	○○	
4－3	品接杆	○○○	
4－4	H型杆	○ H 或 ○○	
4－5	L型杆	○ L	
4－6	A型杆	○ A	
4－7	三角杆	○ △	

附表 4（续）

序号	名称	图例	说明
4-8	四角杆		
4-9	带撑杆的电杆		
4-10	带撑杆拉线的电杆		
4-11	引上杆		小黑点表示电缆或光缆
4-12	通信电杆上装设避雷线		
4-13	通信电杆上装设带有火花间隙的避雷线		
4-14	通信电杆上装设放电器		在 A 处注明放电器型号
4-15	电杆保护用围桩		河中打桩杆

附表 4(续)

序号	名称	图例	说明
4 – 16	分水桩		
4 – 17	单方拉线		拉线的一般符号
4 – 18	双方拉线		
4 – 19	四方拉线		
4 – 20	有 V 型拉线的电杆		
4 – 21	有高桩拉线的电杆		
4 – 22	横木或卡盘		

附表 5　通 信 管 道

序号	名称	图例	说明
5－1	直通型人孔		人孔的一般符号
5－2	手孔	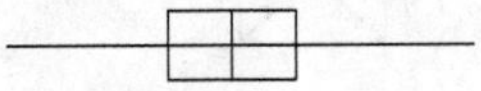	手孔的一般符号
5－3	局前人孔	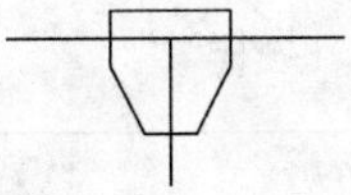	
5－4	直角人孔	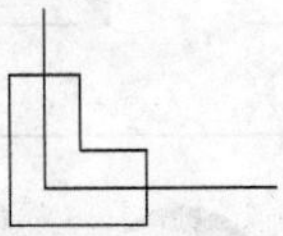	
5－5	斜通型人孔	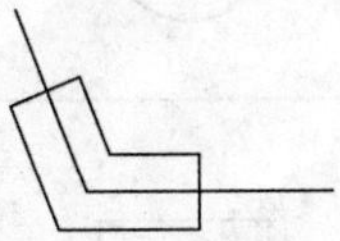	
5－6	分歧人孔	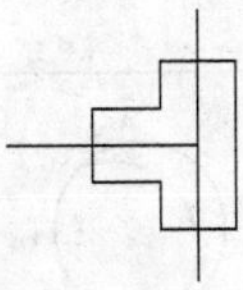	
5－7	埋式手孔	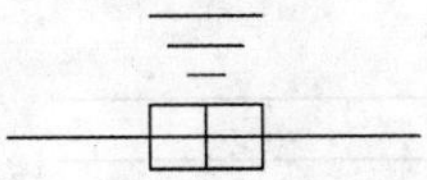	
5－8	有防蠕动装置的人孔	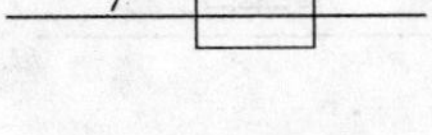	图示为防左侧电缆或光缆蠕动

附表6 机房建筑及设施

序号	名称	图例	说明
6-1	墙		墙的一般表示方法
6-2	可见检查孔		
6-3	不可见检查孔		
6-4	方形孔洞		左为穿墙洞,右为地板洞
6-5	圆形孔洞		
6-6	方型坑槽		
6-7	圆形坑槽		
6-8	墙预留洞		尺寸标注可采用(宽×高)或直径形式
6-9	墙预留槽		尺寸标注可采用(宽×高×深)形式

附表 6(续)

序号	名称	图例	说明
6 – 10	空门洞		
6 – 11	单扇门	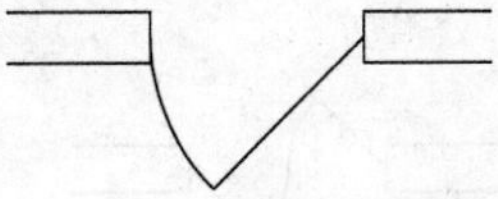	包括平开或单面弹簧门 作图时开度可为 45 度或 90 度
6 – 12	双扇门		包括平开或单面弹簧门 作图时开度可为 45 度或 90 度
6 – 13	对开折叠门	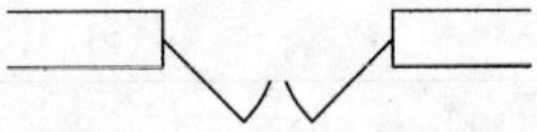	
6 – 14	推拉门		
6 – 15	墙外单扇推拉门		
6 – 16	墙外双扇推拉门		
6 – 17	墙中单扇推拉门		
6 – 18	墙中双扇推拉门		

附表6（续）

序号	名称	图例	说明
6－19	单扇双面弹簧门		
6－20	双扇双面弹簧门		
6－21	转门		
6－22	单层固定窗		
6－23	双层内外开平开窗		
6－24	推拉窗		
6－25	百叶窗		
6－26	电梯		

附表 6(续)

序号	名称	图例	说明
6 – 27	隔断		包括玻璃、金属、石膏板等,与墙的画法相同,厚度比墙窄
6 – 28	栏杆		与隔断的画法相同,宽度比隔断小,应有文字标注
6 – 29	楼梯	上	应标明楼梯上(或下)的方向
6 – 30	房柱	□ 或 ■	可依照实际尺寸及形状绘制,根据需要可选用空心或实心
6 – 31	折断线		不需画全的断开线
6 – 32	波浪线		不需画全的断开线
6 – 33	标高	▼ 室内 ▽ 室外	

附表7　地形图常用符号

序号	名称	图例	说明
7－1	房屋		
7－2	在建房屋	建	
7－3	破坏房屋		
7－4	窑洞		
7－5	蒙古包		
7－6	悬空通廊		
7－7	建筑物下通道		

附表 **7**（续）

序号	名称	图例	说明
7 – 8	台阶	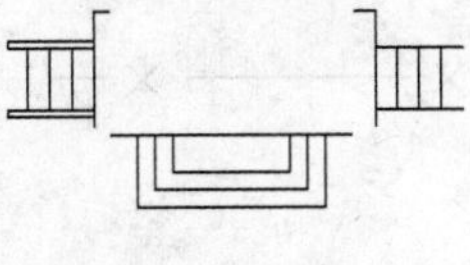	
7 – 9	围墙		
7 – 10	围墙大门		
7 – 11	长城及砖石城堡 （小比例）	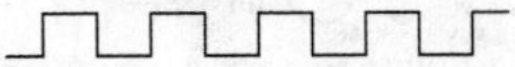	
7 – 12	长城及砖石城堡 （大比例）	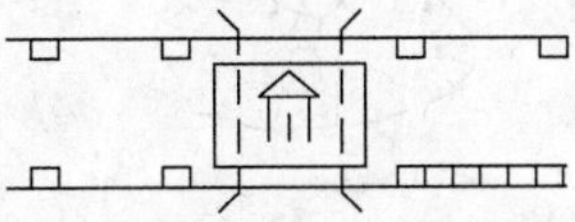	
7 – 13	栅栏、栏杆	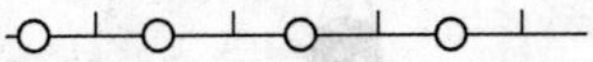	
7 – 14	篱笆	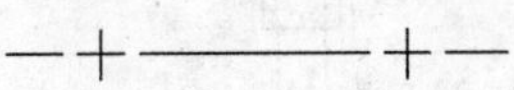	

附表 7（续）

序号	名称	图例	说明
7 – 15	铁丝网	—×———×—	
7 – 16	矿井		
7 – 17	盐井		
7 – 18	油井	○油	
7 – 19	露天采掘场	石	
7 – 20	塔形建筑物		
7 – 21	水塔		

附表7(续)

序号	名称	图例	说明
7－22	油库		
7－23	粮仓		
7－24	打谷场(球场)	 谷（球）	
7－25	饲养场（温室、花房）	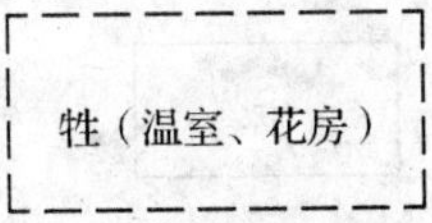 牲（温室、花房）	
7－26	高于地面的水池	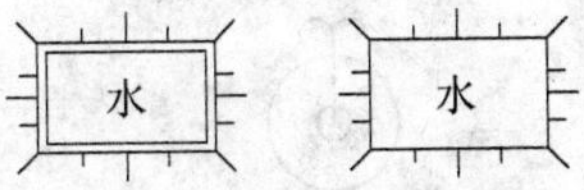 水　　水	
7－27	低于地面的水池	 水	
7－28	有盖的水池	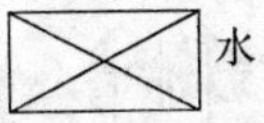 水	

附表7（续）

序号	名称	图例	说明
7－29	肥气池		
7－30	雷达站、卫星地面接收站		
7－31	体育场	体育场	
7－32	游泳池	泳	
7－33	喷水池		
7－34	假山石		
7－35	岗亭、岗楼		

附表 7（续）

序号	名称	图例	说明
7 – 36	电视发射塔		
7 – 37	庙宇		
7 – 38	教堂		
7 – 39	清真寺		
7 – 40	过街天桥		
7 – 41	过街地道		
7 – 42	地下建筑物的地表入口		

附表 7（续）

序号	名称	图例	说明
7 – 43	窑		
7 – 44	独立大坟		
7 – 45	群坟、散坟		
7 – 46	一般铁路		
7 – 47	电气化铁路		
7 – 48	电车轨道		
7 – 49	地道及天桥		

附表 7（续）

序号	名称	图例	说明
7 – 50	铁路信号灯		
7 – 51	高速公路及收费站	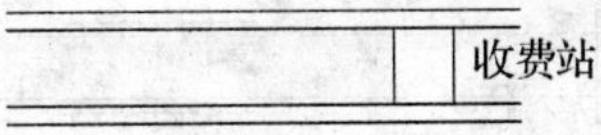 收费站	
7 – 52	一般公路		
7 – 53	建设中的公路	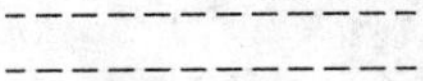	
7 – 54	大车路、机耕路		
7 – 55	乡村小路		
7 – 56	高架路		

附表7(续)

序号	名称	图例	说明
7 – 57	涵洞		
7 – 58	隧道、路堑与路堤		
7 – 59	铁路桥		
7 – 60	公路桥		
7 – 61	常年河		
7 – 62	时令河		
7 – 63	消失河段		

附表 7(续)

序号	名称	图例	说明
7 – 64	常年湖	青湖	
7 – 65	时令湖		
7 – 66	池塘		
7 – 67	单层堤沟渠		
7 – 68	双层堤沟渠		
7 – 69	有沟堑的沟渠		
7 – 70	水井		

附表7（续）

序号	名称	图例	说明
7－71	坎儿井	– – – #– ◄– –#– – – –	
7－72	国界	⊢—•—⊢—•—⊢	
7－73	省、自治区、直辖市界	▬ •• ▬ •• ▬ •• ▬	
7－74	地区、自治州、盟、地级市界	▬ – • ▬ – • ▬	
7－75	县、自治县、旗、县级市界	▬ • ▬ • ▬ • ▬	
7－76	乡镇界	▬ – •• ◄– ▬ •• ▬	
7－77	坎	⊢─┬─┬─┬─┬─┬─┤	

附表7（续）

序号	名称	图例	说明
7－78	山洞、溶洞		
7－79	独立石		
7－80	石群、石块地		
7－81	沙地		
7－82	沙砾土、戈壁滩		
7－83	盐碱地		
7－84	能通行的沼泽		

附表7(续)

序号	名称	图例	说明
7 – 85	不能通行的沼泽	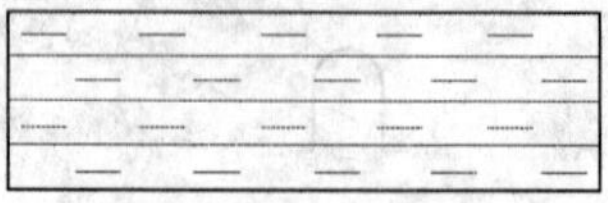	
7 – 86	稻田	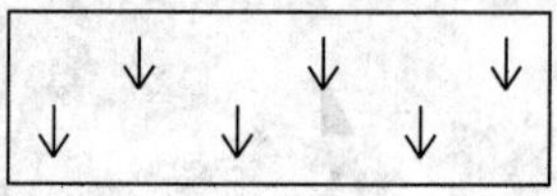	
7 – 87	旱地	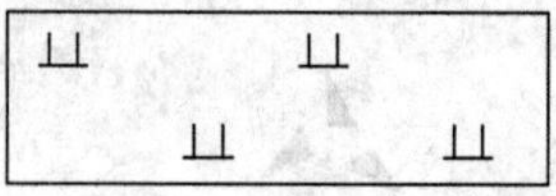	
7 – 88	水生经济作物	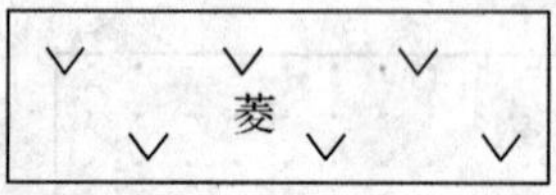 菱	图示为菱
7 – 89	菜地	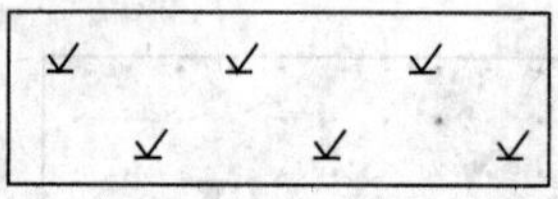	
7 – 90	果园	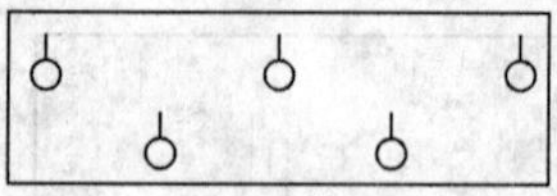	果园及经济林一般符号 可在其中加注文字,以表示果园的类型,如苹果园、梨园等,也可表示加注桑园、茶园等表示经济林,与7 – 91至7 – 93共用
7 – 91	桑园	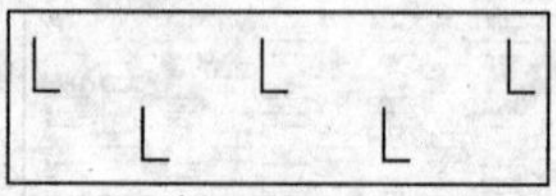	

附表 7（续）

序号	名称	图例	说明
7－92	茶园		
7－93	橡胶园		
7－94	林地	松	
7－95	灌木林		
7－96	行树		
7－97	阔叶独立树		
7－98	针叶独立树		
7－99	果树独立树		

附表7（续）

序号	名称	图例	说明
7 – 100	棕榈、椰子树		
7 – 101	竹林		
7 – 102	天然草地		
7 – 103	人工草地		
7 – 104	芦苇地		
7 – 105	花圃		
7 – 106	苗圃		

参考文献

[1]（美）Ellen Finkelstein. AutoCAD 2008 宝典[M].黄湘情,等,译.北京:人民邮电出版社,2008.

[2] 陈伟,王彬华.中文 AutoCAD 2004 精彩制作 100 例[M].成都:电子科技大学出版社,2004.

[3] 陈志民. AutoCAD 2009 从入门到精通[M].北京:机械工业出版社,2009.

[4] 黄和平.中文版 AutoCAD 2008 实用教程[M].北京:清华大学出版社,2007.

[5] 神龙工作室.中文版 AutoCAD 2008 辅助设计从新手到高手[M].北京:人民邮电出版社,2008.

[6] 施博资讯. AutoCAD 2008 基础教程与上机指导[M].北京:清华大学出版社,2008.

[7] 刘长江,张军华. AutoCAD 2008 无敌课堂[M].北京:电子工业出版社,2007.

[8] 夏素民,温玲娟,等. AutoCAD 2006 中文版[M].北京:清华大学出版社.

[9] 董祥国. AutoCAD 2008 应用教程[M].南京:东南大学出版社,2008.

[10] 吴坤,徐永坤.中文 AutoCAD 2007 辅助设计教程与上机实训[M].北京:机械工业出版社,2008.

[11] 程绪琦,王建华,等. AutoCAD 2008 中文版标准教程[M].北京:电子工业出版社,2008.

[12] 张银彩,史青录,等.中文版 AutoCAD 2008 实用教程[M].北京:机械工业出版社,2008.

[13] 王喜仓,刘勇.计算机辅助设计与绘图(AutoCAD 2011 版)[M].北京:中国水利水电出版社,2010.

[14] 姜勇,张生. AutoCAD 2006 基本功能与典型实例[M].北京:人民邮电出版社,2007.

[15] 华联科技. AutoCAD 2007 绘图基础[M].北京:机械工业出版社,2007.

[16] 李峰,等. AutoCAD 2007 三维建模实例导航[M].北京:电子工业出版社,2007.

[17] 张宏彬. AutoCAD 案例与实训教程[M].北京:中国传媒大学出版社,2009.

[18] 赵敏海. AutoCAD 上机指导与习题精解[M].哈尔滨:哈尔滨工业大学出版社,2005.

[19] 杨光,杜庆波.通信工程制图与概预算[M].西安:西安电子科技大学出版社,2008.

[20] 梁波,王宪生.中文版 AutoCAD 2008 电气设计[M].北京:清华大学出版社,2007.

[21] 胡仁喜,程丽,刘红宁.中文版 AutoCAD 2008 电气设计经典实例解析[M].北京:中国电力出版社,2008.

[22] 姜军. AutoCAD 2008 中文版应用基础[M].北京:人民邮电出版社,2009.